Reihe: Nukleare Elektronik und Meßtech

nik Bd.2

Detektor- und Experimentelektronik

Dr. Hans-Joachim Stuckenberg

G. Braun Karlsruhe

ISBN 3 7650 2501 1
© 1974 by G. Braun (vorm. G. Braunsche Hofbuchdruckerei und Verlag) GmbH
75 Karlsruhe 1, Karl-Friedrich-Straße 14—18
Gesamtherstellung: G. Braun, Karlsruhe

Vorwort

Der zweite Band der Reihe „Nukleare Elektronik und Meßtechnik" enthält die Beschreibung der Detektor- und Experimentelektronik, die für Strahlungsmeßaufgaben typisch ist.
Die Aufteilung des Buches entspricht den grundsätzlichen Überlegungen und Meßvorgängen, die die meisten nuklearen Experimente charakterisieren:
– Auswahl der Detektoren und ihrer Anschaltung,
– Messung von Zeitbeziehungen zwischen Teilchen,
– Messung der Energie der Teilchen,
– Aufsammlung und Reduktion der Meßdaten.
Ich habe mich bemüht, die Schaltungen so auszuwählen und zu beschreiben, daß in der Strahlungsmeßtechnik arbeitende Wissenschaftler und Techniker den Aufbau und die Durchführung der Messungen besser verstehen lernen und Anregungen erhalten, eigene Entwicklungen durchzuführen. Die Schaltungen sind nicht als Nachbauanleitungen gedacht, denn es gibt auf diesem Sektor inzwischen eine leistungsfähige Industrie, ein Argument, über das alle Beteiligten noch vor 10 Jahren den Kopf geschüttelt hätten. Wenn besonders in den Abschnitten über Zeitmeßverfahren genauere Schaltbilder der Firma Edgerton, U.S.A., gezeigt werden, so bedeutet dies nicht, daß die beiden anderen auf diesem Sektor tätigen Firmen Chronetics und Le Croy, beide U.S.A., keine äquivalenten Geräte besäßen; es erscheint sinnvoll, die komplette Vielfalt einer Entwicklung aufzuzeigen.
Während die Zeitmessungen in der Niederenergie- und der Hochenergiephysik im wesentlichen mit gleichen Methoden ausgeführt werden, sind die in diesem Band gezeigten Möglichkeiten der Energiemessungen praktisch auf die Niederenergiephysik, d.h. die Physik nichtrelativistischer Teilchen, beschränkt. Das Problem, die Energie hochenergetischer Teilchen zu bestimmen, wird in einem weiteren Band, „Instrumentierung von Hochenergiemessungen", beschrieben.
Das Manuskript wurde im Juni 1973 beendet. Für die Erstellung des Textes möchte ich Frau Thumann und Frau Andersson, beide vom DESY, Hamburg, herzlich danken. Ebenso bin ich dem Verlag G. Braun für die Annahme des Manuskripts und gute Zusammenarbeit zu Dank verpflichtet.

Hamburg, im Juni 1973   Hans-Joachim Stuckenberg

Inhalt

1 Einleitung 1

2 Anschluß der Detektoren und Wahl der Zeitkonstanten 2
   2.1 Spannungsversorgung von Detektoren 2
   2.2 Bemessung des Detektorarbeitskreises 9
   2.3 Übertragung der Signalpulse über RC-Glieder 11
   2.4 Passive Pulsformung mit RC-Gliedern und HF-Kabeln 15

3 Zeitmeßverfahren 20
   3.1 Passive Bauelemente bei hohen Frequenzen 21

      3.1.1 Widerstände 21
      3.1.2 Anschlußdrähte 21
      3.1.3 Kondensatoren 22
      3.1.4 Skineffekt 23
      3.1.5 Pulstransformatoren mit Kabeln und Ferritringen 24
      3.1.6 Kabelverzweigungen 24
      3.1.7 Pulsformung mit Kabeln 26
      3.1.8 Abschwächer für Nanosekundensignale 27

   3.2 Integrierte Schaltkreise für Nanosekundensignale 28

      3.2.1 MECL-II- und -III-Schaltkreise 28
      3.2.2 Andere Nanosekundenschaltkreise 30

   3.3 Tunneldioden als Pulsformer 31

      3.3.1 Univibratorschaltungen mit Tunneldioden 31
      3.3.2 Tunneldioden als Diskriminator (Komparatoren) 33

   3.4 Mechanische und elektrische Normen in der Nanosekundentechnik . 35

      3.4.1 Mechanische Maße 35
      3.4.2 Standardspannungen 35
      3.4.3 Nanosekunden-Logikpegel 35

3.5	Diskriminatoren / Pulsformer	36
	3.5.1 Time-slewing und Time-jitter	37
	3.5.2 Aufbau von Diskriminatoren	39
	3.5.3 Limiter	39
	3.5.4 Schmitt-Trigger und Univibrator	40
	3.5.5 Ausgangsstufen	40
	3.5.6 Schaltung eines EGG-Diskriminators	42
	3.5.7 Totzeitlose Schaltung	44
	3.5.8 Nulldurchgangsdiskriminatoren	44
	3.5.9 Diskriminator T140 von EGG mit Nulldurchgang	47
3.6	Zeitmessungen mit Koinzidenzen	49
	3.6.1 Koinzidenzprinzip	49
	3.6.2 Auflösungszeit der Koinzidenz	51
	3.6.2.1 „Leading-Edge-Triggering" (Vorderflankentrigger)	52
	3.6.2.2 „Fast-Crossover-Timing" (Schneller Nulldurchgang)	54
	3.6.3 Koinzidenzschaltungen	58
	3.6.4 Koinzidenzschaltung C104 von EGG	62
	3.6.5 Pikosekundenkoinzidenzen	62
3.7	Zeitpulshöhenwandler	64
	3.7.1 Messung der Überlappungszeit	66
	3.7.2 Start-Stop-Zeitpulshöhenwandler	68
3.8	Schnelle Scaler	70
	3.8.1 Schnelle Flip-Flops	70
	3.8.2 Industrielle schnelle Vorzähler	72
	3.8.3 Komplette Zähler	72
3.9	Delayboxen	73
3.10	ODER-Schaltungen	75
3.11	Fanoutschaltungen	76
4	**Energiemeßverfahren**	**78**
4.1	Grundlagen linearer Pulsverstärker	79
	4.1.1 Verstärkerdefinitionen	79
	4.1.2 Transistorersatzschaltung im linearen Betrieb	80
	4.1.3 DC-Arbeitspunkt beim einstufigen Verstärker	83
	4.1.4 DC-Arbeitspunkt beim Differenzverstärker	85

4.2	Gegenkopplung	87
	4.2.1 Allgemeine Gegenkopplung	87
	4.2.2 Stabilisierung der Verstärkung	88
	4.2.3 Verminderung der Verzerrungen	88
	4.2.4 Änderung des Eingangswiderstandes	88
	4.2.5 Änderung des Ausgangswiderstandes	89
	4.2.6 Gegenkopplung vom Kollektor auf die Basis	89
	4.2.7 Gegenkopplung im Emitterkreis	89
	4.2.8 Gegenkopplung über mehrere Stufen	90
	4.2.9 Gleichstromgegenkopplung	91
4.3	Emitterfolger	92
4.4	Operationsverstärker	94
	4.4.1 Allgemeine Anforderungen an Operationsverstärker	94
	4.4.2 Symbole	94
	4.4.3 Eingangswiderstand, Offset, Drift	94
	4.4.4 Ausgangswiderstand, Aussteuerbarkeit	95
	4.4.5 Frequenz- und Phasenverlauf	95
	4.4.6 Kompensation der Phasendrehungen	96
	4.4.7 Pulsanstiegszeit	97
	4.4.8 Einige einfache Anwendungen der Operationsverstärker	97
	4.4.8.1 Inverteranwendung	98
	4.4.8.2 Der Verstärkung-1-Inverter	98
	4.4.8.3 Der Spannungsfolger	98
4.5	Ladungsempfindliche Verstärker	98
	4.5.1 Eingangsprobleme ladungsempfindlicher Verstärker	100
	4.5.2 Schaltungsbeispiel eines ladungsempfindlichen Verstärkers	100
4.6	Pile-up-Effekt	101
4.7	Pulsformung im Linearverstärker	107
4.8	Lineare Gateschaltungen	110
	4.8.1 Eigenschaften linearer Gates	110
	4.8.2 Parallelgates	111
	4.8.3 Seriengates	112
	4.8.4 Brückengates	115
4.9	Integraldiskriminatoren	115
	4.9.1 Schmitt-Trigger	117
	4.9.2 Komparatoren	120
	4.9.3 Diskriminatoren mit Schmitt-Trigger und Tunneldioden	122

4.10	Differentialdiskriminatoren	123
	4.10.1 Schwellen und Kanalbreiten	124
	4.10.2 Gedächtnisschaltung	127
4.11	Analog-Digital-Konverter	129
	4.11.1 Parallelkonverter	129
	4.11.2 Konversion mit zeitlich linearen Spannungen oder Strömen (Wilkinson)	130
	4.11.3 Eingangsschaltung für ADC	134
4.12	Pulshöhenanalysatoren	135
4.13	Pulse-shape-Diskriminierung	137

5 Datenaufsammlung und Speicherung 139

5.1	Datenaufsammlung und Speicherung in der Niederenergiephysik	139
	5.1.1 Mehrparameteranalyse	142
	5.1.2 Plattenspeicher für Mehrparameteranalysen	143
	5.1.3 Wahlfreie Adressierung durch Programme	145
5.2	Datenaufsammlung und Speicherung in der Hochenergiephysik	146
	5.2.1 Prinzip der Auslese	146
	5.2.2 Pattern-Unit	147
	5.2.3 Charpak-Kammer-Auslese	149
	5.2.4 Kopplung Kleinrechner–Großrechner	152
5.3	Standardisierte Datenwege (CAMAC)	153
	5.3.1 Horizontaler Datenweg (Data-Highway)	153
	5.3.2 Vertikaler Datenweg (Branch Highway)	154

6 Statistik bei nuklearen Messungen 157

6.1	Poisson-Verteilung, statistische Fehler	157
6.2	Zählverluste, statistische Totzeit	159
6.3	Zeitintervall-Ausgleich bei Untersetzern	161
6.4	Wahre und zufällige Koinzidenzen	162

Literatur 164

Stichwortverzeichnis 173

1 Einleitung

Der Sinn kernphysikalischer Experimente ist es, die Struktur und die Wechselwirkungen der Bausteine des Atoms zu erforschen. Dies geschieht, indem man die von den Bausteinen emittierte oder absorbierte Strahlung und deren Wahrscheinlichkeit als Funktion der Zeit, Richtung und Polarisation bestimmt. Gemessen werden dabei die Zeit-, Energie- und Richtungsbeziehungen der verschiedenen Strahlungsarten durch unterschiedliche, dem Problem angepaßte Detektoren, deren elektronische Signale auf ihren physikalischen Inhalt untersucht werden.
Strahlungsmeßverfahren dienen also zum Nachweis und zur Bestimmung der Eigenschaften von Teilchen und Quanten. Sie beruhen darauf, daß bei der Wechselwirkung der Strahlung mit der Materie, die sie durchläuft, Ereignisse auftreten, die wahrnehmbar gemacht werden können, z.B. die Ionisation von Gasen, die Emission von Licht oder die Erzeugung von Elektron-Lochpaaren in Halbleitern.
Zur Analyse der Ereignisse werden zunächst die in den Detektoren registrierten Daten gesammelt. Hier erfolgt bereits die Trennung in Zeit- und Energiesignale.

Zur Messung der Zeitbeziehungen zwischen Teilchen oder Quanten werden die Detektorsignale durch Pulsformer in zeitlich genau definierte Standardpulse umgewandelt. Diese gelangen dann in Schaltungen, die entweder die Gleichzeitigkeit (Koinzidenz) zweier oder mehrerer Ereignisse innerhalb einer durch das elektrische System gegebenen Auflösungszeit oder auch den zeitlichen Abstand zweier Ereignisse in Zeit-Pulshöhen-Konvertern feststellen. Die koinzidenten Ereignisse werden gezählt und registriert, die der Zeitdifferenz proportionalen Pulshöhen erst in Analog-Digital-Konvertern digitalisiert, anschließend ebenfalls registriert.
Die Detektoren des Niederenergiephysik-Bereichs können elektrische Signalamplituden abgeben, die der Energie der einfallenden Teilchen- oder γ-Strahlung proportional sind. Durch Messung der Amplitudenverteilung kann das Energiespektrum bestimmt werden. Dazu werden die Signale einem Analog-Digital-Konverter zugeführt, der feststellt, wieviel Ereignisse in einem bestimmten Amplituden-(Energie-)-bereich vorhanden sind. Die so festgelegten Amplituden werden als digitale Worte, deren Wert proportional zur Amplitude ist, registriert.
Durch die im gesamten Experiment anfallenden Daten sind im allgemeinen die physikalischen Ereignisse überbestimmt. Erst nach der Datenreduktion, in der durch logische Entscheidungen diejenigen Informationen herausgesucht werden, die das Ereignis eindeutig bestimmen, werden die verbleibenden Daten zur eigentlichen Verarbeitung einer Rechenanlage übermittelt.
In diesem Buch werden zunächst Angaben über den Anschluß der Detektoren an die Elektronik gemacht, dann die Schaltungen zur Zeit- und Energiemessung behandelt und schließlich die Aufbereitung der Daten zum Rechneranschluß besprochen.

2 Anschluß der Detektoren und Wahl der Zeitkonstanten

2.1 Spannungsversorgung von Detektoren

Um die statischen Bedingungen der Detektoren festzulegen, muß eine geeignete Gleichspannungsversorgung die vorgeschriebenen Potentiale an die richtigen Elektroden bringen. Welche Seite der Spannungsquelle dabei auf Erdpotential liegt, hängt vom Detektor und seiner Betriebsart ab.

Gaszähler haben meist nur zwei Elektroden, eine Anode und eine Katode. Da in ihnen nur kleine Ströme ($\leqslant 1$ mA, häufig nur wenige μA) fließen, führt man die Gleichspannung über einen relativ hochohmigen Widerstand zu, der oft gleich als Arbeitswiderstand ausgelegt wird. Da bei der Energiemessung (in Ionisationskammern und Proportionalzählern) wegen der langen Sammelzeiten der Ionen diese Widerstände etwa 1 MΩ und mehr haben, die nachfolgende Elektronik aber einen kleineren Eingangswiderstand hat, der dem Arbeitswiderstand des Detektors parallel liegt, koppelt man die Gaszähler über einen oder mehrere Emitterverstärker (Darlington-Schaltung) an die Meßelektronik an. Bild 2.1 zeigt den typischen Anschluß für Proportional- und Auslösezähler. Die positive Hochspannung wird an den Draht, der Außenmantel auf Erdpotential gelegt. Diese Art erfordert einen hochspannungsfesten Kopplungskondensator, über den das Signal an die Basis des Emitterverstärkers gelangt. Man kann ihn weglassen, wenn man die Katode des Zählers auf negative Hochspannung legt, die Anode über den Arbeitswiderstand an Erdpotential. Dieses Beispiel zeigt Bild 2.2. Manchmal schaltet man auch in Serie mit dem Signal einen Strombegrenzungswiderstand (vgl. Bild 2.3), der kapazitiv überbrückt ist, um die Anstiegszeit nicht zu verschlechtern. Die Stabilität der Spannungsversorgungsgeräte für Gaszähler richtet sich nach der Gasverstärkung und den daraus resultierenden Signalamplituden. Die Gasverstärkung ist in weitem Bereich exponentiell mit der Spannung verknüpft, der Exponent ist vorwiegend abhängig vom Gasdruck.

Für Szintillationszähler ist die Spannungsversorgung wesentlich komplizierter, da die Verstärkung in mehreren Stufen (bis zu n = 14) erreicht wird. Diese Verstärkung ergibt sich zu $G = \text{const } U_B^n$, wo U_B die Speisespannung ist. Die Verstärkungsänderung als Funktion der Spannungsänderung ist also $dG/G = n\, (dU_B/U_B)$. Sollen z.B. die Verstärkungsschwankungen bei einem 14stufigen Fotomultiplier $\leqslant 1\,\%$ sein, muß die Instabilität der Speisespannung $\leqslant 0,07\,\%$ sein. Die Dynoden arbeiten, um den Verstärkungsfaktor von ca. 3 zu erreichen, mit Potentialen zwischen 80 und 200 V, bezogen auf die vorige Stufe. Diese Potentiale werden (vgl. Bild 2.4) durch einen Spannungsteiler den verschiedenen Dynoden zugeführt, dessen Querstrom groß gegen den fließenden mittleren Dynodenstrom ist. Sind die Signalströme nicht mehr klein gegen den statischen Teilerstrom, schwanken die Dynodenpotentiale während des Signaldurchgangs. Um dies weitgehend zu verhindern, schaltet man parallel zu den letzten Dynoden, in denen der Signalstrom besonders

2.1 Spannungsversorgung von Detektoren

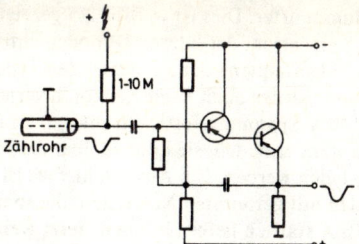

Bild 2.1 Zählrohrankopplung an Darlington-Emitterfolger, Hochspannung positiv, Wechselstromkopplung

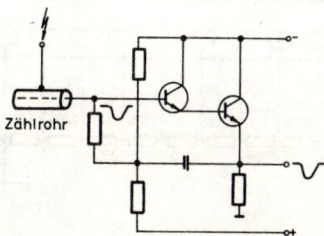

Bild 2.2 Zählrohrankopplung an Darlington-Emitterfolger, Hochspannung negativ, Gleichstromkopplung

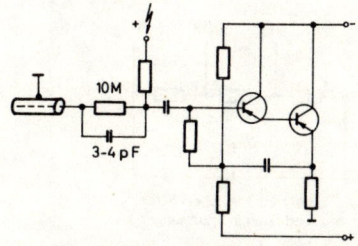

Bild 2.3 Zählrohranschaltung mit Strombegrenzungswiderstand

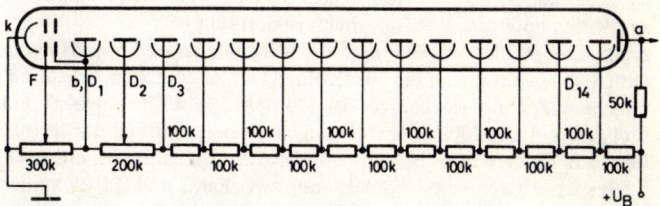

Bild 2.4 Spannungsversorgung für 14stufigen Multiplier (z.B. 56 AVP), statische Beleuchtung

groß ist, Kondensatoren als Ladungspuffer. Dies ist in Bild 2.5 gezeigt. Bei 14stufigen Fotomultipliern kann der Signalstrom der letzten Dynoden einige Hundert mA erreichen, so daß bei hoher Folgefrequenz der zu messenden Teilchen der mittlere Strom einige mA beträgt. Dann werden auch Kondensatoren vernünftiger räumlicher Größe (einige μF für ca. 300 V Spannungsfestigkeit müssen im Detektorgehäuse untergebracht werden) zu stark entladen, sie können über die Widerstandskette nicht schnell genug nachgeladen werden. Ein Ausweg hieraus ist die Speisung der letzten drei oder vier Dynoden mit getrennten Netzteilen, die so niederohmig sind, daß sie Ströme bis zu 100 mA statisch liefern können. Jetzt werden die Kondensatoren genügend schnell wieder nachgeladen, der Spannungsabfall an ihnen kann $\leqslant 1$ % sein. Bild 2.6 zeigt diese Anschaltung.

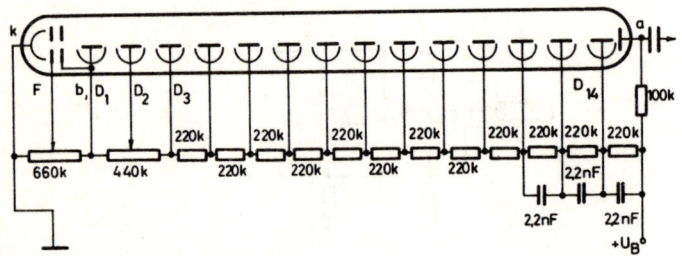

Bild 2.5 Spannungsversorgung für 14stufigen Multiplier (z.B. 56 AVP), dynamische Beleuchtung (Pulse)

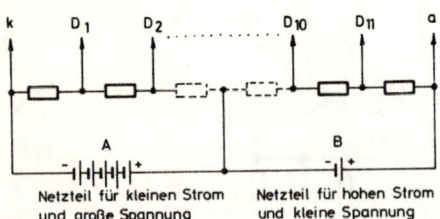

Bild 2.6 Spannungsversorgung für Multiplier bei sehr hohen Zählraten

Diese Lösung ist oft unwirtschaftlich, denn die einzelnen Netzgeräte müssen den angelegten Potentialen entsprechend isoliert sein.

Praktischer ist die Verwendung von Zenerdioden oder Emitterfolgern in den letzten Dynodenstufen, um die Niederohmigkeit zu erreichen. Bild 2.7 zeigt die Schaltung eines Spannungsteilers für den Multiplier 56 AVP (Valvo). Von Dynode D_9 ab sind 150-V- bzw. 200-V-Zenerdioden eingesetzt, während der übrige Spannungsteiler aus Widerständen besteht. Die Zenerdioden halten bei einem Querstrom von 1,5 bis 2 mA (wenn die Hochspannung zwischen 2 und 2,5 kV variiert wird) das Dynodenpotential auf etwa 190 V, der Innenwiderstand der Diode beträgt etwa 150 bis 300 Ω, der Temperaturkoeffizient der Zenerspannung liegt bei 10^{-3} pro Grad.

2.1 Spannungsversorgung von Detektoren

Durch die Diodenstrecke bleibt die Spannung zwischen den Dynoden konstant, auch wenn die Hochspannung verändert wird. Oft ist es erwünscht, auch die Spannung der letzten Dynoden zu variieren; dies kann man erreichen, wenn man anstelle der Zenerdiode einen Emitterfolger einschaltet. Transistoren der geforderten Leistung und Spannungsfestigkeit sind auf dem Markt. Der Emitterfolger ist ein Stromverstärker, dessen Basis-Emitter-Spannung temperaturabhängig ist. Steuert

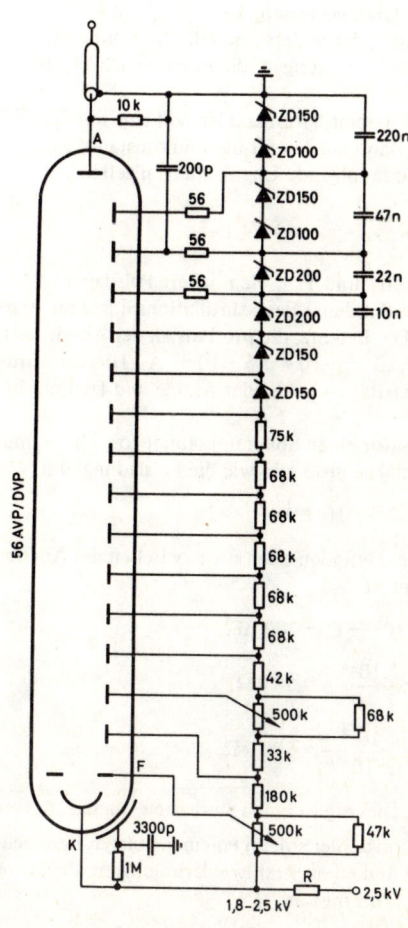

Bild 2.7 Spannungsteiler für 14stufigen Multiplier, letzte Dynoden mit Zenerdioden stabilisiert

man ihn über einen Spannungsverstärker an, können weitgehend temperaturunabhängige Eigenschaften erreicht werden. Bild 2.8 zeigt die Gesamtschaltung für einen XP 1021 (Valvo), die drei solcher Emitterfolgerstufen enthält. Das Dynodenpotential wird durch einen Differenzverstärker auf dem Potential des Spannungsteilers gehalten. Da die Stromverstärkung sehr hoch ist, wird der Teiler praktisch nicht belastet. Die Transistoren sind Motorola-Typen MJE 340, deren Verlustleistung 20 W bei 25° Gehäusetemperatur betragen darf, die zulässige Spannung zwischen Kollektor und Emitter ist mit 300 V angegeben. Der Ausgangswiderstand der Emitterfolger ist je nach angelegter Spannung zwischen 0,25 und 2 Ω, der Temperaturkoeffizient wurde zu $14 \cdot 10^{-6}$ pro Grad gemessen.

Zur grundsätzlichen Bemessung der Widerstände des Spannungsteilers sowie der Parallelkondensatoren gelten Überlegungen, die in zwei nachfolgenden Beispielen dargestellt werden sollen.

Fall 1: Ein 14stufiger NaJ(Tl)-Szintillationszähler soll eine mittlere Zählrate von 10^4 Teilchen pro s messen. Dann müssen für die Zeitkonstante RC zwischen der letzten Dynode und der Anode folgende Ungleichungen gelten:

$$RC \gg T_{puls}, RC \ll \frac{1}{n},$$

wo n die mittlere Zählrate pro s und T_{puls} die mittlere Pulsdauer ist.
Nehmen wir an, die mittlere Pulsdauer des Szintillationspulses sei 10 μs, dann gilt: $RC \gg 10\ \mu s$, $RC \ll 100\ \mu s$. Die Ladung, die pro Puls an der Anode auftritt, sei $Q_A = C_{A-D14} \cdot U_{Puls} = 2,5 \cdot 10^{-11} \cdot 10 = 2,5 \cdot 10^{-10}$ As. Hierbei wurde die Signalamplitude zu 10 V, die Kapazität zwischen der Anode und Dynode 14 zu 25 pF angesetzt.

Lassen wir an dem Kondensator einen Spannungsabfall von 1 % zu, muß seine statische Ladung etwa 100mal so groß sein wie die Pulsladung, d.h.,

$$Q_{stat} = 100\ Q_A = 2,5 \cdot 10^{-8}\ As.$$

Die Spannung zwischen zwei Dynoden oder auch zwischen der Anode und der letzten Dynode sei 150 V. Dann ist

$$Q_{stat} = C \cdot 1,5 \cdot 10^2 \rightarrow C \approx 200\ pF.$$

Aus $RC \gg 10^{-5}$ s folgt $R \gg \dfrac{10^{-5}}{2 \cdot 10^{-10}} = 50\ k\Omega$,

aus $RC \ll 10^{-4}$ s folgt $R \ll \dfrac{10^{-4}}{2 \cdot 10^{-10}} = 500\ k\Omega$;

man wählt z.B. R = 150 K. Dies ergibt einen statischen Querstrom von etwa 1 mA.

Fall 2: Ein Plastikszintillationszähler soll an einem gepulsten Beschleuniger mit einer Strahldauer von 1 ms und einer Strahlwiederholungsfrequenz von 50 Hz eine Zählrate von 10^8 Teilchen pro s messen.

$$RC \gg 10^{-3}\ s,\quad RC \ll 2 \cdot 10^{-2}\ s.$$

Nehmen wir z.B. eine Signalamplitude an der Anode von 4 V, ergibt sich

2.1 Spannungsversorgung von Detektoren

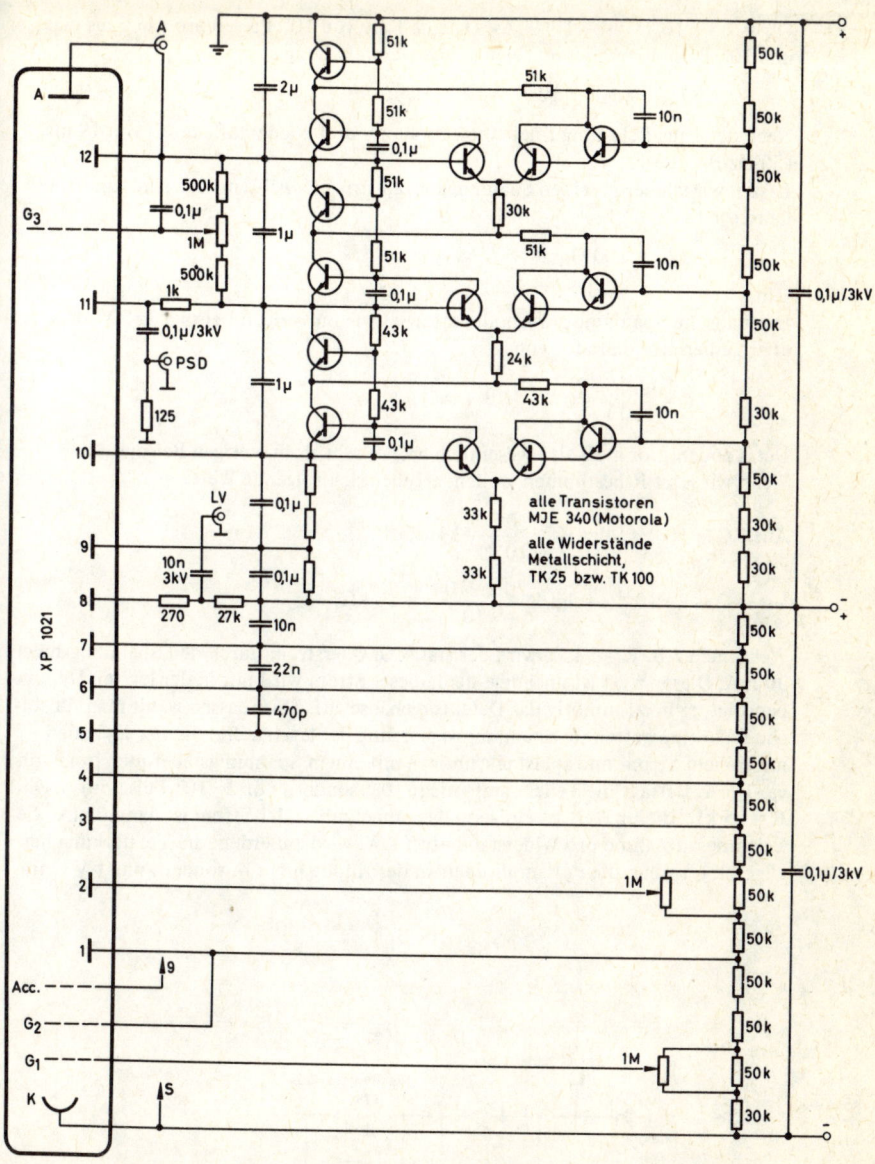

Bild 2.8 Spannungsteiler für Multiplier XP 1021, letzte Dynoden mit Emitterfolgern versorgt (Fotomultiplier Valvo XP 1021, Anodenausgang A 50 Ω, Puls-Shape-Diskriminierausgang PSD, Linear-Verstärkerausgang LV, Schirm S)

$Q_A = 2{,}5 \cdot 10^{-11} \cdot 4 = 10^{-10}$ As. Da eine Rate von 10^8 Pulsen pro s in 1 ms maximal 10^5 Pulse liefern kann, folgt für die Gesamtladung:

$$Q_{A_{ges}} = 10^5 \cdot 10^{-10} = 10^{-5} \text{ As.}$$

Nach der 1 ms-Belastung folgt eine Erholungs- und Wiederaufladezeit von 19 ms (50-Hz-Betrieb).

Lassen wir wiederum einen Spannungsabfall von 1 % während der 1 ms am Kondensator zu, so muß

$$Q_{stat} = 100\, Q_A = 10^{-3} \text{ As}$$

sein.

Die statische Spannung am Kondensator sei wie im vorigen Beispiel 150 V, dies ergibt einen Kondensator von:

$$C = \frac{Q_{stat}}{150\,V} = 0{,}7 \cdot 10^{-5} \text{ F} \approx 1\ \mu\text{F}.$$

Der Kondensator muß also wesentlich größer sein als im vorigen Beispiel.
Wenn wir jetzt R bestimmen wollen, ergeben sich folgende Werte:

Aus $RC \gg 10^{-3}$ s folgt $R \gg \dfrac{10^{-3}}{10^{-6}} = 1$ kΩ,

aus $RC \ll 2 \cdot 10^{-2}$ s folgt $R \ll \dfrac{2 \cdot 10^{-2}}{10^{-6}} = 20$ kΩ.

Wählt man z.B. R = 5 kΩ, wird der statische Querstrom durch den Spannungsteiler 30 mA. Dieser Wert ist unsinnig, denn dieser Strom wird nur in der letzten Dynode benötigt, er heizt unnötig das Detektorgehäuse auf. Statt dessen wählt man für solche Fälle eine getrennte Spannungsversorgung der letzten drei bis vier Dynoden mit hohem Strom und speist alle übrigen mit einem Spannungsteilerquerstrom von ca. 1 mA. Beträgt die Teilchenrate nicht 10^8, sondern nur $2 \cdot 10^7$ Pulse pro s, wird R = 25 kΩ; dieser Wert ist einigermaßen annehmbar, der Strom ist dann 6 mA, die Leistungsaufnahme pro Widerstand etwa 1 W; wird außerdem die Verstärkung herabgesetzt, so daß die Pulsamplituden an der Anode nicht 4, sondern nur 1 V betra-

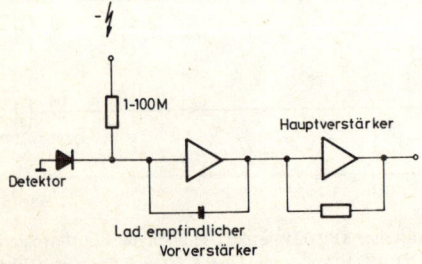

Bild 2.9   Stromversorgung für einen Halbleiterdetektor

gen, erhält man R = 100 kΩ, der Querstrom ist dann 1,5 mA, die Leistungsaufnahme nur noch knapp 1/4 W pro Widerstand.
Bei Halbleiterdetektoren wird die Spannung über einen relativ hochohmigen Widerstand (etwa 1 bis 100 MΩ) zugeführt, Bild 2.9 zeigt eine typische Anordnung. Die Höhe der Spannung richtet sich nach der Art des Zählers und der Dicke der Sperrschicht. Die Zuführung muß besonders gut gegen Störungen von außen abgeschirmt werden, da schon kleine eingestreute Rauschspannungen die Energieauflösung empfindlich stören können. Die Signalamplituden betragen meist nur einige mV, bei Energieauflösungen von einigen Promille darf die zulässige Störspannung am Detektorausgang einige μV nicht überschreiten. Die Spannungsquellen für Halbleiterdetektoren müssen bei Energiemessungen auf etwa 10^{-4} konstant gehalten werden.

2.2 Bemessung des Detektorarbeitskreises

Die Wahl des Arbeitswiderstandes eines Detektors richtet sich nach dem Zeitverhalten der durch die Primärstrahlung hervorgerufenen Ionisation, Anregung, Dissoziation oder den Fotoeffekten in der Materie.

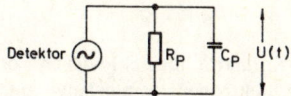

Bild 2.10 Detektor und Arbeitskreis-Zeitkonstante

Grundsätzlich kann man den Detektor als Signalgenerator betrachten, sein Ersatzschaltbild mit dem Arbeitswiderstand R_p und der Detektor-, Schalt- und Meßkapazität C_p ist in Bild 2.10 angegeben. Da die angelegte Gleichspannung $U_{DC} \gg U(t)$ ist, wo $U(t)$ die erzeugte Signalspannung ist, gilt

$$U(t) + R_p C_p \frac{dU(t)}{dt} = R_p J(t).$$

Aus dieser Gleichung können wir zwei besondere Fälle ableiten. Denken wir zunächst an die Gaszähler. Ist die Zeitkonstante $R_p C_p$ klein gegen die Sammelzeit der Ionen T_+, erhält man praktisch nur den Elektronenanteil der Entladung; in diesem Fall gilt

$$U(t) = R_p J(t) \text{ für } R_p C_p \ll T_+.$$

Ist jedoch die Sammelzeit der Ionen klein gegen die Zeitkonstante $R_p C_p$, können wir das erste Glied der obigen Gleichung vernachlässigen, es ergibt sich

$$U(t) = \frac{Q_{ges}(t)}{C_p} \text{ für } T_+ \ll R_p C_p,$$

dabei ist $Q_{ges}(t) = Q_+ + Q_-$ die gesamte gebildete Ladung. Für Gaszähler können wir die Sammelzeiten angeben, wenn die Ionen- bzw. Elektronenbeweglichkeiten als Funktion von E/p bekannt sind; E ist hier die Feldstärke im Zähler, p der Gasdruck. Während die Elektronensammelzeiten in üblichen Zählern etwa 10^{-8} bis

10^{-6} s betragen, ergeben sich die Ionensammelzeiten zu 10^{-5} bis 10^{-3} s. Die Kapazitätswerte C_p von normalen Gaszählern bewegen sich zwischen 1 pF und etwa 30 pF, daraus kann man die Widerstandswerte R_p angeben, die man braucht, um entweder den Elektronenanteil (meist einige kΩ) oder die Gesamtladung (meist einige MΩ) zu messen. Während man mit genügend großen Zeitkonstanten, also etwa $R_p C_p \geqslant 100\, T_+$, die Energie einer eingestrahlten Linie sehr genau messen kann, erhält man bei kleinen Zeitkonstanten, also $R_p C_p \ll T_+$, bei Einstrahlung der gleichen Linie stark schwankende Amplituden. Da die Ionen nicht sehr gleichmäßig abwandern, wird der Kondensator C_p ständig wieder ein wenig entladen.

Dieser Effekt tritt auch bei den anderen Detektoren auf, die eine endliche Energieauflösung wegen der Verbreiterung der Linien durch fluktuierende Sammelprozesse zeigen.

Bei Szintillationszählern treten jedoch einige besondere Zeitkonstanten auf. Das Licht verläßt den Szintillator in zeitlich abnehmender Intensität N(t); als grobe Näherung kann man setzen: $N(t) = n_0 e^{-t/\tau_{abk}}$. Hierin ist N_0 die Zahl der ursprünglich induzierten Leuchtzentren, τ_{abk} die Zeitkonstante der Lichtintensitätsabnahme, sie ist

für NaJ(Tl)-Kristalle etwa 200 ns,
für gekühlte NaJ-Kristalle etwa 10 ns,
für Plastik-Kristalle 1,5 bis 3 ns.

Das Licht fällt auf die Katode des am Szintillator angeschlossenen Fotovervielfachers, der aus der Katode austretende Elektronenstrom gelangt, entsprechend vervielfacht, zur Anode und erzeugt dort ein negatives Signal U(t). Die Form dieses Signals ist abhängig von der Laufzeitschwankung σ_{Tr}, die durch verschiedene Laufwege der Elektronen im Fotomultiplier entsteht. Diese Schwankung ergibt eine zeitliche Verschmierung des Strompulses J(t) im Multiplier. Ihr Einfluß ist in Bild 2.11 dargestellt, es ist $J(t) = f(t/\tau_{abk})$ aufgetragen, Parameter ist σ_{Tr}/τ_{abk}. Die Laufzeitschwankung σ_{Tr} wird ,,Spread-of-Transit-Time" genannt.

Ist $\sigma_{Tr} \ll \tau_{abk}$, ergibt sich ein steiler Stromanstieg, der exponentiell als $J(t) = J_0 e^{-t/\tau_{abk}}$ mit der Abklingzeit des Szintillators abfällt. Mit zunehmenden σ_{Tr}/τ_{abk} verbreitert sich der Strompuls immer mehr, dabei flacht die Amplitude ab. Bei dem besten bekannten Multiplier mit 2''-Katodendurchmesser beträgt die Laufzeitschwankung 0,1 ns, bei den 2''-Standardtypen etwa 0,5 ns, bei großflächigen Typen mit bis zu

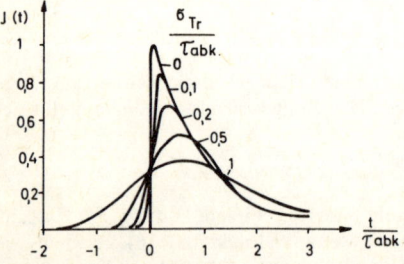

Bild 2.11 Multiplier-Anodenstrompulse als Funktion der Laufzeitschwankung

8″-Durchmesser schon 2 bis 4 ns. Die zeitliche Schwankung des Strompulses beeinflußt die Zeitauflösung des Szintillationszählers. Der Spannungspuls verläuft, wenn man die Zeit σ_{Tr} nicht berücksichtigt, nach Einsetzen von J(t) und nachfolgende Integration:

$$U(t) = \frac{Q_{ges}}{C} \frac{R_p C_p}{R_p C_p - \tau_{abk}} (e^{-t/\tau_{abk}} - e^{-t/R_p C_p}).$$

Hierin ist Q_{ges} die gesamte Ladung, die die Anode trifft:

$$Q_{ges} = \int_0^\infty J(t)\, dt = J_0 \tau_{abk},$$

Die Spannung steigt mit der Abklingzeit an, nach Erreichen des Maximums fällt sie mit RC exponentiell ab.

Will man nicht die Energie messen, sondern nur das zeitliche Eintreffen eines Signals, wird man die Zeitkonstante $R_p C_p \ll \tau_{abk}$ wählen. Dann benutzen die Multiplier Anodenwiderstände von 50 Ω, die direkt als Arbeitswiderstände der angeschlossenen HF-Kabel eingebaut werden können. Die Zeitkonstante $R_p C_p$ ist dann also 50mal $20 \cdot 10^{-12} \simeq 1$ ns; hier wurde die Kapazität des Detektors und die der Verdrahtung zu dem typischen Wert von 20 pF angenommen. Es entsteht also nur ein kurzes Signal von einigen ns Halbwertsbreite.

Jedoch schwankt in dieser Dimensionierung, wie oben erwähnt, die Amplitude bei Einstrahlung einer monoenergetischen Linie, da zwischen dem Eintreffen der Elektronen an der Anode der Kondensator C_p ständig entladen wird. Will man Energiemessungen durchführen mit Auflösungen von Prozent oder besser, muß man $R_p C_p \gg \tau_{abk}$ machen.

Beim Halbleiterdetektor ist die Sammelzeit der Ladungsträger durch deren Geschwindigkeit

$$v_\pm = \mu_\pm E$$

bestimmt, wo $\mu_\pm$ die Beweglichkeit der Löcher bzw. Elektronen ist. Diese Geschwindigkeiten liegen zwischen 10^5 und 10^6 cm/s, so daß für 1 mm Laufweg einige Hundert ns benötigt werden. Typische $R_p C_p$-Zeitkonstanten für die Energiemessung liegen daher auch zwischen 0,3 und 10 μs. Die schnellen Zeitsignale können durch Differentiation aus dem Anstieg gewonnen werden.

2.3 Übertragung der Signalpulse über RC-Glieder

Die Übertragung von Pulsen zwischen aktiven Bauelementen geschieht meistens über zwei charakteristische Widerstand-Kondensator-Anordnungen, über Hoch- und Tiefpässe. Der Hochpaß ist eine RC-Kombination, wie sie in Bild 2.12 gezeigt

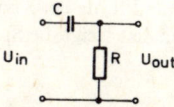

Bild 2.12 Differenzierglied (Hochpaß)

ist. Hochfrequente Signale gelangen dann ohne wesentliche Abschwächung über den Paß, wenn der Kondensator für die Übertragungsfrequenz praktisch einen Kurzschluß darstellt; niederfrequente Signale werden jedoch stark abgeschwächt. Zur Übertragung von Pulsen nehmen wir an, daß vor Beginn des ersten Pulses alle Potentiale ausgeglichen sind, d.h., die Spannung über dem Widerstand ist 0V, der Kondensator ist ungeladen. Geben wir einen Spannungssprung der Amplitude U_{in} auf das RC-Glied, kann der Kondensator nicht beliebig schnell geladen werden, die gesamte Eingangsspannung U_{in} erscheint zunächst am Widerstand R. Nun beginnt der Kondensator über R zu laden, dabei fließt der Strom

$$J_C = J_R C \frac{dU_{in}}{dt}.$$

Während die Spannung am Kondensator nach

$$U_C = \frac{1}{C} \int J_C \, dt$$

steigt, nimmt die Spannung am Widerstand R ab. Dadurch wird der Ladestrom immer geringer, die Spannung nimmt exponentiell mit der Zeitkonstanten RC ab. Besteht das Eingangssignal nicht nur aus einem Spannungssprung und einem nachfolgenden konstanten Level, sondern geht er nach einer endlichen Zeit T wieder auf seinen ursprünglichen Wert zurück, bestimmt das Verhältnis T/RC, wieweit die Spannung am Widerstand R abgesunken ist. Für $T \gg RC$ geht die Spannung nach einigen Zeitkonstanten auf Null (nach 5 RC auf 1 %), für $T \ll RC$ sinkt die Spannung jedoch nur um einige Prozent, es gilt dann

$$\frac{\Delta U_R}{U_R} \approx \frac{T}{RC}.$$

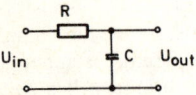

Bild 2.13   Integrierglied (Tiefpaß)

Der Tiefpaß ist eine RC-Kombination, wie sie Bild 2.13 zeigt. Über diese Schaltung gehen tiefe Frequenzen praktisch ungeschwächt, hohe jedoch werden vom Kondensator stark abgeschwächt. Zur Pulsübertragung nehmen wir wieder an, daß vor Erscheinen des Pulses alle Spannungen ausgeglichen sind, d.h., der Kondensator ist ungeladen. Geben wir jetzt einen Spannungssprung auf das RC-Glied, erscheint die ganze Eingangsspannung zunächst über dem Widerstand R, da der Kondensator nicht sofort geladen werden kann. Mit zunehmender Zeit steigt die Spannung am Kondensator, dabei nimmt der Ladestrom, der durch

$$\frac{U_{in} - U_C}{R}$$

2.3 Übertragung der Signalpulse über RC-Glieder

gegeben ist, ab, bis nach einigen Zeitkonstanten RC der Kondensator auf die Eingangsspannung U_{in} geladen ist. Auch dieser Vorgang verläuft exponentiell.
Muß ein Signal beide RC-Glieder nacheinander durchlaufen, werden durch den Hoch- und Tiefpaß die übertragenen Frequenzbereiche definiert. Als Bandbreite B eines Übertragungssystems mit RC-Gliedern bezeichnet man die Differenz der beiden Frequenzen, bei denen sowohl die untere (Hochpaß) als auch die obere (Tiefpaß) Zeitkonstante die Übertragungsfunktion auf das $1/\sqrt{2}$fache abschwächt.
Die beiden Frequenzen sind daher folgendermaßen definiert:

$$f_{tief} = \frac{1}{2\pi R_1 C_1}, \quad f_{hoch} = \frac{1}{2\pi R_2 C_2},$$

wenn $R_1 C_1$ den Hochpaß, $R_2 C_2$ den Tiefpaß darstellt. Wenn, wie es häufig geschieht, breite Bänder übertragen werden, gilt etwa

$$B = f_{hoch} - f_{tief} \approx \frac{1}{2\pi R_2 C_2}.$$

Die obere Frequenzgrenze, also die Bandbreite, bestimmt die Anstiegzeit des Signals, das den Tiefpaß verläßt.
Die Spannung am Kondensator C_2 steigt nach $U_C = U_{in}(1 - e^{-t/R_2 C_2})$. Nach der Definition der Anstiegzeit wird diese zwischen 10 und 90 % der Signalamplitude gemessen. Aus $U'_C = 0,1\, U_{in}$ und $U''_C = 0,9\, U_{in}$ folgt $T' = 0,1\, R_2 C_2$, $T'' = 2,3\, R_2 C_2$, d.h., die Anstiegzeit ist $T'' - T' =$

$$T_R = 2,2\, R_2 C_2.$$

Da andererseits die Bandbreite $B \approx 1/2\pi R_2 C_2$ ist, ergibt sich

$$B \cdot T_R \approx 0,35;$$

das Produkt aus Bandbreite und Anstiegzeit ist konstant.

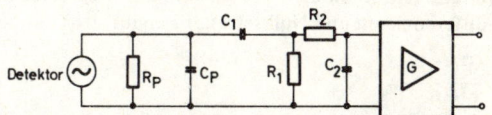 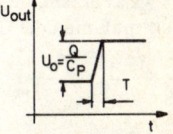

Bild 2.14 Ersatzbild des Detektor-Verstärker-Systems

Bild 2.15 Ausgangssignal eines Energiedetektors

Nun können wir die Übertragung der Detektorsignale innerhalb einer durch zwei Zeitkonstanten T_1 und T_2 bestimmten Anordnung mit dem Verstärkungsfaktor G berechnen. Bild 2.14 zeigt die Gesamtanordnung. Die Arbeitszeitkonstante $R_p C_p$ bestimmt die Signalanstiegszeit, die das Detektorsystem verläßt. Anschließend erfolgt die Übertragung über den Hoch- und Tiefpaß sowie über einen frequenzunabhängigen Verstärker, dessen Zeitverhalten in die beiden RC-Glieder eingeschlossen wurde. Der Verstärker verändert also in dieser Darstellung nur die Amplitude. Das Detektorsignal (vgl. Bild 2.15) habe die Amplitude $U_{out} = Q/C_p$ und die Anstiegzeit T. Die Berechnung erfolgt in zwei Schritten, in den Zeitintervallen $0 \to T$ und $T \to \infty$.

1. Schritt: Übertragung durch $R_1 C_1 = T_1$:

$$U_{R_1} = U_{in} - \frac{1}{R_1 C_1} \int U_{R_1}\, dt\,;$$

dieses differenziert, beide Seiten mit e^{t/T_1} multipliziert und für $t = 0$ dann $U_{R_1} = 0$ gesetzt:

a) $\quad U_{R_1} = \frac{U_{out} T_1}{T} (1 - e^{-t/T_1})$ für $0 \to T$.

Für die Berechnung während der Zeit von $t = T$ bis ∞ gilt die gleiche Differentialgleichung wie eben, aber U_{in} ist jetzt konstant; diese mit e^{t/T_1} multipliziert und für $t = T$ eingesetzt:

$$U_{R_1} = \frac{U_{out} T_1}{T} (1 - e^{-T/T_1}),$$

damit ergibt sich

b) $\quad U_{R_1} = \frac{U_{out} T_1}{T} (e^{T/T_1} - 1)\, e^{-t/T_1}$ für $T \to \infty$.

2. Schritt: Übertragung durch $R_2 C_2 = T_2$ in den beiden Zeitbereichen

$$U_{C_2} = U_{in} - R_2 C_2 \frac{dU_{C_2}}{dt}, \quad U_{in} \text{ ist durch 1a) gegeben.}$$

a) $\quad U_{C_2} = \frac{U_{out} T_1}{T} (1 - e^{-t/T_2}) - \frac{U_{out} T_1^2}{T(T_1 - T_2)} (e^{-t/T_1} - e^{-t/T_2})$ für $0 \to T$.

b) $\quad U_{C_2} = \frac{U_{out} T_1^2}{T(T_1 - T_2)} (e^{T/T_1} - 1)\, e^{-t/T_1} - \frac{U_{out} T_1 T_2}{T(T_1 - T_2)} (e^{T/T_2} - 1)\, e^{-t/T_2}$ für $T \to \infty$.

Das Maximum der Signalamplitude fällt in die Zeit $T \to \infty$, d.h., um es zu berechnen, muß man die Gleichung 2b) differenzieren und Null setzen. Es ergibt sich

$$T_{max} = \frac{T_1 T_2}{T_1 - T_2} \ln \frac{e^{T/T_2} - 1}{e^{T/T_1} - 1}.$$

Den Wert der Maximalamplitude am Ausgang der Zeitkonstanten erhält man, wenn man T_{max} wieder in 2b) einsetzt:

$$U_{max} = \frac{U_{out} T_1}{T} \frac{(e^{T/T_1} - 1)^{T_1/(T_1 - T_2)}}{(e^{T/T_2} - 1)^{T_2/(T_1 - T_2)}}$$

In Bild 2.16 ist die Funktion U_{max}/U_{out} in Abhängigkeit von dem Verhältnis T_1/T_2 aufgetragen, als Parameter wurde T/T_2 gewählt. Man erkennt, daß man die aus dem Detektor kommende Signalamplitude praktisch ungeschwächt nur erhält, wenn $T_1 \gg T_2$ ist. Durch geeignete Wahl der Zeitkonstanten kann man die gewünschte Pulsform erzielen.

2.4 Passive Pulsformung mit RC-Gliedern und HF-Kabeln

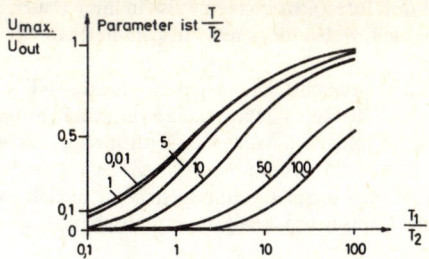

Bild 2.16   Verstärkerausgangsspannung als Funktion der Zeitkonstanten

2.4 Passive Pulsformung mit RC-Gliedern und HF-Kabeln

Wenn wir annehmen, daß bei einem Hochpaß die Ausgangsspannung $U_{out} \ll U_{in}$ ist, so bedeutet das, daß praktisch die ganze Spannung U_{in} sich auf dem Kondensator befindet. Der Ladestrom im Kondensator ist:

$$J = C \frac{dU_{in}}{dt}.$$

da aber die Spannung am Widerstand $U_{out} = RJ$ ist, folgt daraus

$$U_{out} = RC \frac{dU_{in}}{dt},$$

d.h., die Ausgangsspannung stellt den Differentialquotienten der Eingangsspannung dar. Dieses Ergebnis ist nur eine Näherungslösung, sie gilt um so besser, je kleiner die Zeitkonstante RC im Verhältnis zur Zeitfunktion des Pulses ist. Praktisch kann man die Pulsspitzen beobachten, die bei schnellen Zeitfunktionen der Pulse (Anstiegs- oder Abfallzeit) nach Durchlaufen eines Hochpasses auftreten. Bild 2.17 zeigt diese Wirkung. Ändert sich die Pulsamplitude in positiver Richtung, entsteht eine positive Spitze, bei Änderung in negativer Richtung eine negative Spitze. Ähnlich kann ein Tiefpaß als Integrator wirken, wenn die Zeitkonstante RC groß ist gegen die Zeitfunktionen des Pulses. Auch hier gilt die Bedingung, daß $U_{out} \ll U_{in}$ sein muß, dann liegt die ganze Eingangsspannung über dem Widerstand R, es fließt der Strom $J = U_{in}/R$. Die Spannung am Kondensator ändert sich nach $U_{out} = (1/C) \int J\, dt$, d.h., $U_{out} = (1/RC) \int U_{in}\, dt$. Die Ausgangsspannung folgt dem Integral der Eingangsspannung; Bild 2.18 zeigt diese Wirkung. Durch Hoch- und

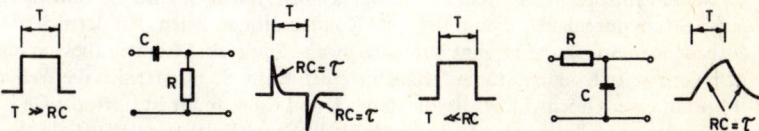

Bild 2.17   Pulsübertragung über einen Hochpaß   Bild 2.18   Pulsübertragung über einen Tiefpaß

Tiefpaß als Differentiator und Integrator können Pulse in ihrer Dauer, Anstiegs- und Abfallzeit geformt werden, wobei die neuen Pulsparameter direkt proportional zu den Zeitkonstanten RC sind.

Eine Pulsformung, kurz Shapen genannt, kann auch mit koaxialen Hochfrequenzkabeln vorgenommen werden. HF-Kabel haben einen zylindrischen Innenleiter aus Volldraht oder Litze sowie konzentrisch dazu einen Außenleiter, z.B. aus Kupfergeflecht, der als Erdelektrode und Abschirmung wirkt. Zwischen beiden befindet sich ein Dielektrikum. Auf Grund dieser Anordnung haben Koaxialkabel sowohl eine Kapazität als auch eine Induktivität. Die Kapazität ergibt sich zu

$$C = \frac{0{,}24 \cdot \epsilon \cdot l}{\log \frac{b}{a}} \quad [\text{pF}],$$

die Induktivität zu

$$L = 4{,}6 \cdot l \cdot \log \frac{b}{a} \quad [\text{nH}].$$

Hierin bedeutet ϵ die Dielektrizitätskonstante des Zwischenmaterials, l die Länge des Kabels in cm, b der Radius des Außenmantels, a der Radius des Innenleiters. Da beide Größen die Länge enthalten, bleibt für jede Länge das Verhältnis von L und C konstant. Man könnte nun das Kabel durch eine LC-Kombination (Bild 2.19a) ersetzen, dieser einfache Reihenschwingkreis träfe jedoch nicht das wirkliche Verhalten des Kabels, man muß das Kabel durch eine Kette von vielen LC-Gliedern ersetzen, wie es in Bild 2.19b für vier Glieder gezeichnet ist. Die Gesamtkapazität und Induktivität muß die gleiche bleiben, sie werden auf die Gesamtlänge des Kabels verteilt.

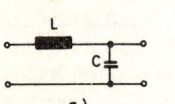
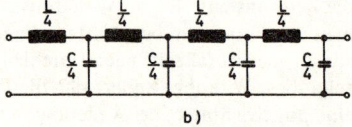

Bild 2.19 Aufteilung eines Kabels in L und C

Wird die Vorderflanke eines Pulses, also ein Spannungssprung, durch das Kabel geschickt, läuft eine Wellenfront in die LC-Kette hinein, wobei zu beachten ist, daß der Strom in Induktivitäten erst voll fließen kann, nachdem deren Magnetfeld aufgebaut ist; ebenso können Kondensatoren ihre Spannung nicht plötzlich ändern, sie werden entsprechend ihrem Ladestrom geladen. Nachdem also die erste Spule einen Strom durchläßt, beginnt der erste Kondensator zu laden. Mit der sich nun aufbauenden Spannung beginnt durch die zweite Spule ein Strom zu fließen, mit dem der zweite Kondensator aufgeladen werden kann. So pflanzt sich die Wellenfront mit einer Geschwindigkeit, die durch L und C bestimmt ist, fort, die Geschwindigkeit ist $T_D = \sqrt{L \cdot C}$. Je weiter die Welle ins Kabel hineinläuft, desto ruhiger werden an den Eingangsklemmen der hineinfließende Strom und die Span-

2.4 Passive Pulsformung mit RC-Gliedern und HF-Kabeln

nungen der ersten Kondensatoren. Wäre das Kabel unendlich lang, würde schließlich ein konstanter Strom fließen und eine konstante Spannung vorhanden sein. Das Kabel nimmt dann das Verhalten eines ohmschen Widerstandes an, der als Wellenwiderstand oder Impedanz des Kabels bezeichnet wird und durch

$$Z_0 = \sqrt{\frac{L}{C}}$$

definiert ist.

Nun sind die Kabel aber nicht unendlich lang, irgendwann kommt die Wellenfront ans Ende und lädt den letzten Kondensator auf. Seine Spannung steigt nun auf den doppelten Wert seiner Vorgänger, da der Strom in der letzten Spule nicht so schnell abgeschaltet werden kann. Erst wenn dies erreicht ist, beginnt auch der zweitletzte Kondensator sich auf den doppelten Wert zu laden; und so geht es fort, die Wellenfront läuft rückwärts durch das Kabel, bis sie am Eingang wieder angekommen ist. Bild 2.20 zeigt die hineinlaufende, die reflektierte und die daraus resultierende Spannung am Eingang eines offenen Kabels. Ist das Kabel an seinem

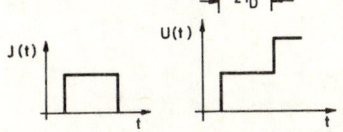

Bild 2.20 Strom und Spannung am Eingang eines offenen Kabels

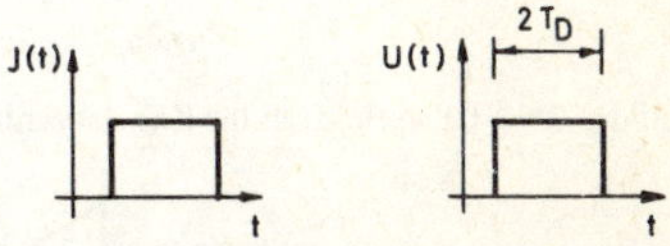

Bild 2.21 Strom und Spannung am Eingang eines kurzgeschlossenen Kabels

Ende kurzgeschlossen, kann am letzten Kondensator keine Spannung entstehen, dafür steigt der Strom. Diesen muß nun der zweitletzte Kondensator liefern, wodurch er entladen wird. Die Wellenfront läuft jetzt mit umgekehrten Vorzeichen zum Eingang zurück, wobei alle Kondensatoren entladen werden. Bild 2.21 zeigt wieder die drei Spannungen als Funktion der Zeit am Eingang des kurzgeschlossenen Kabels. Schließlich kann das Kabel auch mit einem ohmschen Widerstand abgeschlossen werden, der seinem Wellenwiderstand entspricht. Dann fließt nach dem Durchlauf der Welle im Kabel der gleiche Strom, der auch die vorangehenden Kondensatoren lädt, an ihm entsteht auch die gleiche Spannung. Die unendlich lange Fortsetzung eines Kabels kann durch den ohmschen Widerstand mit dem Wert Z_0 ersetzt werden, das Kabel ist nun reflektionsfrei angeschlossen (Bild 2.22). $R_a = Z_0$ = richtiger Abschluß.

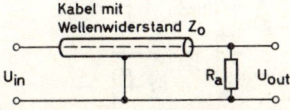

Bild 2.22 Abgeschlossenes Kabel, $R_a = Z_0$

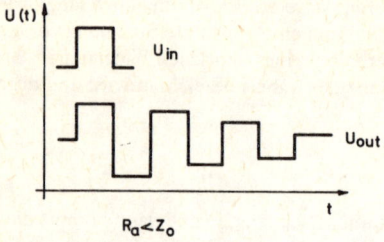

Bild 2.23 Pulsreflektion für Kabelabschluß $R_a < Z_o$

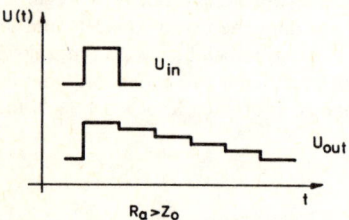

Bild 2.24 Pulsreflektion für Kabelabschluß $R_a > Z_o$

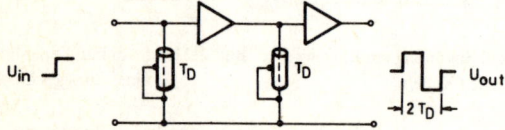

Bild 2.25 Bipolare Pulsformung durch zweimaliges Kabel-Shapen

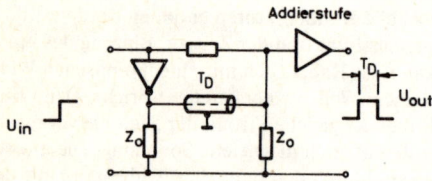

Bild 2.26 Unipolare Pulsformung durch Addition invertierter und verzögerter Signale

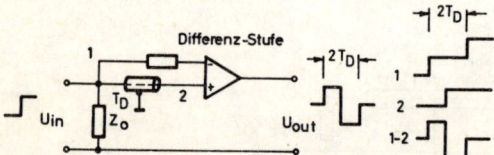

Bild 2.27 Bipolare Pulsformung durch Subtraktion verzögerter Signale

2.4 Passive Pulsformung mit RC-Gliedern und HF-Kabeln

Ist der Abschlußwiderstand $R_a > Z_0$, erhält man ähnliche Reflexionen wie beim offenen, ist $R_a < Z_0$, ergeben sich Verhältnisse ähnlich wie beim kurzgeschlossenen Kabel.

Der Reflexionsfaktor r ist daher wie folgt definiert:

$$r = \frac{R_a - Z_0}{R_a + Z_0} \ .$$

Für $R_a = Z_0$ ist r = 0 (Abschluß), d.h., es wird nicht reflektiert,
für $R_a = 0$ ist r = –1 (Kurzschluß), d.h., alles wird reflektiert, die Spannung wird abgezogen.
Für $R_a = \infty$ ist r = +1 (offenes Kabel), d.h., alles wird reflektiert, die Spannung wird verdoppelt.

Dazwischen ergeben sich positive oder negative Reflexionswerte, je nach dem Verhältnis R_a/Z_0.

Die Bilder 2.23 und 2.24 zeigen die Zusammenstellung einiger Reflexionswerte und die sich daraus ergebenden Pulsformen und -zeiten.

Die Pulsformung durch kurzgeschlossenes Kabel bezeichnet man auch analog dem RC-Differentiator als einfache Kabeldifferentiation.

Durch Anwendung von zwei Differentiationsgliedern hintereinander (gleichgültig, ob mit RC-Gliedern oder Kabeln), wird die Eingangsspannung zweimal differenziert. Dadurch ergibt sich ein Amplitudennulldurchgang, der bei Signalen verschiedener Amplitude, aber konstanter Anstiegszeit zeitlich invariant ist und daher oft als Zeitsignal für Koinzidenzzwecke benutzt wird. Bild 2.25 zeigt dieses Verfahren mit zwei in Serie geschalteten Kabelstufen.

Diese Methode wird in den Abschnitten 3.5.8 und 3.6.2 ausführlicher beschrieben.

Sowohl die einmalige als auch die zweimalige Differentiation der Pulse ergibt Pulsformen, die auch auf andere Weise hergestellt werden können. Man kann die Signalwege auftrennen, das eine Signal direkt, das zweite invertiert und verzögert (mit abgeschlossenem Kabel) auf eine Addierstufe geben. An deren Ausgang ergeben sich dann Pulse mit der Dauer der Verzögerungszeit. Bild 2.26 zeigt diesen Vorgang.

Für die zweimalige Differentiation kann man auch das Signal auftrennen, das eine direkt, das andere verzögert (mit offenem Kabel) auf eine Differenzstufe geben. Am Ausgang dieser Stufe erhält man das bipolare Signal mit dem Nulldurchgang. Bild 2.27 zeigt diese Art der Pulsformung.

3 Zeitmeßverfahren

Zur Messung der Zeitbeziehungen zwischen Teilchen werden die Signale aus den Strahlungsdetektoren durch Pulsformer in zeitlich genau definierte Standardpulse umgewandelt. Diese gelangen dann in Schaltkreise, die entweder die Gleichzeitigkeit (Koinzidenz) zweier oder mehrerer Ereignisse innerhalb einer durch das elektrische System gegebenen Auflösungszeit oder auch den zeitlichen Abstand zweier Ereignisse in Zeitpulshöhenwandlern feststellen. Die koinzidenten Ereignisse werden gezählt und registriert, die der Zeitdifferenz proportionalen Pulshöhen erst in Analog-Digital-Wandlern digitalisiert, anschließend ebenfalls registriert, Moderne Anlagen liefern die Zählraten über ein Interfacesystem in einen Rechner, der bestimmte, dem Experiment zugeordnete Operationen ausführt.

Die Pulsformer haben wie die Integraldiskriminatoren eine variable Triggerschwelle. Übersteigt die Ladung eines Signals diesen Wert, setzt der Triggermechanismus ein, der das Standardausgangssignal liefert. Der Zeitpunkt dieses Einsatzes, der von der Form und Amplitude des Signals abhängt, enthält eine Schwankung, die die untere Grenze der Zeitauflösung darstellt. Sie liegt bei guten Schaltungen zwischen 10^{-9} und 10^{-10} s.

Die Koinzidenzschaltung, die ihre Signale aus den Pulsformern erhält, mißt deren Gleichzeitigkeit meist durch zeitlich definierte Addition der Pulse mit nachfolgender Amplitudenbewertung durch einen Diskriminator. Die eine bestimmte Schwelle überschreitenden koinzidenten Signale werden an den Zähler weitergegeben. Typische Koinzidenzschaltungen haben Auflösungszeiten zwischen 10^{-9} und 10^{-6} s.

In den ähnlich arbeitenden Zeitpulshöhenwandlern wird meist mit dem ersten Puls (Start) die Ladung eines Kondensators durch einen konstanten Strom geändert. Mit dem zweiten Puls (Stop) wird der Vorgang beendet. Die entstandene Spannungsänderung am Kondensator ist proportional zur Zeitdifferenz der beiden Signale. Solche Geräte erreichen Auflösungszeiten bis zu einigen 10^{-10} s.

Um die durch die logische Entscheidung in der Koinzidenz bzw. im Zeitpulshöhenwandler gefundenen Ereignisse zu registrieren, werden die zugehörigen Signale in Speicher eingelesen. Ein einfaches Gerät dieser Art ist der Zähler. In ihm sind binär arbeitende Schaltkreise (Flip-Flops) enthalten, die beliebig lange in einem von zwei Schaltzuständen leitend oder gesperrt verharren und durch nachfolgende Triggerpulse abwechselnd in die eine oder andere Lage übergehen können. Die Pulsfolge wird in jeder Stufe zweifach untersetzt, in k-Stufen also um 2^k. Durch geeignete Rückkopplungsmethoden kann man auch dekadisch zählen. Der Inhalt der Speicher kann optisch angezeigt und elektrisch ausgelesen werden.

Die Zeiten zwischen interessanten kernphysikalischen Ereignissen werden heute standardmäßig mit Genauigkeiten von ns oder Bruchteilen davon gemessen.

Die ns-Technik ist seit 20 Jahren besonders in der nuklearen Meßtechnik entwickelt worden, in der Geschwindigkeiten von Elementarteilchen bis zur Lichtgeschwindig-

keit hin gemessen werden müssen. Das Licht läuft pro ns 30 cm, d.h., 2 Detektoren im Abstand von 30 cm würden für ein mit Lichtgeschwindigkeit durchlaufendes Teilchen, z.B. ein γ-Quant, zwei Pulse im Abstand von 1 ns liefern.
Aus diesen kurzen Laufzeiten ergibt sich, daß die Signalwege in ns-Schaltungen so kurz wie möglich sein müssen und daß die Verdrahtung möglichst kapazitätsarm sein sollte, um keine Signalverzögerung durch Integrationseffekte hervorzurufen. Leider besitzen alle Bauelemente, ob aktiv oder passiv, Streukapazitäten und -induktivitäten, ihr Einfluß bestimmt wesentlich die obere Frequenzgrenze, und damit die kürzeste Zeitdifferenz, die noch aufgelöst werden kann.

3.1 Passive Bauelemente bei hohen Frequenzen

3.1.1 Widerstände

Widerstände haben durch ihre Bauform und Herstellungsart verschiedene Eigenkapazitäten und -induktivitäten. Für Wellenlängen, die groß gegen die Länge des

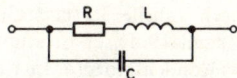

Bild 3.1   Ersatzschaltbild eines Widerstands

Widerstandskörpers sind, ist das Ersatzschaltbild (Bild 3.1). Drahtgewickelte Widerstände haben hohe Induktivitäts- und Kapazitätswerte und sind daher ungeeignet für die Verwendung bei höheren Frequenzen. Bifilar gewickelte Widerstände haben wesentlich weniger Induktivität, so daß sie manchmal in die Hochfrequenztechnik Eingang finden, aber die verwendeten Werte liegen unter 1000 Ω bei Induktivitäten von einigen nH. Filmwiderstände mit Metallfilmen sind geeignet für Anwendungen bis zu einigen Hundert MHz, es gibt aber besondere UHF-Filmwiderstände mit sehr geringer Kapazität, z.B. etwa 0,3 bis 0,5 pF. Bei gewöhnlichen Kohleschichtwiderständen muß man mit 2 bis 3 pF rechnen.

3.1.2 Anschlußdrähte

Zu diesen C- bzw. L-Werten treten noch die durch die Länge der Anschlußdrähte hervorgerufenen Streukapazitäten bzw. -induktivitäten. Die Drähte werden auf das Chassis oder die gedruckte Platine zu den Anschlüssen geführt. Macht man diese willkürlich lang, kann man oft erleben, daß die Schaltung schwingt. In Tabelle 3.1 sind die Selbstinduktions- und Kapazitätswerte von Drähten je cm Länge zusammengestellt, die ein Draht mit dem Durchmesser d im Abstand a vom Chassis oder der Leiterplatte aufweist. Diese Werte gelten für alle Wellenlängen, die groß gegen die Drahtlänge sind.
Der Einfluß der Drähte wird schwerwiegend, wenn z.B. Kondensatoren zur Abblockung der Hochfrequenz eingesetzt werden. Sie erfüllen ihren Zweck nur dann, wenn sie als möglichst reine Kapazität arbeiten, ihre Wirkung wird hinfällig, wenn ihre Anschlußdrähte als Spulen wirken. Hat z.B. ein Kondensator von 1000 pF in 1 cm Abstand vom Chassis zusammengerechnet 4 cm lange und 1 mm starke

Tabelle 3.1: L- und C-Werte von Drähten je cm

Abstand a / Durchmesser d	L [nH]	C [pF]
2,5	4,6	0,242
5	5	0,185
7,5	6,8	0,164
10	7,4	0,151
15	8,2	0,136
20	8,8	0,127
25	9,2	0,121
40	10,2	0,109
50	10,5	0,106
60	11	0,102

Anschlußdrähte, so ist deren Induktivität nach Tabelle 3.1 etwa 30 nH. Der induktive Widerstand bei 100 MHz beträgt dann 19 Ω, er ist schon über 10mal höher als der kapazitive Widerstand des Kondensators (er ist 1,6 Ω). Die Eigenresonanz des Kondensators mit Anschlußdrähten liegt bei:

$$\omega^2 = \frac{1}{LC} = \frac{10^{18}}{30}; \quad \omega = \frac{10^9}{\sqrt{30}} \approx 180\,\text{MHz}, \quad f \approx 30\,\text{MHz}.$$

3.1.3 Kondensatoren

Der Leitfähigkeitsfilm bei Kondensatoren bildet zusammen mit den inneren Anschlüssen eine Induktivität, die bei hohen Frequenzen nicht mehr vernachlässigbar ist. Die Verluste, die im Dielektrikum beim Umpolen der Wechselspannung auftreten, werden durch einen ohmschen Widerstand beschrieben, der auch den Widerstand des Leitfähigkeitsfilms und seiner Anschlüsse enthält. Im allgemeinen kann der Isolationswiderstand des Kondensators bei hohen Frequenzen gegen die oben genannten Einflüsse vernachlässigt werden. Das Ersatzschaltbild eines Kondensators für hohe Frequenzen ist also Bild 3.2.

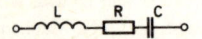

Bild 3.2   Ersatzschaltbild eines Kondensators

Kondensatoren, die im ns-Bereich Verwendung finden, sollten L-Werte höchstens im unteren nH-Bereich haben. Papierwickelkondensatoren haben eine hohe Induktivität, ebenso glimmerisolierte Blockkondensatoren, sie liegt zwischen 10 und 40 nH. Keramikkondensatoren sind wesentlich besser, ihre Induktivität liegt zwischen 1 und 10 nH; dies gilt sowohl für Röhren- als auch für Scheibentypen. Kunstfolientypen liegen bei etwa 10 bis 20 nH. Diese Werte addieren sich zu den Zuleitungsinduktivitäten.

3.1 Passive Bauelemente bei hohen Frequenzen

Die Anwendung und der Aufbau von Bauelementen in der ns-Technik erfordert sowohl sorgfältige Auswahl der Typen als auch kürzeste Leitungsführung, da sonst entweder Schwingungen oder Verschlechterung der Anstiegszeiten den Frequenzbereich erheblich einschränken können.

3.1.4 Skineffekt

Wechselströme hoher Frequenz fließen vornehmlich in der Außenhaut des Leiters, die Stromdichte ist im Innern des Leiters wesentlich geringer als außen. Dies kann man verstehen, wenn man z.B. den kreisförmigen Querschnitt eines Drahtes in flächengleiche, konzentrische Kreisringe zerlegt. Dann haben die inneren Ringe größere Induktivitäten als die äußeren, d.h., im Innern ist der induktive Widerstand größer. Die Folge davon ist eine Stromveränderung nach außen. Diese ist um so ausgeprägter, je größer der Leiterquerschnitt, je höher die Frequenz und je geringer der spezifische Widerstand des Leiters ist.

Man kann dem Skineffekt, und damit der Widerstandserhöhung, entgegenwirken, indem man anstelle von Volldrähten Rohrleiter oder HF-Litzen mit großer Oberfläche benutzt. Sollten beide Materialien ungeeignet sein, verwende man Volldrähte mit großem Querschnitt, also auch großer Oberfläche, die möglichst versilbert ist (kleiner spezifischer Widerstand).

Wesentlich ist also, daß man dem Hochfrequenzstrom einen möglichst kleinen Widerstand entgegensetzt, damit kein allzu großer Spannungsabfall entsteht. Bild 3.3 zeigt das Ansteigen des Widerstandes mit der Frequenz für Drähte aus verschiedenen Materialien.

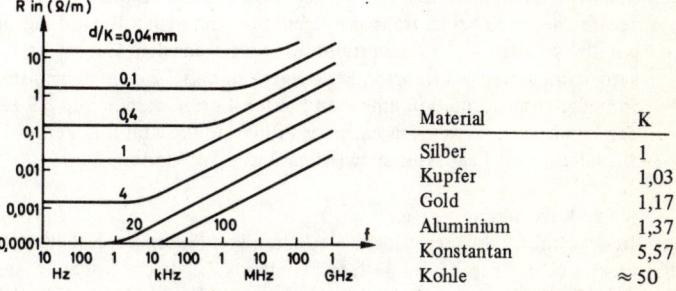

Material	K
Silber	1
Kupfer	1,03
Gold	1,17
Aluminium	1,37
Konstantan	5,57
Kohle	≈ 50

Bild 3.3   Widerstandserhöhung durch Skineffekt

Ein Draht aus Silber, Durchmesser 1 mm, hat bei 100 MHz schon einen fast 100mal größeren Widerstand als bei tiefen Frequenzen oder bei Gleichstrom. Den Skineffekt sollte man auch beim Drucken von Leiterbahnen beachten und die Signalleitungen für ns-Pulse breiter als gewöhnlich machen und nicht einfach den spezifischen Widerstand bei Gleichstrom ansetzen und daraus den Leiterbahnquerschnitt bestimmen.

3.1.5 Pulstransformatoren mit Kabeln und Ferritringen

Mit Koaxialkabeln kann man sehr leicht Inverter für kurze Signale aufbauen. Es ist nur notwendig, den Außenleiter zu erden und zwischen zwei Kabelstücken den Innenleiter an den Außenleiter zu schalten, wie es Bild 3.4 zeigt. Wenn z.B. im ersten Kabelstück die Feldlinien vom Innenleiter zum Außenleiter weisen, ist es im zweiten Kabelstück umgekehrt wegen der inzwischen eingeführten Vertauschung. Dadurch kehrt sich am Ausgang die Polarität des Eingangssignals um. Diese Methode ist auf ns-Signale beschränkt, für längere Signale gibt es einen stetigen Amplitudenabfall, für Gleichspannungssignale einen Kurzschluß.

Um die für viele Schaltungen nötige galvanische Trennung zwischen Ein- und Ausgang zu erreichen, verwendet man Ferritringe als Transformatormaterial und Drähte oder dünne Koaxialkabel als Windungen. In konventionellen Transformatoren wird die obere übertragbare Frequenzgrenze durch die Resonanz bestimmt, die die Windungskapazität mit der Streuinduktivität bildet. In den Ferritransformatoren sollen die Spulen so angeordnet sein, daß die Windungskapazität und die Selbstinduktion der Spulenwicklung eine Laufzeitkette bilden, wie es Bild 3.5 zeigt.

Es entsteht die Ersatzschaltung eines Koaxialkabels, dessen Wellenwiderstand Z_0 z.B. zu 50 $\Omega = \sqrt{L/C}$ gewählt werden kann. Da die Windungskapazität ohnehin ausgenutzt wird, können die Windungen dicht benachbart sein.

Die niederfrequente Wiedergabe ist wie üblich durch die Primärinduktivität bestimmt. Da manche Ferritmaterialien hohe Permeabilität schon im Niederfrequenzbereich haben, können mit wenigen Windungen über einen weiten Frequenzbereich zwischen etwa 10 kHz und 1000 MHz Signale mit einer Anstiegszeit bis zu 0,5 ns übertragen werden. Eine Inversionsschaltung wäre die nach Bild 3.6.

Solche Ferrittransformatoren werden auch eingesetzt, um die Wellenwiderstände verschiedener Kabel zu transformieren. So kann man z.B. am Eingang zwei Kabel parallel schalten – d.h., man treibt den Strom aus dem Generator $Z_0/2$ – am Ausgang jedoch die zwei Kabel in Serie legen, so daß 2 Z_0 entstehen. Insgesamt ist die Impedanztransformation um einen Faktor 4 erreicht, wie Bild 3.7 zeigt. Die Zahl der Windungen richtet sich nach der Primärinduktivität und Permeabilität des Ferritmaterials, sie liegt typisch zwischen 3 und 15 Windungen.

3.1.6 Kabelverzweigungen

In Abschnitt 2.4 haben wir das Verhalten von Pulsen auf Kabeln untersucht, es ergab sich der Begriff des Wellenwiderstands Z_0, da das Kabel, je länger es wird, sich wie ein ohmscher Widerstand verhält. Wird ein Kabel mit Z_0 abgeschlossen, wirkt es an seinem Ende reflexionsfrei.

Oft kommt es aber vor, daß man ein Kabel verzweigen muß, z.B. am Ausgang eines Pulsgenerators wird man ein Kabelstück zum Prüfobjekt leiten, das zweite zum Triggereingang des Oszillographen. Um beide Stücke reflexionsfrei anzuschließen, muß man jedes Ende mit Z_0 abschließen, das erfordert aber auch 3 Widerstände in den Verzweigungsknoten, deren Größe R = $Z_0/3$ ist. Dann sinken die Pulsamplituden an den beiden verzweigten Enden auf $U_{in}/4$. Bild 3.8 zeigt dies.

Muß man ein Kabel dreifach verzweigen, müssen die 4 Widerstände in dem Knoten R = $Z_0/2$ gemacht werden, die Ausgangsspannung in den 3 Zweigen sinkt dann auf $U_{in}/6$. Bild 3.9 zeigt das Verhalten.

3.1 Passive Bauelemente bei hohen Frequenzen

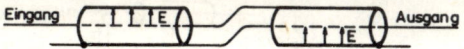

Bild 3.4   Nanosekunden-Pulstransformation durch Kabel

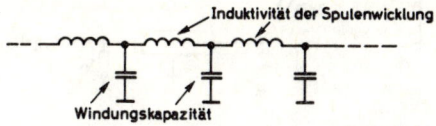

Bild 3.5   Ersatzschaltung eines Koaxialkabels

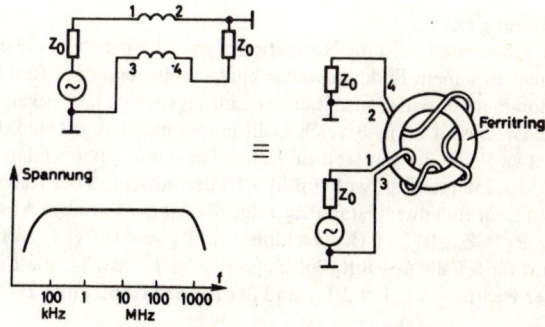

Bild 3.6   Kabelinverter mit Ferritring

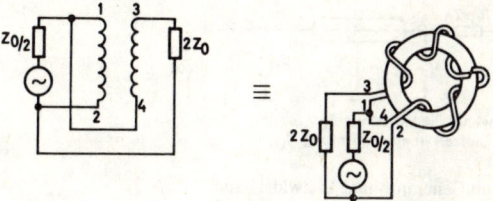

Bild 3.7   Kabeltransformator mit Ferritring

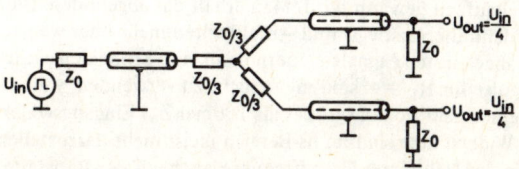

Bild 3.8   Kabelverzweigung, Fanout 2

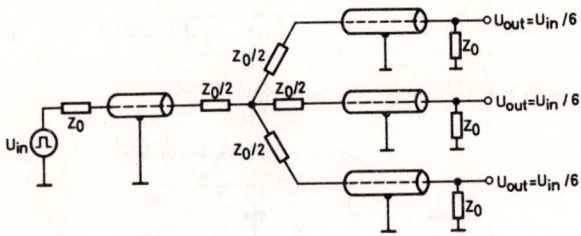

Bild 3.9 Kabelverzweigung, Fanout 3

3.1.7 Pulsformung mit Kabeln

In Abschnitt 2.4 wurden auch die Reflektionssignale besprochen, die entstehen, wenn das Kabel an seinem Ende entweder kurzgeschlossen oder offen ist. Dabei wurde angenommen, daß die Pulsdauer der Eingangssignale lang gegen die Laufzeit im Kabel ist. Das ist im ns-Bereich nicht immer möglich, oft sind die Signale kürzer oder etwa gleich der Laufzeit im Kabel. Die dann herrschenden Verhältnisse sind in Tabelle 3.2 dargestellt, wobei Bild 3.10 den Anschluß des Kabels an den Generator mit dem Innenwiderstand Z_0 zeigt, R_L ist der jeweilige Abschlußwiderstand, der zu $R_L = Z_0$, $R_L = 0$ (Kurzschluß) und $R_L = \infty$ (offen) gewählt wird. Die Pulslänge wird für 3 Fälle gewählt, Pulslänge $T < 2\,T_D$, wo T_D die Laufzeit im Kabel in einer Richtung ist, $T = 2\,T_D$ und der früher in Abschnitt 2.4 behandelte Fall $T \gg 2\,T_D$.

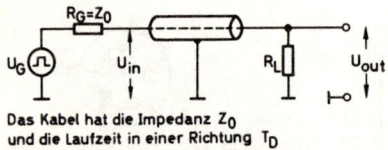

Das Kabel hat die Impedanz Z_0 und die Laufzeit in einer Richtung T_D

Bild 3.10 Kabel mit Generator- und Lastwiderstand

Zum Pulsformen wird oft der Fall $R_L = 0$ eingesetzt, wobei die Pulslänge kurz gegen die Kabellaufzeit gewählt wird. Man erhält das abgebildete Bipolarsignal, natürlich sind dann die Anstiegs- und Abfallkanten mehr oder weniger stark verschliffen. Die abgekürzten Signale steuern dann eine Koinzidenzstufe an.
Die Ausgangspulse für $R_L = \infty$ sind meist nicht zu verwenden, weil die nachfolgende Schaltung einen sehr hohen (größer als 100mal Z_0) Eingangswiderstand haben sollte. Solche Widerstände sind im ns-Bereich meist nicht herzustellen, da die Transistoren in der Nähe ihrer Grenzfrequenz auch auf der Basisseite sehr niederohmig werden (ca. 30 bis 200 Ω).

Tabelle 3.2: Pulsformung

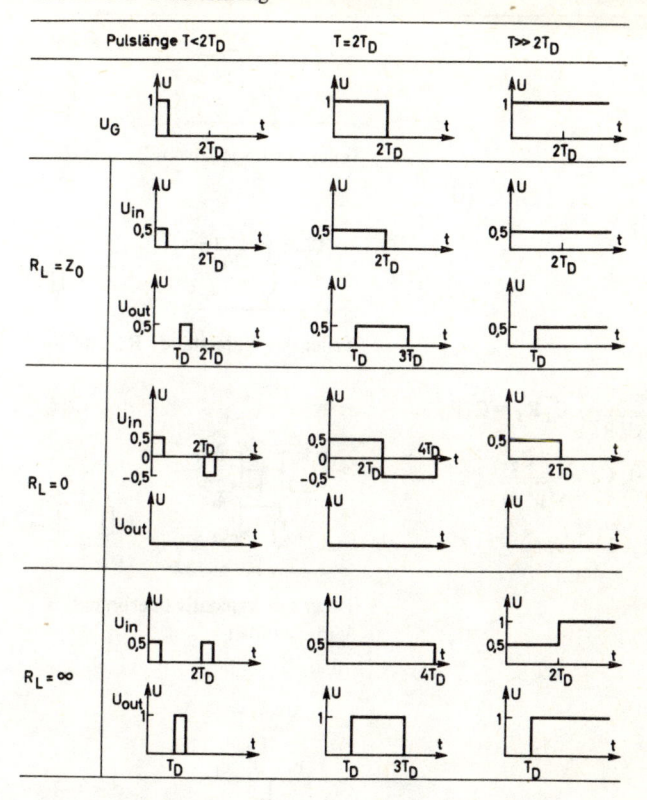

[Tabelle mit Pulsform-Diagrammen für Pulslänge $T<2T_D$, $T=2T_D$, $T\gg 2T_D$ bei U_G, $R_L=Z_0$, $R_L=0$ und $R_L=\infty$]

3.1.8 Abschwächer für ns-Signale

In Abschnitt 3.1.1 wurde die Kapazität eines Widerstands beschrieben, die beim Bau eines Abschwächers für hohe Frequenzen berücksichtigt werden muß. Es ist üblich geworden, die aus der Kurzwellentechnik bekannten π- oder T-Glieder als Abschwächer einzusetzen. Diese Anordnung hat eine definierte Impedanz und kann darum auch mit Koaxialkabeln zusammen verwendet werden. Es können mehrere T-Glieder in Serie geschaltet werden, um verschiedene Abschwächungsfaktoren zu erzielen.

In Tabelle 3.3 sind die Impedanzen Z_0 und Abschwächungsfaktoren $p = U_{out}/U_{in}$ eingetragen. Als Abschluß einer Teilerkette muß dann die richtige Impedanz als R, C oder Kombination davon zugeschaltet werden, sie ist in der Tabelle angegeben.

Die Abschwächungsfaktoren sind unabhängig von der Frequenz; dies gilt, bis die Induktivität oder Kapazität des Widerstands oder der Zuleitungen eine Rolle spielen (vgl. Abschnitt 3.1.2). Für noch höhere Frequenzen muß man koaxial in Hohlleiter eingebaute Spezialwiderstände verwenden.

Tabelle 3.3.

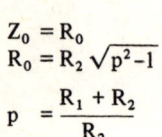

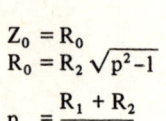

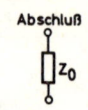

Formeln	Schaltung	Abschluß
$Z_0 = Z_2 \sqrt{p^2-1}$ $p = \dfrac{Z_1 + Z_2}{Z_2}$	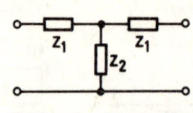 Teiler der Impedanzen Z_1 und Z_2	Z_0
$Z_0 = R_0$ $R_0 = R_2 \sqrt{p^2-1}$ $p = \dfrac{R_1 + R_2}{R_2}$	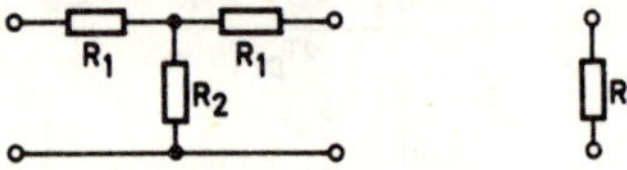 Teiler der Widerstände R_1 und R_2	R_0
$Z_0 = \dfrac{R_0}{\sqrt{1+\omega^2 C_0^2 R_0^2}}, \ C_1 R_1 = C_2 R_2$ $R_0 = R_2 \sqrt{p^2-1}, \ C_0 = \dfrac{C_2}{\sqrt{p^2-1}}$ $p = \dfrac{R_1 + R_2}{R_2} = \dfrac{C_1 + C_2}{C_1}$	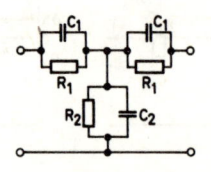 Teiler mit kapazitiv überbrückten Widerstanden	$R_0 \parallel C_0$
$Z_0 = \dfrac{1}{\omega C_2}$ $C_0 = \dfrac{C_2}{\sqrt{p^2-1}}$ $p = \dfrac{C_1 + C_2}{C_1}$	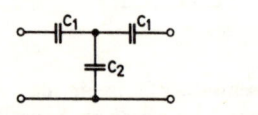 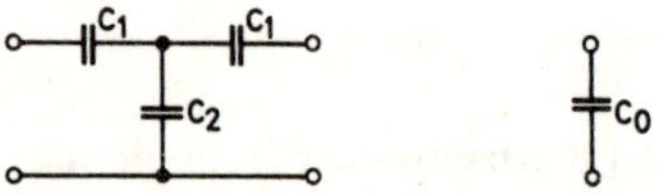 Teiler der Kapazitäten C_1 und C_2	C_0

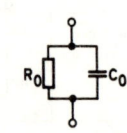

3.2 Integrierte Schaltkreise für ns-Signale

Schaltkreise für ns-Signale müssen selbstverständlich Anstiegszeiten liefern und Folgefrequenzen verarbeiten können, die denen aus den Signalquellen (Detektoren) entsprechen. Mit den TTL-Serien erreicht man heute etwa 6 ns Anstiegszeit bei 50 MHz Taktfrequenz. Das ist für die meisten schnellen Anwendungen nicht mehr ausreichend, gewünscht werden etwa 3- bis 5mal bessere Werte.
Diese hohen Geschwindigkeiten werden nur durch die emittergekoppelte Logik erreicht (ECL), die ungesättigt arbeitet.

3.2.1 MECL-II- und MECL-III-Schaltkreise
Die Motorola MECL-II-Serie kam ab 1967 auf den Markt. Ihr Grundbauelement ist ein Differenzverstärker mit interner Vorspannungserzeugung und Emitterfolger-

3.2 Integrierte Schaltkreise für ns-Signale

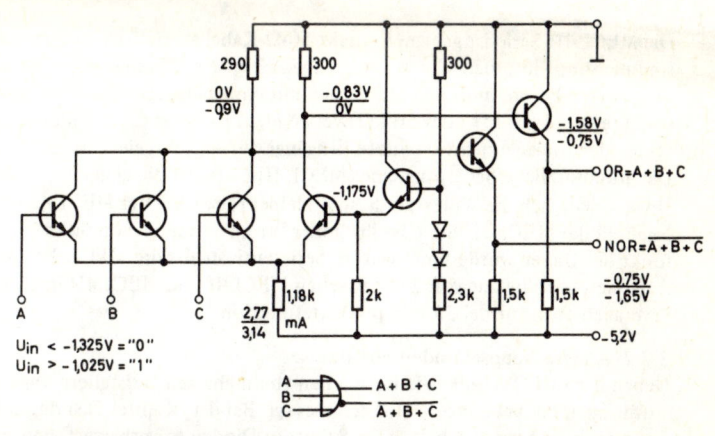

Bild 3.11 Schaltung eines MECL-II-Gates

ausgängen, um am Ausgang den gleichen DC-Spannungspegel wie am Eingang zu haben. Die Schaltung eines typischen MECL-II-Gates zeigt Bild 3.11. Die Kollektorgleichspannungen werden geerdet, die Emitterwiderstände liegen an $-5{,}2$ V, die interne Basisvorspannung des einen Differenztransistors auf $-1{,}175$ V.
Sind alle Gateeingänge (A, B, C) auf niedrigem Potential, d.h., $U_{in} \leqslant 1{,}325$ V, leiten die Eingangstransistoren nicht; durch den gemeinsamen Emitterwiderstand fließt 2,77 mA Strom in den vorgespannten Transistor, dadurch entsteht an seinem Kollektorwiderstand von 300 Ω ein Spannungsabfall von 0,83 V. Dann liegt am ODER-Ausgang $-1{,}58$ V ($= -0{,}83$ V $- U_{BE} = -0{,}83$ V $- 0{,}75$ V), das ist die logische „0". Der NOR-Ausgang liegt auf $-0{,}75$ V, weil am 290-Ω-Kollektorwiderstand kein Spannungsabfall ist, d.h., der NOR-Ausgang liegt auf „1". Wird ein Eingang oder werden mehrere Eingänge auf hohes Potential geschaltet, d.h., $U_{in} \geqslant -1{,}025$ V, wird der Strom vom vorgespannten Transistor auf den oder die Eingangstransistoren umgeschaltet, durch den gemeinsamen Emitterwiderstand fließen 3,14 mA, die am 290-Ω-Kollektorwiderstand einen Spannungsabfall von 0,9 V erzeugen. Der NOR-Ausgang liegt dann auf $-1{,}65$ V, der OR-Ausgang auf $-0{,}75$ V. Der Eingangsstrom an den Basen ist während des Leitens < 100 µA.
Niedriges Potential, d.h., die logische „0" ist negativer als $-1{,}325$ V, hohes Potential, die logische „1" ist positiver als $-1{,}025$ V.
Emittergekoppelte Logik ist also in positiver Logik immer ODER- bzw. NOR-Logik im Gegensatz zur TTL-NAND-Logik.
Die MECL-II-Serie erreicht Anstiegs- bzw. Abfallzeiten zwischen 2 und 4 ns bei Folgefrequenzen zwischen 70 und 120 MHz.
Aufbauend auf dieser Serie entstand 1968/69 die MECL-III-Serie, deren wesentliche Verbesserung die erhöhte Schaltgeschwindigkeit ist, sie erreicht eine Anstiegszeit um 1 ns (0,9 bis 1,1 ns) bei Folgefrequenzen bis zu 400 MHz. Sie ist in ihren DC- und Signalpegeln voll austauschbar mit MECL-II-Serie.
Der Durchbruch zu dieser Schaltgeschwindigkeit wurde durch neue sehr präzise Maskentechniken zur Diffusion erreicht, denn die Emitterdiode eines GHz-Transistors ist nur etwa 3 µ breit.

Die MECL-III-Serie ist geeignet, direkt 50-Ω-Kabel zu treiben, die Emitterfolger sind nicht mit internen Widerständen abgeschlossen. Will man nicht benutzte Eingänge offen lassen, muß man die Typen mit einem eingebauten „Pulldown"-Widerstand (entweder 2 kΩ oder 50 kΩ) verwenden. Ist ein solcher Widerstand nicht vorhanden, müssen nicht benutzte Eingänge auf −5,2 V gelegt werden.
Die grundsätzliche Schaltung eines MECL-III-Gates ist die gleiche wie beim MECL-II-Gate, lediglich die Widerstände sind kleiner (etwa 1/3 der MECL-II-Werte). Der Nachteil der MECL-III-Serie ist ihr hoher Stromverbrauch von 60 mW pro Gatefunktion. Daher wurde eine weitere Serie entwickelt, die MECL-10000, die in ihrer Geschwindigkeit von 2 ns zwischen MECL-II und MECL-III liegt, im Leistungsverbrauch aber nur bei 25 mW pro Gatefunktion.

3.2.2 Andere Nanosekundenschaltkreise

Neben der ECL-Technik, die inzwischen von mehreren Herstellern angeboten wird, wurde auch die bekannte TTL-Technik (vgl. Band 1, Kapitel 5.3) durch Verwendung von sehr schnell schaltenden Schottky-Dioden so verbessert, daß Folgefrequenzen von über 100 MHz erreicht wurden.
In Bild 3.12a ist das Prinzip und das symbolische Schaltbild gezeigt. Die Schottky-Diode wird zwischen Kollektor und Basis des Transistors geschaltet, um zu verhindern, daß dieser in die Sättigung gelangt und dadurch Ladung gespeichert wird (vgl. Band 1, Kapitel 4.13). Die Vorwärtsspannung der Diode beträgt nur etwa 400 mV, das ist weniger, als für die Kollektor-Basis-Diode in Leitrichtung benötigt wird, die Sättigung wird verhindert.

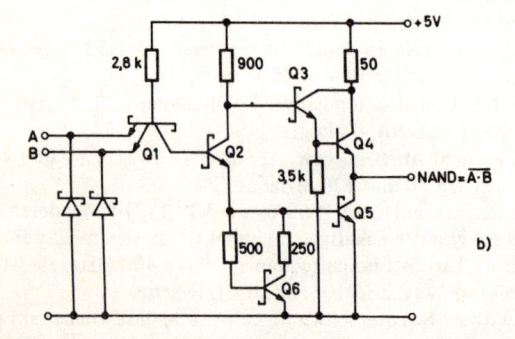

Bild 3.12   Schottky-TTL-Prinzip und Schaltung eines NAND-Gates

3.3 Tunneldioden als Pulsformer

Die Verzögerungszeit der Schottky-TTL-Schaltungen beträgt typisch 3 ns, wenn der Ausgang mit 15 pF und 280 Ω belastet wird.
Bild 3.12b zeigt die Gesamtschaltung eines Schottky-NAND-Gates. Man erkennt, daß zusätzlich zur üblichen Schaltung der Transistor Q6 eingebaut wird, der die Eingangs-Ausgangs-Charakteristik wesentlich verbessert und kapazitive Spikes beim 0 → 1 Übergang reduziert. Die gespeicherte Ladung in Q5 ist dadurch vernachlässigbar, seine Basiskapazität wird durch Q6 entladen und Q5 schneller gesperrt. Die Pegel der Signale sind kompatibel mit denen der üblichen TTL-Bausteine, der Leistungsverbrauch ist typisch 20 mW pro Gatefunktion.

3.3 Tunneldioden als Pulsformer

Der Mechanismus der Tunneldioden wurde in Band 1, S. 29, Abschnitt 4.6, beschrieben. Wegen ihrer hohen Schaltgeschwindigkeit sind Tunneldioden als Pulsformer für ns-Signale gut geeignet.

3.3.1 Univibratorschaltungen mit Tunneldioden

Die hier erläuterte Univibratorschaltung enthält die Induktivität L als zeitbestimmendes Element. Die Prinzipschaltung ist in Bild 3.13 gezeigt. Die statische Widerstandsgerade und der entsprechende stabile Arbeitspunkt A ist durch den Widerstand R_L bestimmt. Wird auf die Diode im Zustand A ein Strompuls der Amplitude J_{in} gegeben, der so groß sei, daß der Peakstrom J_p überschritten wird, springt der Arbeitspunkt der Diode in den Zustand B (vgl. Bild 3.14). Hierbei ist die dy-

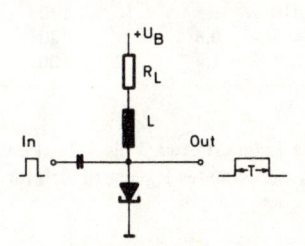

Bild 3.13   Tunneldiode als Univibrator

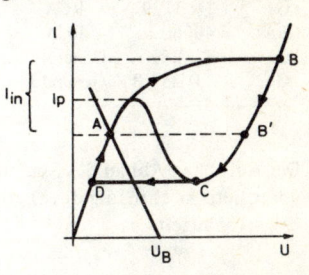

Bild 3.14   Arbeitspunktwanderung im Tunneldiodenunivibrator

namische Widerstandsgerade durch die induktive Zeitkonstante L/R_L bestimmt, wenn diese Zeitkonstante groß gegen die Schaltzeit der Diode ist, entspricht die Gerade der einer konstanten Stromquelle, d.h., sie verläuft praktisch horizontal. Ist der Eingangsstrom J_{in} vorüber, wandert der Arbeitspunkt von B nach B'. Bevor die Diode in den Zustand A zurückkehren kann, muß die Energie aus der Spule abgebaut werden. Dabei geht der Arbeitspunkt nach C, von hier aus springt er entlang des konstanten Stromweges nach D. Der Zyklus wird durch den Erholungsbereich (Recovery) beendet, in dem die Energie der Spule wieder aufgebaut wird. Die Diode erreicht den Arbeitspunkt A und kann nun erneut getriggert werden. Der entstandene Spannungspuls ist in Bild 3.15 aufgetragen. Die Zeitdauer des Sprunges von A nach B und von C nach D ist durch die Kapazität der Tunneldiode

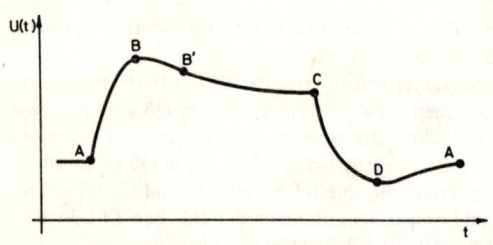

Bild 3.15 Ausgangssignal des Tunneldiodenunivibrators

im negativen Kennlinienbereich gegeben, die Schaltgeschwindigkeit von Ge-Dioden ist $T_R = C/2J_p$, bei GaAs-Dioden $T_R = C/J_p$, wo J_p der Peakstrom ist. Die Strom- und Kapazitätswerte einiger typischer Tunneldioden sind in Tabelle 3.4 enthalten.

Tabelle 3.4

Material	Typ	Hersteller	J_p[mA]	J_v[mA]	C[pF]	U_p[mV]	T_R[ps]
Ge	1N 3128	RCA	5 ± 5 %	0,6	15	65	1500
Ge	1N 3129	RCA	20 ±10 %	2,4	20	90	500
GaAs	40060	RCA	20 ±10 %	1,5	10	120	500
Ge	TD 252 A	General Electric	4,7± 5 %	0,6	1	120	100
Ge	TD 253 B	General Electric	10 ± 5 %	1,4	2	120	100

Der Auf- bzw. Abbau des Spulenfeldes in L dauert etwa 3 bis 4 Zeitkonstanten; unter Berücksichtigung des Diodeninnenwiderstandes R_D ergibt sich für die Auf- bzw. Abbauzeit:

$$T_{auf,ab} \approx (3 \text{ bis } 4) \frac{L}{R_L - R_D} .$$

Die Gesamtdauer T_D eines Univibratorpulses setzt sich also wie folgt zusammen:

$$T_{AB} \approx T_R \quad \text{(s. Tabelle 3.4)},$$

$$T_{BC} \approx (3 \text{ bis } 4) \frac{L}{R_L + R_D} ,$$

$$T_{CD} \approx T_R \quad \text{(s. Tabelle 3.4)},$$

$$T_{DA} = T_{Erholung} \approx (3 \text{ bis } 4) \frac{L}{R_L + R_D} .$$

3.3 Tunneldioden als Pulsformer

Nehmen wir z.B. eine Diode 1N 3129 mit den Werten $R_L + R_D = 100\ \Omega$, $T_R = 0{,}5$ ns, $L = 10^{-7}$ bzw. 10^{-6} H (= 0,1 bzw. 1 μH), dann ergibt sich für

$$T_D = 0{,}5 + 3{,}5 \cdot \frac{10^{-7}}{10^2} + 0{,}5 = 4{,}5\ \text{ns bzw. } 0{,}5 + 3{,}5 \cdot \frac{10^{-6}}{10^2} + 0{,}5 = 36\ \text{ns}.$$

Die Erholungszeit beträgt im ersten Fall etwa 3,5 ns, im zweiten 35 ns.
In Bild 3.16 ist das Beispiel eines Univibrators mit einer 5-mA-Ge-Tunneldiode mit nachfolgendem Transistorschalter gezeigt. Die Pulsdauer errechnet sich zu ca. 350 ns, Anstiegs- und Abfallzeiten sind etwa 1,5 ns, diese werden durch den Transistor (f_T ca. 900 MHz) etwas verschlechtert, so daß am Ausgang die Schaltzeiten etwa 2,5 ns betragen.

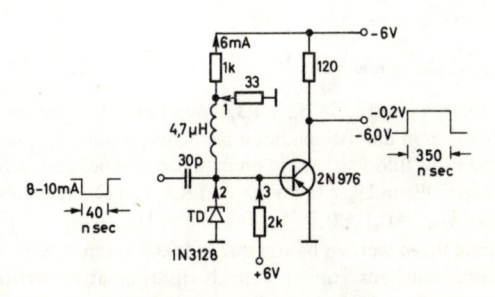

Bild 3.16   Praktische Schaltung zu Bild 3.13

3.3.2 Tunneldioden als Diskriminator (Komparatoren)

Eine Tunneldiode kann man als Diskriminator verwenden, wenn man die zu untersuchende Amplitude über einen Widerstand R an die Diode gibt. Im einfachsten Fall ist die Schaltung ohne Diskriminatorvorspannung in Bild 3.17 gezeigt. Der Widerstand R übernimmt die Rolle des Arbeitswiderstands, wobei die Widerstandsgerade so verlaufen muß, daß die Tunneldiode vom Zustand kleiner in den Zustand höherer Spannung springen kann. Hieraus ergibt sich die Minimalforderung für R. Ist R zu klein, kann die Tunneldiode praktisch nicht springen. Bild 3.18 zeigt typische Ein- bzw. Ausgangsspannungen in Abhängigkeit vom Widerstand R für eine 10-mA-Diode. Bei R = 100 Ω schaltet die Diode schnell durch und liefert auch

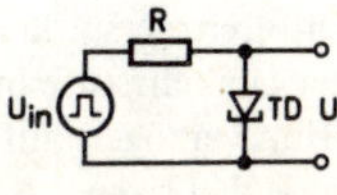

Bild 3.17   Tunneldiode als Diskriminator 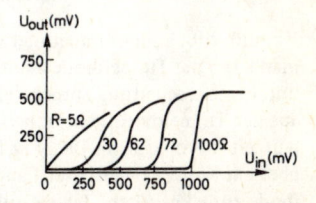   Bild 3.18   Ein- bzw. Ausgangscharakteristik eines 10-mA-Tunneldiodendiskriminators

eine gut begrenzte Ausgangsspannung, bei kleineren R-Werten ist der Übergang etwas fließender, außerdem steigt mit zunehmender Eingangsspannung die Ausgangsspannung noch an, dies ist durch die Krümmung der Kennlinie im Bereich nach dem Tal gegeben. Daher schaltet man manchmal zwei Diskriminatoren hintereinander, am Ausgang der zweiten ist die Änderung der Spannung wesentlich geringer.

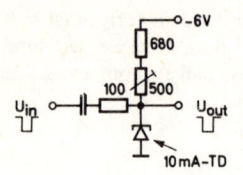

Bild 3.19   Praktische Schaltung zu Bild 3.18

Die Tunneldiode schaltet, wenn $U_{in} \geqslant U_p + RJ_p$. Wenn man R konstant läßt, kann man durch einen Vorstrom in der Tunneldiode die Schwelle variabel machen. Wendet man die Schaltung nach Bild 3.19 an, kann man den Tunneldiodenstrom zwischen 5 und 9 mA regeln. Wenn $U_p = 0{,}1$ V ist und $R = 100$ Ω, ergeben sich Schwellwerte zwischen $U_{in_1} = 0{,}1 + 0{,}1 \cdot 1 = 0{,}2$ V und $U_{in_2} = 0{,}1 + 0{,}1 \cdot 5 = 0{,}6$ V. Tunneldiodendiskriminatoren werden häufig mit Induktivitäten in Serie mit den Vorwiderständen oder parallel zur Tunneldiode als Diskriminator/Univibrator-Kombination betrieben, um mit definierter Eingangsschwelle auch eine Standardpulsbreite abzugeben.

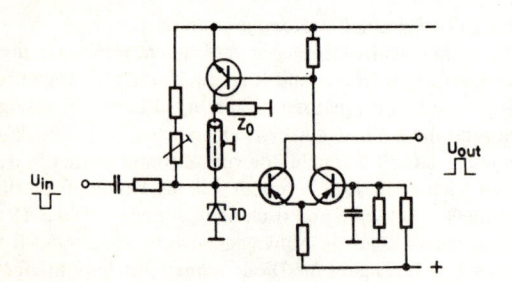

Bild 3.20   Tunneldiodendiskriminator mit Kabelreset

Es muß jedoch nicht unbedingt eine Spule zur Rückstellung Verwendung finden, man kann die Tunneldiode auch durch ein externes Kabel mit bekannter Laufzeit und Inverterschaltung zurückstellen. Das Prinzip zeigt Bild 3.20. Die Signalflanke aus der Tunneldiode geht ohne Umkehr durch den Differenzverstärker (Durchlaufzeit = Propagation Delay ≈ 1 bis 2 ns), wird in der Umkehrstufe invertiert und über ein Kabel gewünschter Länge mit richtiger Polarität verzögert auf die Tunneldiode zurückgegeben, daß sie zurückgestellt wird. Das Kabel kann z.B. an der Frontplatte angeschlossen werden. Die Schaltung wurde bei Chronetics häufig verwendet.

Mit geeigneten Tunneldioden erreicht man Folgefrequenzen bis zu 200 MHz für Diskriminatoren.

3.4 Mechanische und elektrische Normen in der Nanosekundentechnik

Die Geräte der ns-Technik sind üblicherweise in Metallkassetten (Plug-in) untergebracht, die in einen Überrahmen (crate) geschoben werden. Das erste Einschubsystem für Transistorschaltungen war das ESONE-System, das noch verschiedentlich im Einsatz ist, aber seit 1965 vom amerikanischen NIM (Nuclear Instrument Modules) System abgelöst wurde. Ein neues Einschubsystem, unter dem Namen CAMAC, ist für die rechnergeführte Nuklearelektronik gedacht, es wird seit 1970 auch industriell gefertigt.

3.4.1 Mechanische Maße

Alle diese Systeme haben als mechanische Grundlage das $19''$-System, das eigentlich eine englische Postnorm ist. 483 mm = $19''$ ist die Frontbreite der Überrahmen. Die intern nutzbare Breite wurde bei ESONE noch in 8 Teile zu je 55 mm geteilt, bei NIM sind es 12 Teile je 34,4 mm und ein zusätzlicher Netzkontrolleinschub von 17,2 mm Breite, bei CAMAC 25 Teile je 17,2 mm. Es sind in jedem System Einschübe vorgesehen, die einer oder mehreren Teilbreiten entsprechen, so gibt es also NIM-Einschübe der Breiten 34,4 mm, 68,8 mm usw. Die Frontplattenhöhe wird in Vielfachen von $1\ 3/4'' = 44,46$ mm gerechnet, diese Einheit heißt 1 U. Standardmäßig werden 5 U = $8\ 3/4''$ Höhe bei NIM benutzt, bei ESONE waren es 4 U. Die Tiefe der NIM-Kassetten ist 245,6 mm ohne Frontplatte, die typischerweise 3 mm stark ist.

3.4.2 Standardspannungen

In allen Systemen werden als Standardspannungen die Werte ±6 V, ±12 V, ±24 V benutzt. Davon sind die 6-V-Versorgungen vorwiegend für integrierte Schaltkreise vorgesehen, die übrigen Spannungen für diskrete Transistoren oder Operationsverstärker.

In jedem Überrahmen sollen für die 6-V-Leitungen 5 A zur Verfügung stehen, auf 0,1 % reguliert, wenn die Netzspannung zwischen 88 % und 110 % schwankt sowie die Last von 0 % auf 100 % geschaltet wird. Der Brumm am Ausgang soll 10 mV$_{ss}$ nicht überschreiten, der Innenwiderstand < 0,12 Ω bis zu 100 kHz sein. Die 12-V- und 24-V-Leitungen sollen für 1 A ausgelegt sein, ebenso auf 0,1 % reguliert, der maximale Brumm ist auf 3 mV$_{ss}$ festgelegt, der Innenwiderstand soll < 0,3 Ω bis zu 100 kHz sein.

3.4.3 Nanosekunden-Logikpegel

Digitale Signale, im ns-Bereich als logische Signale bezeichnet, müssen am Ein- und Ausgang der Geräte bestimmte Pegel erreichen. Bei einer festen Impedanz von 50 Ω muß der Ausgang liefern:

       Logische „1" −14 bis −18 mA
       Logische „0" − 1 bis + 1 mA

Der Eingang muß erkennen als

Logische „1" −12 bis −36 mA
Logische „0" − 4 bis +20 mA

Dies ist graphisch in Bild 3.21 dargestellt.

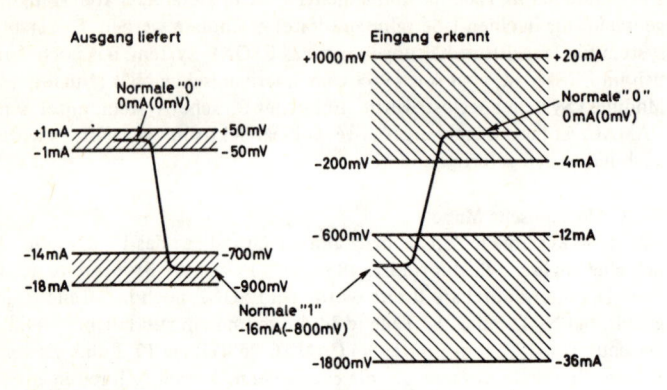

Bild 3.21 Ein- bzw. Ausgangssignale in der Nanosekundentechnik

3.5 Diskriminatoren / Pulsformer

Die Aufgabe eines Diskriminators ist es, analoge Signale in logische Signale umzuformen. Die logischen Signale sollen am Ausgang des Diskriminators meist nicht nur die vorgeschriebenen Pegel (vgl. 3.4.3) haben, sondern auch eine standardisierte Pulsbreite.

Diskriminatoren werden normalerweise zwischen dem Detektor (z.B. Fotomultiplier) und der Entscheidungslogik eingesetzt. Praktisch alle Detektoren liefern negative Signale. Sind diese negativer als eine im Diskriminator vorgegebene Schwelle, wird ein Ausgangspuls erzeugt. Dies zeigt Bild 3.22.

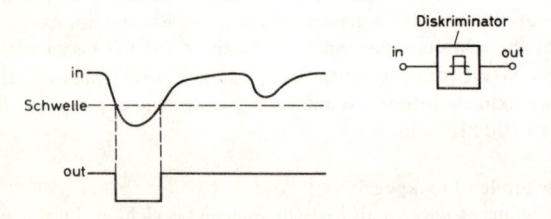

Bild 3.22 Funktionsweise eines Diskriminators

Die einfachste Anwendung des Diskriminators zeigt Bild 3.23. Aus dem Szintillationszähler kommen z.B. Signale mit folgender Amplitudenhäufigkeitsverteilung (Bild 3.24): Legt man eine Schwelle fest, so kommen nur die Signale durch,

3.5 Diskriminatoren/Pulsformer

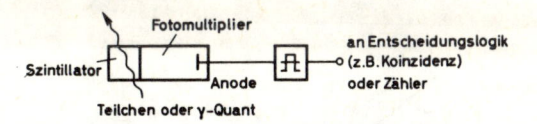

Bild 3.23 Typische Diskriminatoranwendung

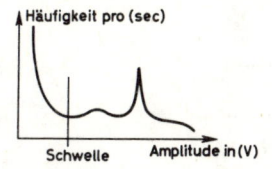

Bild 3.24 Amplitudenhäufigkeitsverteilung aus dem Detektor

die die Schwelle überschreiten, d.h. die im Bild rechts von der Schwelle, die links von der Schwelle werden unterdrückt. Mit einem Diskriminator kann man also unerwünschte niedrige Signale (z.B. Störuntergrund) von der Übertragung ausschließen.

An einen ns-Diskriminator müssen für die Umwandlung der analogen in die digitalen Signale zwei wesentliche Forderungen gestellt werden:

a) Die Ausgangssignale dürfen sich weder in der Amplitude noch in der Zeitdauer wesentlich verändern, wenn
   – die Amplitude der Eingangssignale sich zwischen 0,1 V und 10 V ändert und
   – die Pulsdauer am Eingang zwischen etwa 2 ns und einigen μs variiert. Auch für längere Eingangssignale darf kein Mehrfachtriggern erfolgen.

b) Die zeitliche Unsicherheit beim Triggern (Timejitter oder Time-slewing) sollte möglichst 1 ns nicht überschreiten.

3.5.1 Time-slewing und Time-jitter

Signale, die aus dem Detektor kommen, haben verschiedene Amplituden mit gleicher Anstiegszeit sowie mehr oder weniger starke Schwankungen in der Pulsform, die aus der Emissions- und Sammlungsstatistik der Ladungsträger, z.B. der Fotoelektronen im Multiplier, herrühren. Der erste Effekt führt zum Time-slewing, der zweite zum Time-jitter, d.h. zum Auftreten von Zeitfehlern.

Time-slewing, auch Walk genannt, bedeutet ein zeitliches Wandern des Diskriminatorausgangspulses als Funktion der Pulsamplitude. Dieses Wandern hat zwei Ursachen, die in Bild 3.25 dargestellt sind. Die erste Ursache sind Signale verschiedener Amplituden, aber gleicher Anstiegszeit. Das Signal U_1 erreicht die Triggerschwelle früher als das zur gleichen Zeit t_0 gestartete Signal U_2, weil $U_1 > U_2$ ist. Dadurch könnte das eine Ausgangssignal zur Zeit t_1, das andere zur Zeit t_2 kommen, wenn nicht, als zweite Ursache des Walks, jeder Diskriminator ladungsempfindlich wäre. Das steiler durch den Triggerpunkt gehende Signal U_1 benötigt weniger Zeit als das flacher steigende U_2, um die geforderte Ladung bereitzustellen, d.h. $T_2 > T_1$.

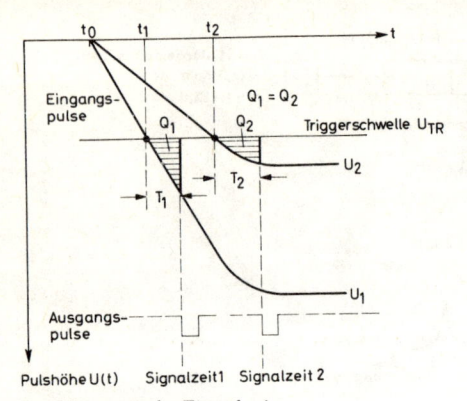

Bild 3.25 Zur Erläuterung des Time-slewing

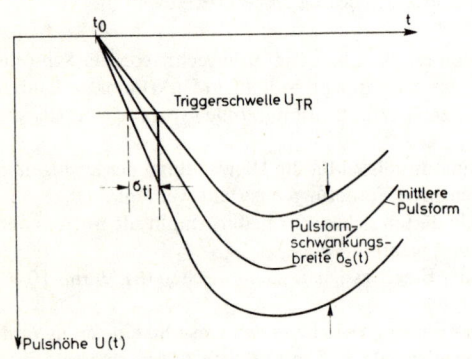

Bild 3.26 Zur Erläuterung des Time-jitters

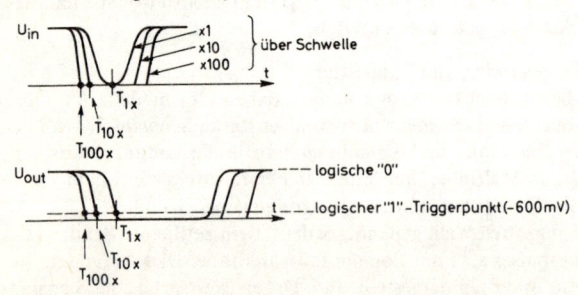

Bild 3.27 Ermittlung der Time-slewing-Werte

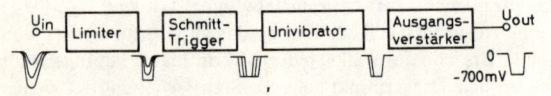

Bild 3.28 Typischer Aufbau eines Nanosekundendiskriminators

Die Pulsformschwankungen, die den Time-jitter verursachen, sind in Bild 3.26 gezeigt. Die beiden äußeren Kurven definieren die effektive Umhüllende der Pulsformschwankung $\sigma(t)$ um die mittlere Form. $\sigma(t)$ ist eine Funktion der Zeit und der Zahl der Fotoelektronen. Der Time-jitter kann daraus zu

$$\sigma_{tj} = \frac{\sigma_s(t)}{\left.\frac{dU(t)}{dt}\right|_{t=TR}}$$

abgeschätzt werden. Der Nenner beschreibt die Steigung des Signals zum Triggerzeitpunkt $t = TR$.

Beide Effekte ergeben eine Zeitdispersion. Man kann das Time-slewing an den ns-Diskriminatoren mit Signalen messen, die 1 bis 2 ns Halbwertsbreite und etwa 0,9 ns Anstiegs- und Abfallzeit haben. Die Time-slewing-Werte werden wie folgt ermittelt (Bild 3.27):

Das Time-slewing zwischen 1x und 10x Schwelle ist

$$Out(T_{1x} - T_{10x}) - In(T_{1x} - T_{10x}),$$

das Slewing zwischen 10x und 100x Schwelle ist:

$$Out(T_{10x} - T_{100x}) - In(T_{10x} - T_{100x}).$$

3.5.2 Aufbau von Diskriminatoren

Diskriminatoren sollen alle Signale registrieren, die eine einstellbare oder feste Schwelle überschreiten, das kann man mit einem Schmitt-Trigger erreichen; sie sollen ein Signal mit konstanter Amplitude und Zeitdauer erzeugen, dazu brauchen sie einen Univibrator.

Am Ausgang des Diskriminators muß ein 50-Ω-Kabel angeschlossen werden können, damit weitere logische Schaltungen mit 50-Ω-Eingangswiderstand angeschlossen werden können. Dazu ist ein entsprechender Ausgangsverstärker nötig, der die logischen Signale nach Abschnitt 3.4.3 erzeugt. Schließlich könnte es ratsam sein, am Eingang die Amplituden auf einen Maximalwert zu begrenzen, auch wenn Signale kommen, die noch größer sind. Durch zu große Amplituden können die Eingangstransistoren zu stark in die Sättigung oder in Sperrgebiet gefahren werden, je nachdem, ob npn- oder pnp-Typen verwendet werden. Beides führt zu langen Erholzeiten und eventuell zur Zerstörung des Transistors. Daher ist am Eingang ein Begrenzer (Limiter) günstig.

Das generelle Aufbauschema eines Diskriminators zeigt Bild 3.28.

3.5.3 Limiter

Limiterschaltungen werden benötigt, um die Signale aus den Fotomultipliern zu begrenzen, da die ganze Dynamik der Analogwerte gar nicht ausgenutzt werden kann. Durch die Begrenzung kann auch die Zeitschwankung, die proportional zur Anstiegszeit von 10 bis 90 % der Amplitude ist, verringert werden.

Die einfachste Methode zur Signalbegrenzung wäre eine Diodenschaltung. Man kann Dioden mit und ohne Vorspannung als Limiter verwenden. Bild 3.29 zeigt noch einmal das Prinzip.

Ohne Vorspannung beginnt die Begrenzung bei 0,7 V. Für negative Signale muß die Polarität der Diode und der Vorspannung geändert werden. Man kann auch zwei Dioden als zweiseitige Begrenzer verwenden, wie es z.B. Bild 3.30 ohne Vorspannung zeigt. Die Begrenzung setzt hier bei ±0,7 V ein. Für ns-Signale werden Dioden mit sehr kurzer Erholungszeit benötigt, die nach dem Sperren der Diode die Ladungsträger möglichst schnell abfließen lassen. Die Erholungszeit (Recoverytime) muß kürzer als die Anstiegszeit der Signale sein, d.h. unter 1 bis 2 ns.

Eine andere Schaltung mit 2 Dioden zeigt Bild 3.31. Diode D1 leitet mit 4 mA; überschreitet das Eingangssignal –0,7 V, wird D1 gesperrt, der Strom wird in die Diode D2 geschaltet. Diese Begrenzerschaltung kann man auf Transistoren ausbauen, es ergibt sich Bild 3.32. Das negative Signal gelangt an den Eingangstransistor 2N 1195 (Ge), dessen Emitterwiderstand zusammen mit dem 47-Ω den 50-Ω-Kabelanschluß bildet. Der Emitterwiderstand ist nur einige Ω in der Nähe der Grenzfrequenz. Die Basis des 2N 1195 ist so vorgespannt (–0,3 V), daß der Emitter auf Nullpotential liegt. Der zweite Transistor ist ein Si-npn-Typ, dessen Basis auf –5,6 V vorgespannt ist. Beide Transistoren haben eine sehr hohe Grenzfrequenz ($f_T > 900$ MHz), sie arbeiten in Basisschaltung und haben daher eine Stromverstärkung von etwa 1.

Für große negative Signale wird der erste Transistor (Ge-pnp-Typ) gesperrt, für große positive Signale der zweite Transistor. Der erste Transistor ist am Emitter durch eine Tunneldiode geschützt, die niederohmig arbeitet und dadurch den maximalen Strom, der in den Emitter fließt, begrenzt. Diese Schaltungsart wird bei EGG (Edgerton-Germeshausen und Grier) und Chronetics häufig als Eingangslimiter benutzt.

Von Le Croy stammt eine Dioden-Limiter-Schaltung, die gleichzeitig den logischen Eingangspegel um –0,7 V schiebt, damit integrierte Bausteine (MECL-II oder III) eingesetzt werden können. Die Schaltung zeigt Bild 3.33. Die Begrenzung für positive Signale erfolgt in D3, die für negative in D5. D4 dient als Levelschieber um –0,7 V. D1 und D2 arbeiten normalerweise im linearen Bereich. D1 hat durch ihren niederohmigen Innenwiderstand auch eine Begrenzerwirkung.

3.5.4 Schmitt-Trigger und Univibrator

Die Schaltung für die Schwelle und die Pulsbreitenregelung wird im allgemeinen kombiniert und mit Tunneldioden aufgebaut. Wie in den Abschnitten 3.3.1 und 3.3.2 beschrieben, werden die Univibratoren entweder mit Induktivitäten als zeitbestimmendem Element oder mit Kabelreset betrieben. Die zweite Methode wird vorwiegend von EGG benutzt.

3.5.5 Ausgangsstufen

Die Ausgangsstufen sollen die logischen Pegel für die Dauer der durch den Univibrator bestimmten Pulsbreite an die Ausgangsbuchsen schalten. Hier werden normalerweise emittergekoppelte Schaltungen eingesetzt. Bild 3.34 zeigt das Prinzip. Die Basisvorspannungen sind so gewählt, daß Q1 leitet und 16 mA zieht, Q2 jedoch gesperrt ist. Die Basis von Q1 wird so weit negativ gesteuert, daß der Strom

3.5 Diskriminatoren/Pulsformer

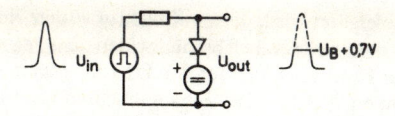

Bild 3.29 Unipolarer Limiter

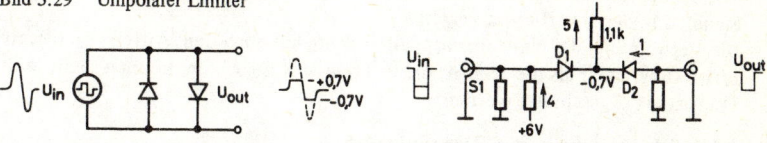

Bild 3.30 Bipolarer Limiter

Bild 3.31 Praktischer Diodenlimiter

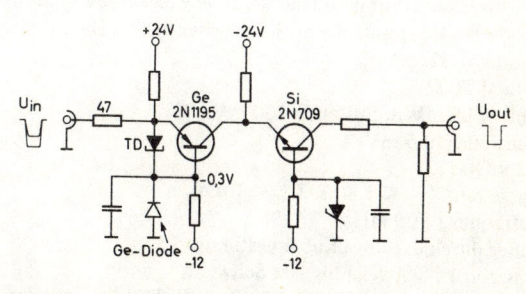

Bild 3.32 Praktischer Transistorlimiter

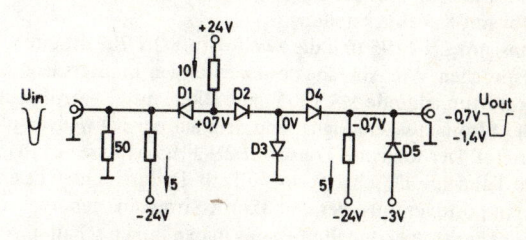

Bild 3.33 Diodenlimiter mit Pegelumsetzer für ECL

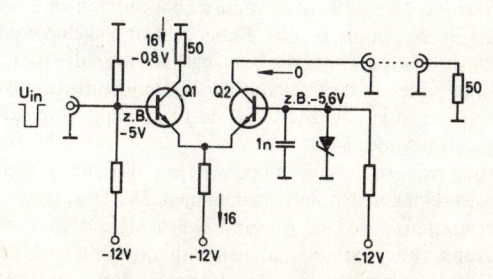

Bild 3.34 Typische Ausgangsstufe für Nanosekundensignale

aus Q1 in den Transistor Q2 geschaltet wird, dessen Kollektor vorher Nullpotential hatte. Die 16 mA erzeugen an dem 50-Ω-Kabelabschlußwiderstand Pegel von 0 bis −800 mV. Gleichzeitig geht der Pegel am Kollektor von Q1 von −800 mV auf 0 V zurück. Beide Kollektoren können also mit den Ausgangsbuchsen verbunden werden, Kollektor von Q2 liefert dann das OUT-Signal, Kollektor von Q1 das $\overline{\text{OUT}}$-Signal, d.h. den invertierten Pegel.
Die Verwendung der emittergekoppelten Stufe hat auch den Vorteil einer Begrenzerwirkung, mehr als die 16 mA, die in Transistor Q1 waren, können nicht in den Transistor Q2 geschaltet werden.

3.5.6 Schaltung eines EGG-Diskriminators

Der EGG-Diskriminator TR 104S, der als typisches Beispiel hier besprochen werden soll, ist ein Universaldiskriminator für negative Eingangspulse im ns-Bereich, z.B. von der Anode des Fotomultipliers. Seine wesentlichen Daten sind:
Eingangswiderstand 50 Ω,
Ausgangswiderstand 50 Ω,
Schwelle −100 bis −600 mV in Stufen je 100 mV,
Stabilität der Schwelle <0,5 mV/°C,
Ausgangspulse 2 x OUT,
Ausgangsanstiegszeiten: $T_{01} < 1,8$ ns, $T_{10} < 1,8$ ns,
Maximale Folgefrequenz 100 MHz,
Ausgangspulsdauer durch externes Kabel bestimmt
Timejitter < 1 ns von 1x Schwelle bis 10x Schwelle.
Die Schaltung des TR 104 S zeigt Bild 3.35. Wesentliche Elemente der Schaltung wurden bereits besprochen, z.B. der Eingangskanal mit Limiter und der Tunneldiodenunivibrator mit Kabelrückstellung.
Der Eingangstransistor 2N 1195 und die zweite Stufe 2N 709 arbeiten, wie in Abschnitt 3.5.3 besprochen. Am Ausgang des zweistufigen Limiters liegt als Last die Schmitt-Univibratortunneldiode MS 1305, eine Diode mit 20-mA-Peakstrom. Diese springt, wenn der Strom aus dem Signal und dem aus der Schwellvorspannung 20 mA überschreitet. Der folgende Transistor 2N 1195 ist kurz vor dem Leiten vorgespannt, die Tunneldiode schaltet ihn voll ein. Dadurch entsteht am Kollektor des Transistors ein positiver Puls, der den 32-mA-Strom aus dem rechten Transistor 2N 2368 des emittergekoppelten Paares in den linken schaltet, so daß an zwei parallelen Ausgängen je 16 mA zur Verfügung stehen.
Am Kollektor des rechten 2N 2368 entsteht durch das Sperren ein positives Signal, das über die Ausgangsbuchse in das externe Kabel geht und nach der entsprechenden Verzögerung (5 ns/m) wieder über die Eingangsbuchse an die Basis des 2N 708 gelangt. Dieser beginnt zu leiten und arbeitet für die Univibratortunneldiode als Emitterfolger, sein Strom ist so gerichtet, daß die Tunneldiode zurückgestellt und damit der Ausgangspuls beendet wird.
Die Eingangsschaltung ist bereit, nach Ende des Resetpulses, der gleich der Dauer des Ausgangspulses ist, einen neuen Puls anzunehmen. Der Duty-cycle, d.h. das Verhältnis der Ausgangspulslänge zum Abstand zweier Signale, ist 50 %. Manchmal soll der Diskriminator gegatet werden, d.h., man will durch ein externes Signal bestimmen, ob der Diskriminator Signale verarbeiten soll oder nicht. Dies hängt meist von experimentellen Bedingungen ab. Wenn gegatet wird, spannt der Gatetransi-

3.5 Diskriminatoren/Pulsformer

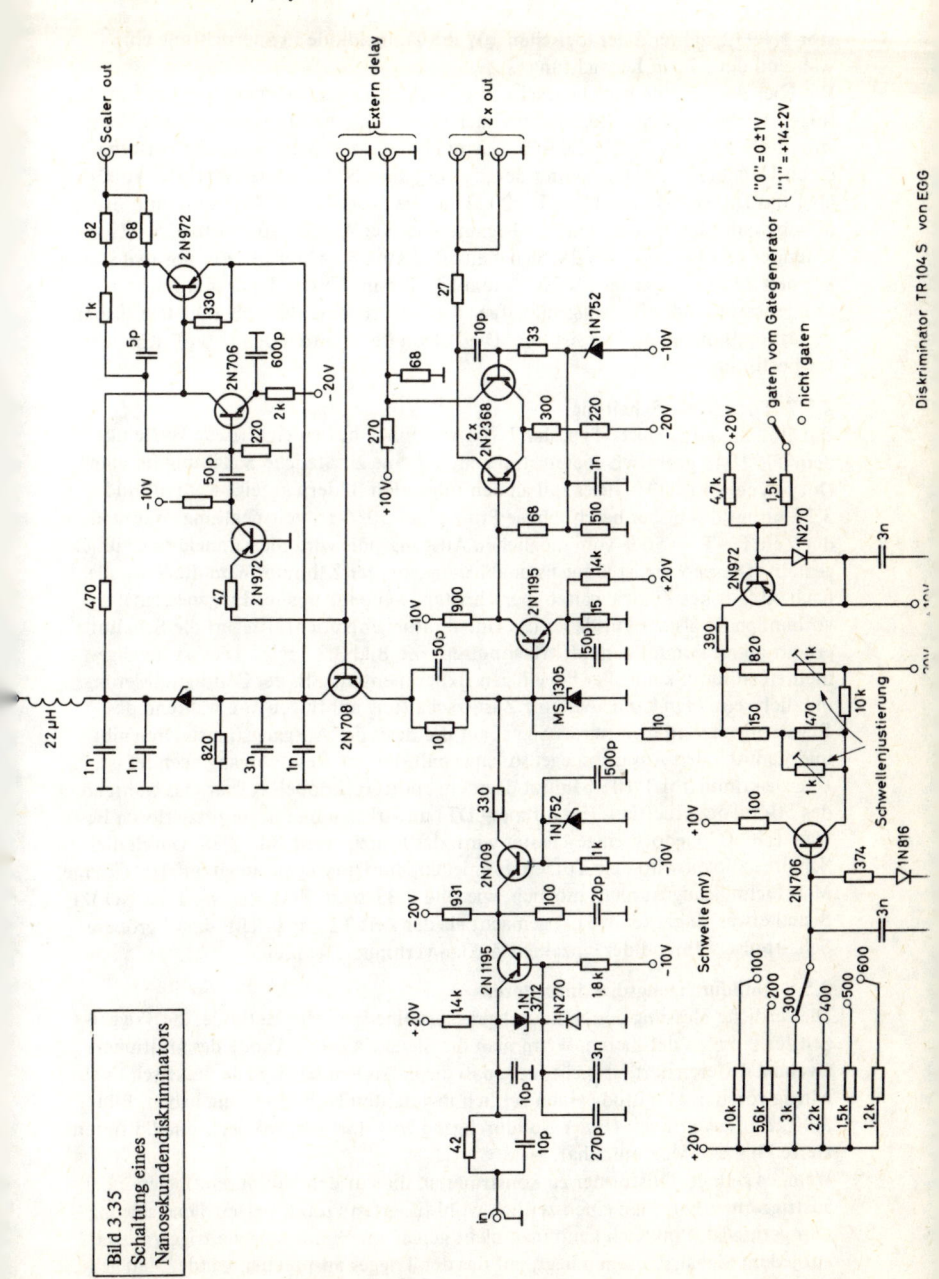

Bild 3.35
Schaltung eines Nanosekundendiskriminators

Diskriminator TR 104 S von EGG

stor 2N 972 während der logischen „0" die Tunneldiode in Sperrichtung vor, während der „1" in Leitrichtung.
Das über das externe Kabel zurückkommende Signal steuert nicht nur den Emitterfolger für die Tunneldiode, sondern auch einen Ausgang für Scaler mit den Transistoren 2N 972, 2N 706A, 2N 972. Davon bilden die letzten beiden Transistoren einen Univibrator; statisch leitet der 2N 706, der 2N 972 ist gesperrt. Der Puls, der über das Differenzierglied 50 pF/220 Ω auf die Basis des 2N 706 A kommt, bringt diesen weiter ins Leiten, dadurch beginnt auch der Ausgangstransistor 2N 972 zu leiten, er gibt ein positives 2V-Signal an 50 Ω ab, 35 ns breit. Dieser positive Sprung koppelt auf die Basis des 2N 706 A und hält ihn im Leiten. Ist dessen Emitterkondensator (600 pF) genügend aufgeladen, sperrt seine Basis über die Gleichspannungskopplung beide Transistoren. Die Pulsbreite ist durch den 600-pF-Kondensator bestimmt.

3.5.7 Totzeitlose Schaltung
Ein ähnlich aufgebauter Typ, der T 101 von EGG, dessen elektrische Werte mit dem TR 104S praktisch übereinstimmen, hat eine zusätzliche Schaltung für einen Duty-cycle von 100 %. Dies soll an den folgenden Bildern gezeigt werden. Bild 3.36 bringt das bisher beschriebene Prinzip der 50-%-Totzeitschaltung. Während der Zeit T_2-T_1 = 50 % vom möglichen Ausgangspuls wird die Tunneldiode zurückgestellt. Dieser Wert ist übrigens unabhängig von der Zählrate. Wird die Schwelle nach Ablauf des Zyklus weiter überschritten, weil ein längeres Eingangssignal vorhanden ist als der Pulsdauer des Univibrators entspricht, triggert die Schaltung erneut an, es kommt zum Mehrfachpulsen, wie Bild 3.37 zeigt. Dies ist im allgemeinen störend, kann aber bei einigen Experimenten, z.B. der Zeitdigitalisierung, nützlich sein. Man kann aber eine Zusatzschaltung anbringen, die während des Resetvorgangs ein invertiertes Signal auf die Basis des Ausgangstransistoren gibt und dadurch den Ausgangspegel so lange hält, bis der Resetvorgang beendet ist. Der Diskriminator T 101 benutzt dazu ein emittergekoppeltes Paar, das während des 50-%-Totzeitbetriebs (Deadtime = DT) unwirksam bleibt, im totzeitlosen Betrieb (NO-DT) jedoch eingeschaltet wird, das Prinzip zeigt Bild 3.38. Durch diese Schaltungslogik wird eine Totzeit vermieden, der Duty-cycle steigt auf 100 %, eine Mehrfachpulsung ist nicht möglich, wie Bild 3.39 zeigt. Praktisch wird das NO-DT-Signal etwas länger (einige ns) gemacht als der Zeit T2 entspricht, damit größere Schaltpulse während der einzelnen Zyklen verhindert werden.

3.5.8 Nulldurchgangsdiskriminatoren
Die zeitliche Messung des Nulldurchgangs ist eine spezielle Methode, die Triggerzeit für Pulse zu definieren. Wenn man die Signale aus der Anode des Multipliers zweimal differenziert, erreicht man, daß die entstehenden Signale praktisch unabhängig von der Amplitude einen zeitlich invarianten Nulldurchgang haben. Bild 3.40 zeigt das Prinzip. Dieser Nulldurchgang tritt dort ein, wo der einmal differenzierte Puls sein Maximum hat.
Wenn es gelingt, Pulsformer zu konstruieren, die auf den Nulldurchgang an- oder austriggern, erhält man einen zeitlich wohl fixierten Punkt, dessen Time-slewing sehr gering ist. Praktisch kann man nicht genau am Nulldurchgang triggern, weil auf jedem Signal Rauschen liegt, auf das der Trigger ansprechen würde. Man geht

3.5 Diskriminatoren/Pulsformer

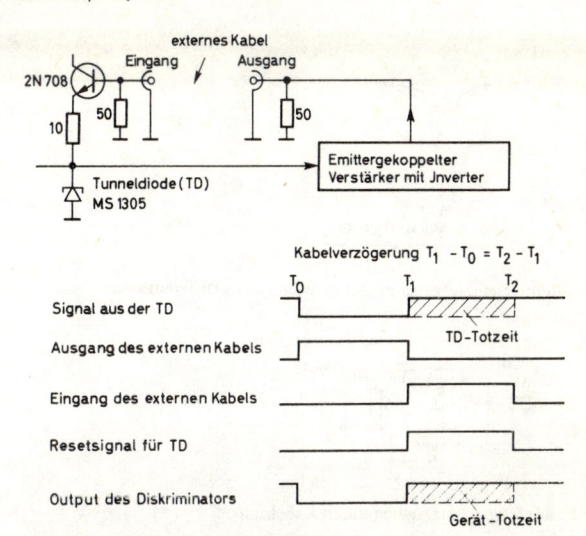

Bild 3.36 Prinzip der 50-%-Totzeit-Schaltung

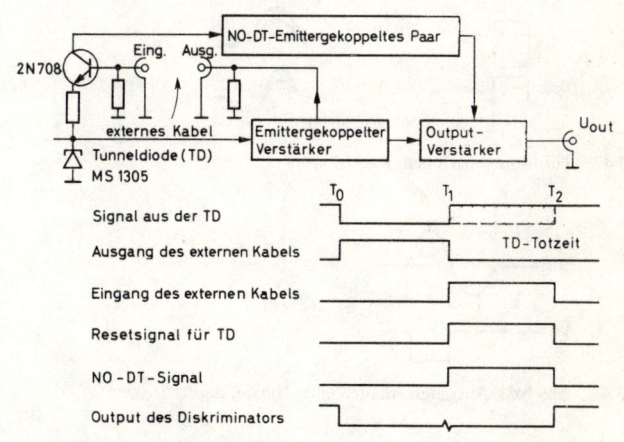

Bild 3.38 Prinzip der totzeitlosen Schaltung

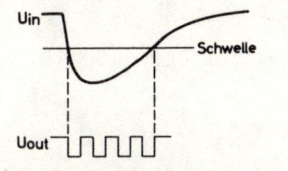

Bild 3.37 Mehrfachtriggerung durch lange Signale

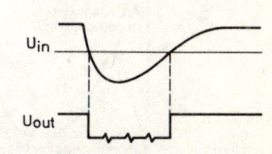

Bild 3.39 Einfachtriggerung durch lange Signale

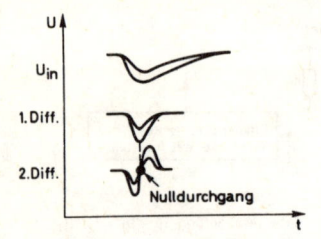

Bild 3.40 Nulldurchgangserzeugung durch zweimaliges Differenzieren

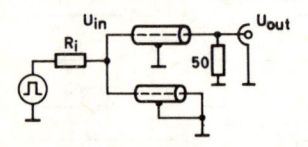

Bild 3.41 Nulldurchgangserzeugung durch Kabelshapen

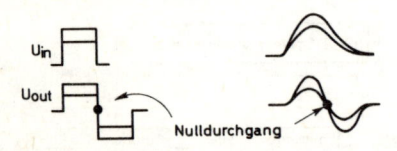

Bild 3.42 Pulsformen nach dem Kabelshapen

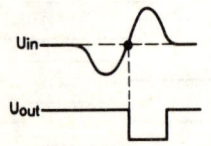

Bild 3.43 Ein- bzw. Ausgangsverhalten eines Nulldurchgangstriggers

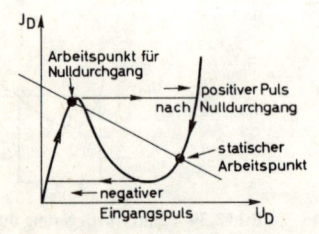

Bild 3.44 Arbeitspunktwanderung einer Tunneldiode im Nulldurchgangsdiskriminator

also etwas aus dem Nulldurchgang heraus, erreicht aber noch Time-slewing-Werte, die etwa um 0,15 bis 0,2 ns für ein Amplitudenspektrum von etwa 20 : 1 liegen.
Es gibt mehrere Methoden, Pulse so zu formen, daß ein Nulldurchgang entsteht (vgl. Abschnitt 3.1.7). Zum Beispiel kann man, wie Bild 3.41 zeigt, die Schaltung mit kurzgeschlossenem Kabel verwenden, dann erhält man die in Bild 3.42 gezeichneten Pulsformen für Rechteck- bzw. Exponentialpulse, vorausgesetzt, man macht die Länge des kurzgeschlossenen Kabels gleich der Eingangspulslänge, bei Exponentialsignalen gleich der Anstiegszeit. Die Flächen der positiven bzw. negativen Pulszüge sind dabei gleich groß, die mittlere Ladung im bipolaren Puls ist daher Null. Diese Kabelshapemethode entspricht der zweimaligen Differentiation, z.B. durch zwei aufeinanderfolgende RC-Glieder. Man kann sich auch leicht davon überzeugen, daß der Nulldurchgang für verschiedene Amplituden zum gleichen Zeitpunkt erfolgt. Im allgemeinen werden die Shapekabel direkt am Fotomultiplierausgang eingebaut, die bipolaren Pulse gelangen dann auf einen Nulldurchgangsdiskriminator, der, wie Bild 3.43 zeigt, dann einen Ausgangspuls liefert, wenn die Eingangsamplitude durch Null gegangen ist.

3.5.9 Diskriminator T 140 von EGG mit Nulldurchgang

Die Schaltung spricht so an, wie im vorigen Abschnitt besprochen. Die Diskriminatorschwelle zum Antriggern auf den negativen Teil des Pulses wird fest auf −225 mV festgelegt. Überschreitet ein Eingangssignal diesen Level, läuft der Trigger an; geht das Signal dann durch 0, setzt der Trigger wieder aus. Die Rückflanke des Triggerpulses dient also als Zeitsignal. Das Austriggern ist in der Schaltung zwischen ±20 mV einstellbar, um aus dem Rauschen zu kommen. Das Eingangssignal wird mit einem 20- bis 25-cm-Kurzschlußkabel geformt, das eine Hin- und Rücklaufzeit von etwa 2 bis 2,5 ns hat, der Nulldurchgang (in der Literatur meist Zerocrossing genannt) tritt dann etwa beim Pulsmaximum ein.

Die Schaltung (vgl. Bild 3.44) enthält den aus dem früher beschriebenen Diskriminator TR 104S bekannten Limitereingang. Lediglich die Schaltung der Tunneldiode MPS 1305 ist hier für den Nulldurchgang eingerichtet. Ihr statischer Arbeitspunkt (vgl. Bild 3.45) liegt auf dem Diffusionsast der Kennlinie. Ein negativer Triggerpuls läßt den Arbeitspunkt etwa auf den Peak der Tunnelkennlinie springen, beim Nulldurchgang in positiver Pulsrichtung springt der Arbeitspunkt wieder auf den Diffusionsast zurück. An der Tunneldiode entsteht also ein Puls nach Bild 3.46, der dann differenziert wird, seine positiv gehende Rückflanke wird als Zeitsignal benutzt. Dieser positive Puls steuert dann das emittergekoppelte Paar Q5, Q6 (2x2N 709), von dem Q6 normalerweise leitet, Q5 ist kurz vor dem Leiten vorgespannt. Der durch den Puls in Q5 entstehende Strom wird über den Transistor Q7 (ebenfalls fast leitend) auf eine mit 3 mA vorgespannte 5-mA-Tunneldiode geschickt, die über Q8 (2N 1195) einen sauberen Puls an die Ausgangsstufe Q9, Q10 schickt. Q9 leitet statisch, Q10 ist gesperrt. Bei der Umschaltung durch das Signal laden sich die Kondensatoren C14 und C15 auf, bis die parallele Diode D11 leitet und damit die Tunneldiode D10 wieder zurückgestellt wird. Die Pulsbreite des Ausgangspulses ist also durch den Ladestrom in C14 und C15 bestimmt.

Mit der Nulldurchgangsmethode erreicht dieser Diskriminator ein Time-slewing von ±150 ps für Signale zwischen der Schwelle und der 10fachen Schwelle.

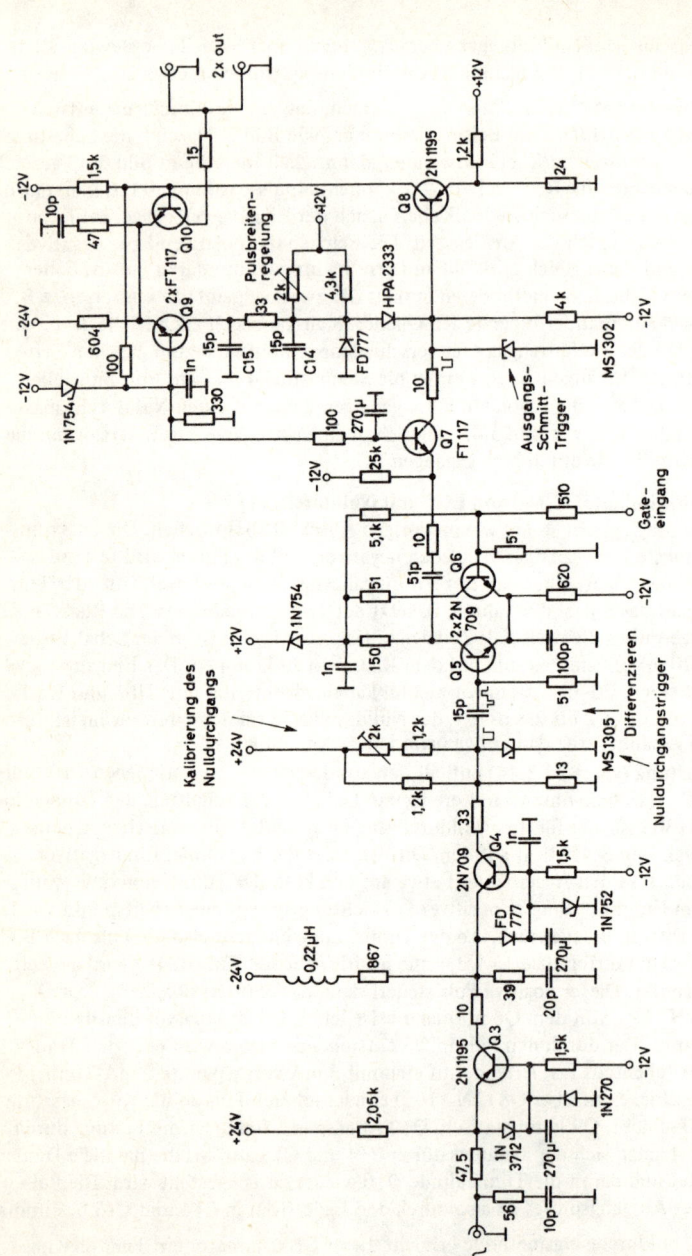

Bild 3.45 Schaltung eines Nanosekunden-Nulldurchgangsdiskriminators

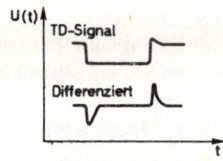

Bild 3.46 Erzeugung des Nulldurchgangssignals in Bild 3.45

3.6 Zeitmessungen mit Koinzidenzen

In der Kernphysik werden Zeitmessungen im Bereich zwischen 10^{-3} und 10^{-11} s vorgenommen, z.B. um die Flugzeit von Teilchen zu messen oder auch die Lebensdauer von angeregten Zuständen oder Teilchen zu bestimmen.
Im ns-Bereich, d.h. zwischen etwa 10^{-7} und 10^{-10} s, werden zwei Arten von Zeitmeßgeräten benutzt,
- die Koinzidenzmeßgeräte, die die Zeitbeziehung zwischen 2 oder mehreren Pulsen von verschiedenen Detektoren messen und
- die Zeit-Pulshöhen-Wandler, die die Zeitintervalle zwischen zwei Ereignissen messen. Diese Geräte werden in Abschnitt 3.7 beschrieben.

3.6.1 Koinzidenzprinzip

Eine Koinzidenz bedeutet das Messen der Gleichzeitigkeit zweier oder mehrerer Ereignisse innerhalb eines definierten Zeitintervalls. Der Vorgang kann an einem typischen Beispiel dargestellt werden. Nehmen wir an, zwei Szintillationszähler liefern zwei Pulsfolgen, die als Eingangssignale für eine Koinzidenzmeßapparatur dienen. Dieses Gerät gibt nur dann ein Ausgangssignal, wenn ein Puls des einen Detektors innerhalb eines kurzen Zeitintervalls mit einem Puls des anderen Detektors zusammentrifft. Dieses Zeitintervall wird als Auflösungszeit der Koinzidenzapparatur bezeichnet.
Denken wir uns eine radioaktive Quelle, die zwei γ innerhalb einer Zeit aussendet, die kurz gegen die minimale Auflösungszeit ist, also kürzer als etwa 10^{-11} s. Die Quelle könnte z.B. Co^{60} sein. Es soll die Zerfallsrate der γ's unter bestimmten Winkeln gemessen werden. Hierzu stellen wir zwei Szintillationszähler A und B auf, den einen unter festem, den anderen unter variablem Winkel zur Strahlung wie es Bild 3.47 zeigt. Jeder Detektor hat eine Ansprechwahrscheinlichkeit p für die genannte Strahlungsart und Energie, p liegt meist zwischen 1 und 10 %. Ist r die mittlere Zerfallsrate pro s und sind γ_1 und γ_2 die beiden gemessenen Quan-

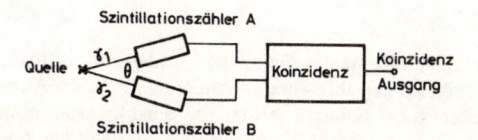

Bild 3.47 Prinzip der Koinzidenzmessung

ten, dann ist die Zählrate aus Detektor A für die γ_1-Quanten rp_1, die Rate aus Detektor B für die γ_2-Quanten rp_2, so daß die Koinzidenzzählrate $rp_1 p_2 \cdot W(\Theta)$ ist, wo $W(\Theta)$ eine Funktion des Winkels zwischen den beiden Zählern ist. $W(\Theta)$ ist z.B. gleich 1, wenn keine Winkelverteilung vorliegt.

Da Detektor B auch γ_1-Quanten, Detektor A auch γ_2-Quanten mißt, ist die Gesamtkoinzidenzzählrate doppelt so groß, also:

$$N_K = 2rp_1 p_2 \, W(\Theta).$$

Nun gibt es neben diesen wahren Koinzidenzen, die eine echte Gleichzeitigkeit zwischen zwei Teilchen bedeuten, die aus der gleichen Quelle stammen, auch noch zufällige Koinzidenzen. Diese können entstehen, weil jeder Detektorpuls eine endliche Zeitdauer hat, so daß zwei Pulse, die völlig unabhängig voneinander sind, aber noch innerhalb dieser Zeitdauer auftreten, als Zweifachkoinzidenz in Erscheinung treten. Die Zahl solcher zufälliger Koinzidenzen hängt von der Zählrate ab, die die Detektoren registrieren, sowie von ihrer Pulsdauer. Setzen wir für die Dauer der Pulse T_1 und T_2, so wird die Zahl der zufälligen Koinzidenzen:

$$N_{zuf} = r_A r_B (T_1 + T_2),$$

wenn die Zählraten der pro s in den Detektoren registrierten Pulse r_A und r_B sind.

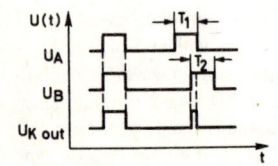

Bild 3.48 Überlappung der Signale in der Koinzidenzstufe

Die Auflösungszeit der Koinzidenzapparatur ist praktisch gleich der Summe der beiden Pulsdauern, denn die Pulse können sich maximal während der Gesamtdauer $T_1 + T_2$ überlappen, wie Bild 3.48 zeigt. Da man als Auflösungszeit der Koinzidenz (vgl. Abschnitt 3.6.2) immer 2τ angibt, ist die Zahl der zufälligen Koinzidenzen also:

$$N_{zuf} = 2 r_A r_B \tau.$$

Kennt man die Auflösungszeit und die Zählrate in beiden Kanälen, kann man die Zahl der zufälligen Koinzidenzen einfach berechnen. Da die Zählrate im Kanal A $= r_A = 2rp_1$ ist (für γ_1- und γ_2-Quanten), die im Kanal B $= r_B = 2rp_2$ ist, gilt auch

$$N_{zuf} = 8r^2 p_1 p_2 \tau.$$

Damit die Zahl der zufälligen Koinzidenzen möglichst klein ist, sollte die Auflösungszeit so kurz wie möglich gewählt werden. Außerdem muß die Auflösungszeit während des Experiments stabil gehalten werden, da sonst keine einwandfreie Korrektur der gemessenen Koinzidenzzählrate möglich ist, denn die Zahl der zufälligen muß von der Zahl der wahren Koinzidenzen abgezogen werden.

3.6.2 Auflösungszeit der Koinzidenz

Zeitspektroskopie ist die Messung der Zeitbeziehungen zwischen zwei oder mehreren Ereignissen, z.B. Wechselwirkungen nuklearer Teilchen oder γ-Strahlung mit Materie. Aus dem Zeitspektrum kann man die Auflösungszeit entnehmen; sie ist definiert als die Zeit, die vergeht, bis die Koinzidenzrate auf 50 % (FWHM = full width half mean) abgesunken ist, vgl. Bild 3.49.

Man mißt die Kurve, in dem man in den einen Eingang das zu registrierende Signal direkt, das in den anderen über eine variable Verzögerungsleitung gibt und die Koinzidenzrate bestimmt. Die beiden Eingangspulse werden in der Diskriminator-Pulsformerstufe in Standardzeitpulse der Dauer τ geformt. Die Auflösungszeit, die Breite des Zeitfensters, ist also 2τ. Durch Vertauschen der beiden Eingangskanäle erhält man die vollständige Kurve.

Die in 3.5.1 beschriebenen Amplituden- und Zeitverteilungen erzeugen die Anodenstromverteilung mit endlicher Anstiegs- und Abfallzeit, die einer amplitudenbewertenden Elektronik zugeführt wird. Beim Überschreiten einer bestimmten Amplitude (Schwellspannung U_{TR}) wird ein Standardsignal erzeugt, das als Eingangssignal für die Zeitmeßelektronik dient.

Nennen wir N die Gesamtzahl der bei der Szintillation erzeugten Fotoelektronen und n die Zahl der Fotoelektronen, die zum Erreichen der Triggerschwelle benötigt werden, so gilt

$$\frac{n}{N} = \frac{U_{TR}}{U_{max}} = f$$

Dieses Verhältnis wird als „fraction of pulse height" (f) bezeichnet.

Verschiedene Experimente haben gezeigt, daß die Zeitauflösung als Funktion von n/N ein Minimum annimmt, d.h., die Vorderflanke des Anodenstrompulses durch-

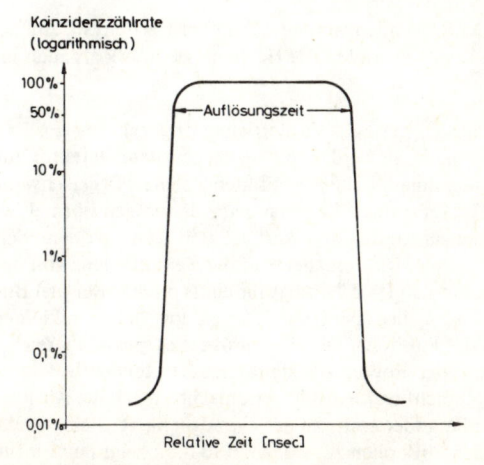

Bild 3.49 Definition der Auflösungszeit einer Koinzidenz

läuft einen Spannungswert, der die bestmögliche Zeitinformation enthält. Manche theoretische Überlegung zur Statistik der Szintillationszähler wurde veröffentlicht, einige von ihnen können das Minimum der Zeitauflösung auch angeben. Die Schwierigkeit liegt in der Wahl des Zeitnullpunktes, der das Eintreffen des ersten von einem Teilchendurchgang ausgelösten Fotons bzw. Fotoelektrons definiert. Beschreibt man dies nicht als festen Zeitpunkt, sondern durch eine Wahrscheinlichkeitsverteilung um einen festen Zeitpunkt, ergeben sich Zeitauflösungskurven, die der Messung nahekommen. Man berechnet ein mittleres Zeitfehlerquadrat:

$$\sigma^2 = \frac{\sigma_{Tr}^2}{n} + \frac{n}{N^2}\tau_{abk}^2$$

worin σ_{Tr} die Laufzeitdispersion im Multiplier bedeutet. Die Funktion erreicht bei

$$\frac{n}{N} \approx \frac{\sigma_{Tr}}{\tau_{abk}}$$

ein Minimum (vgl. Bild 3.50). Nimmt man einen sehr kleinen Plastikszintillator an, wird mit typischen Werten wie $\sigma_{Tr} = 0{,}5$ ns und $\tau_{abk} = 3$ ns das Minimum bei

$$\frac{n}{N} = f = \frac{1}{6} \approx 17\%$$

erreicht. Die Auflösungszeit im Minimum ergibt sich zu

$$2\tau_{min} = A\sqrt{\sigma_{min}^2} \quad \text{mit } A = 3{,}5 \,.$$

Es sind in den vergangenen Jahren verschiedene Verfahren entwickelt worden, um die der Theorie entsprechenden Zeitauflösungen zu erreichen. Während sich die eigentliche Koinzidenzschaltung in ihrem Prinzip nicht wesentlich geändert hat, sind die Pulsformer so geschickt verbessert worden, daß mit guten Detektoren Auflösungen um 10^{-10} s erreicht wurden.

Die drei nun folgenden Methoden werden z.Z. in der Kernphysik zur Zeitbestimmung eingesetzt, und zwar sowohl in der Hochenergiephysik als auch in der Niederenergiephysik.

3.6.2.1 „Leading-Edge-Triggering" (Vorderflankentrigger)

Bei der Leading-Edge-Methode werden die Signale aus dem Detektor auf einen Pulsformer gegeben, der eine für alle Amplituden gleiche Triggerschwelle U_{TR} besitzt. Die optimale Zeitauflösung erhält man nach der obigen Formel, wenn man die Schwelle nach dem günstigsten n/N-Wert einstellt. Doch ist diese Schwelle nur für eine Amplitude optimal. Die Abhängigkeit der Zeitauflösung von der Wahl der Triggerschwelle, genauer von $f = n/N$, zeigt für ein typisches Beispiel Bild 3.51: Die optimale Zeitauflösung liegt bei $f \approx 0{,}2$, sie ist dort in einem kleinen Bereich fast unabhängig von der Pulshöhe. Für einen größeren Dynamikbereich, d.h. für ein größeres Verhältnis der größten zur kleinsten auftretenden Detektoramplitude, die zur Koinzidenz gebracht werden soll, verschlechtert sich die Auflösung. Dies liegt einerseits am Walk, andererseits an der Unmöglichkeit, die Schwelle optimal für alle vorkommenden Pulshöhen zu wählen. Bild 3.52 zeigt den Einfluß des Dynamikbereiches auf die Auflösung für das Leading-Edge-Verfahren. Die minimalen

3.6 Zeitmessungen mit Koinzidenzen

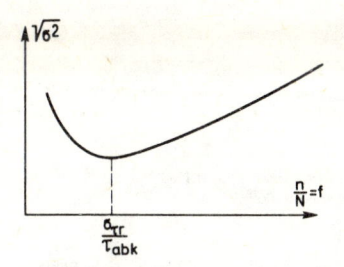

Bild 3.50 Minimum der Auflösungszeit bei Leading-Edge-Triggern

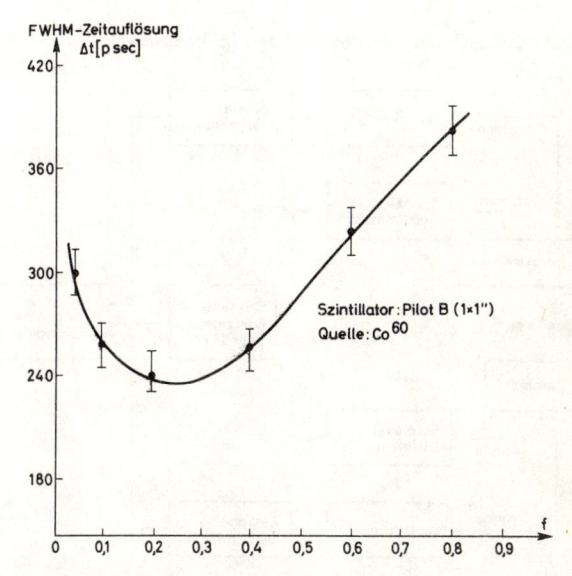

Bild 3.51 Koinzidenzauflösung nach dem Leading-Edge-Verfahren als Funktion der relativen Triggerschwelle

Werte sind nur erreichbar für eine Dynamik von höchstens 20 %, bei höheren Amplitudenschwankungen tritt eine Verschlechterung der Auflösung um einen Faktor 2 bis 3 ein. Man kann die Dynamik durch einseitige Begrenzer beschränken, doch bleibt sie bei realistischer Triggerspannung immer noch etwa 3- bis 5fach.

Mit ausgesuchten Multipliern, schmalem Dynamikbereich (etwa 10 bis 20 %) und kleinen Plastikszintillatoren kann man mit Co^{60}-Strahlung in einer „Fast-slow"-Koinzidenz genannten Anordnung Auflösungen von 270 bis 300 ps erreichen. Das Fast-slow-Verfahren, dessen Prinzip Bild 3.53 zeigt, gestattet es, den Dynamikbereich durch Einschalten von Energiekanälen auf wenige Prozent zu beschränken. Es werden nur diejenigen Koinzidenzen registriert, die in diesem Energiebereich liegen. Allerdings sinkt dabei die Zählrate unter Umständen beträchtlich.

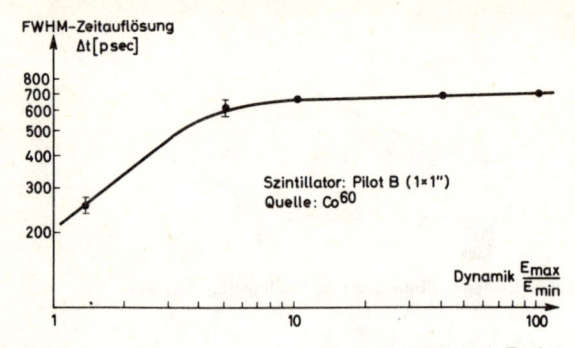

Bild 3.52 Koinzidenzauflösung nach dem Leading-Edge-Verfahren als Funktion der Dynamik

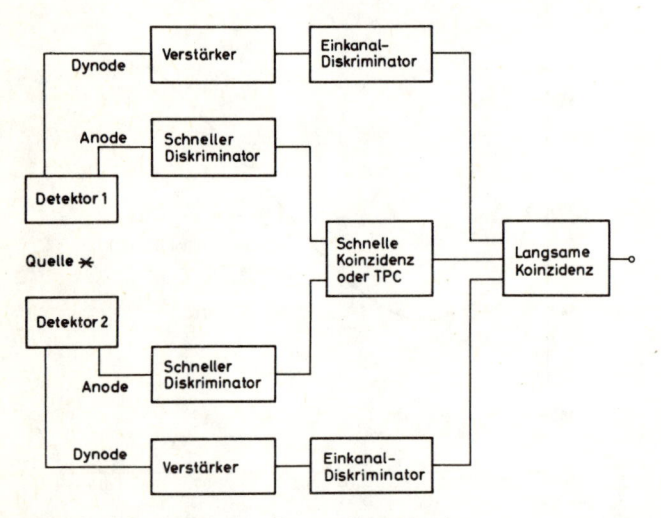

Bild 3.53 „Fast-slow"-Koinzidenzen aus Zeit- und Energieband

3.6.2.2 „Fast-Crossover-Timing" (Schneller Nulldurchgang)

Aus dem im vorigen Abschnitt gesagten folgt, daß man den Detektorpuls so formen sollte, daß sich eine amplitudenunabhängige Zeitmarke daraus ableiten läßt, denn nur so kann man den schwierigen Walk-Effekt beseitigen, der bei großem Dynamikbereich stört. Man muß die Multiplier-Pulsfunktion auf Nullstellen untersuchen. Dazu nehmen wir an, der Multiplierpuls habe eine beliebige, aber konstante Form, es ändere sich nur die Amplitude. Einen solchen Puls können wir beschreiben:

$$H(t) = A \cdot h(t)$$

mit A = Amplitudenfaktor, h(t) = Funktion, die die Pulsform in Abhängigkeit von der Zeit darstellt.

3.6 Zeitmessungen mit Koinzidenzen

Spaltet man diesen Puls in zwei Anteile auf, invertiert und verzögert den einen um die Zeit t_d und addiert beide Anteile wieder, erhält man

$$H'(t) = A \cdot h(t) - A \cdot h(t-t_d)$$

oder

$$H'(t) = A\,[h(t) - h(t-t_d)].$$

Man erkennt, daß die Nullstellen dieser Funktion unabhängig von der Amplitude sind und nur vom Formfaktor abhängen. Man kann also den Walk eliminieren, wenn man einen Pulsformer verwendet, der zum Zeitpunkt des Nulldurchgangs einen Standardpuls liefert. Es bleibt nur der Time-jitter nach, der aus der statistischen Schwankung der Pulsform von Event zu Event herrührt.

Das Fast-Crossover-Timing wird durch die folgenden zwei Verfahren realisiert, die Pulse herstellen, die zum geeigneten Zeitpunkt einen Nulldurchgang haben.

3.6.2.2.1 „Clipping-Stub"-Technik (Kurzschlußkabel)

Bei diesem Verfahren wird der Anodenpuls des Multipliers verzweigt. Der eine Teil gelangt in ein am Ende kurzgeschlossenes Shape-Kabel, wird dort mit dem Reflexionsfaktor –1 zurückgeschickt und kommt nach der doppelten Kabellaufzeit wieder an dessen Eingang an. Der zweite Teil wird mit diesem addiert und über ein kurzgeschlossenes Kabel an den Nulldurchgangsdiskriminator geführt. Bild 3.54

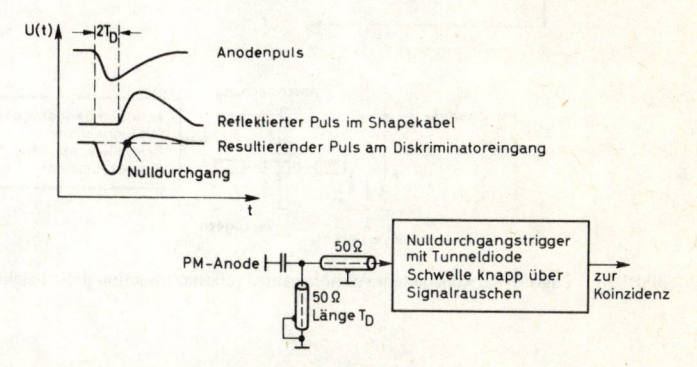

Bild 3.54 Methode des „schnellen" Nulldurchgangs (fast zero-crossover)

zeigt diese Anordnung sowie die Pulsformen. Dieses System hat gute Walk-Eigenschaften über einen weiten Dynamikbereich, bis etwa 100 : 1 liegt der Walk bei weniger als 100 ps, wie man aus Bild 3.55 erkennt. Für einen kleinen Dynamikbereich ist der Absolutwert der Zeitauflösung jedoch schlechter als beim Leading-Edge-Verfahren. Das liegt daran, daß man die optimale Zeitinformation, die auf der Vorderflanke des Originalpulses bei $f \approx 0{,}2$ liegt, nicht ausnutzen kann. Zwar kann man durch Veränderung der Kurzschlußkabellänge die Lage des Nullpunkts ändern, der Nulldurchgang kann aber zeitlich nicht vor dem Maximum des direkten Pulses liegen, denn beide Signale, das direkte und das reflektierte, haben

3 Zeitmeßverfahren

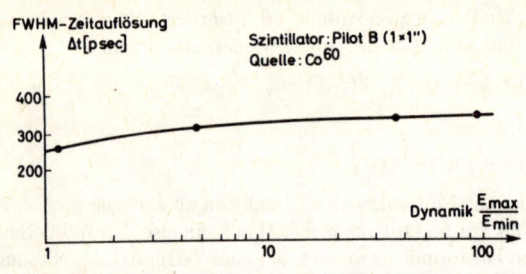

Bild 3.55 Koinzidenzauflösung nach dem Clipping-Stub-Verfahren als Funktion der Dynamik

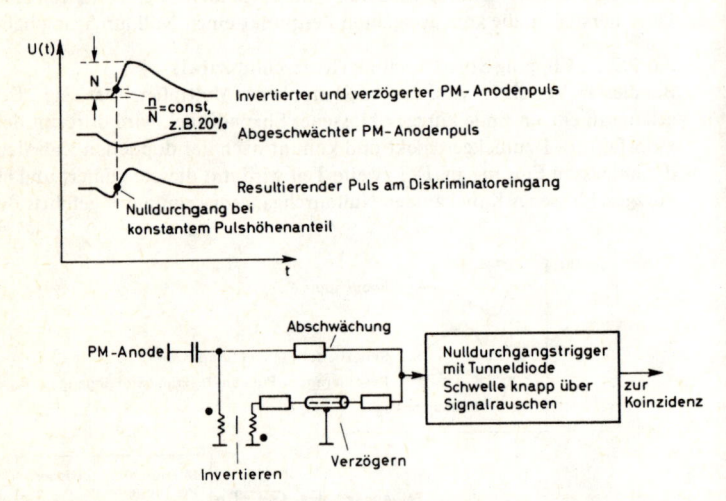

Bild 3.56 Triggern bei konstantem Pulshöhenanteil (constant fraction pulse height trigger)

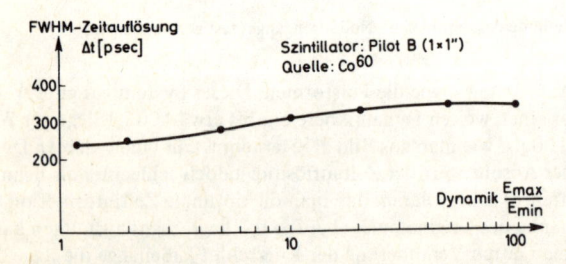

Bild 3.57 Koinzidenzauflösung nach dem Constant-Fraction of Pulse Height-Verfahren als Funktion der Dynamik

3.6 Zeitmessungen mit Koinzidenzen

praktisch gleiche Amplitude. Zusätzlich befinden sich im abfallenden Teil des Pulses oft Formschwankungen, die den amplitudenunabhängigen Nulldurchgang zeitlich etwas verschmieren.

Das Clipping-Stub-Verfahren ist also der Leading-Edge-Methode bei kleinen Dynamikbereichen, etwa bis 1,5 : 1 in der Zeitauflösung unterlegen, bei großer Dynamik, etwa 10 : 1 bis 100 : 1, wegen des fehlenden Walk überlegen.

3.6.2.2.2 „Constant Fraction of Pulse Height Trigger" (Konstanter Pulshöhenanteil)

Wenn man nach der Verzweigung des Anodenstrompulses den direkten Puls abschwächt, kann man den Nulldurchgang an die Stelle legen, an der der abgeschwächte Puls den Stromwert der optimalen Schwelle von $f \approx 0,2$ erreicht. Man muß also die Verzögerungskabellänge und das Amplitudenverhältnis variieren, wie es in Bild 3.56 dargestellt ist.

Jetzt kann man den Nulldurchgang zeitlich vor, während oder nach dem Maximum des abgeschwächten Pulses legen, es ändert sich dadurch die Steilheit des Nulldurchgangs.

Wesentlich ist die Kombination der guten Eigenschaften des Leading-Edge- und des Clipping-Stub-Verfahrens, d.h. die Wahl des optimalen Triggerpunktes und die Auflösungskonstanz für einen großen Dynamikbereich. Man erreicht Auflösungskurven, wie sie Bild 3.57 zeigt. Die Zeitauflösung bei kleiner Dynamik ist so gut wie beim Leading-Edge-Verfahren, das Walk-Verhalten bei großen Amplitudenschwankungen so gut wie beim Clipping-Stub-Verfahren.

Das Triggern geschieht in dieser Methode für alle Pulsamplituden bei konstanter Relativschwelle, daher trägt das Verfahren seinen Namen.

Bei Koinzidenzexperimenten mit Germaniumdetektoren treten Zeitfehler nicht nur durch verschiedene Pulsamplituden, sondern auch durch unterschiedliche Sammelzeiten der Ladungsträger auf. Um diese Schwierigkeiten zu umgehen, wird eine Triggermethode eingesetzt, die in Bild 3.58 gezeigt ist und die dem Trigger mit

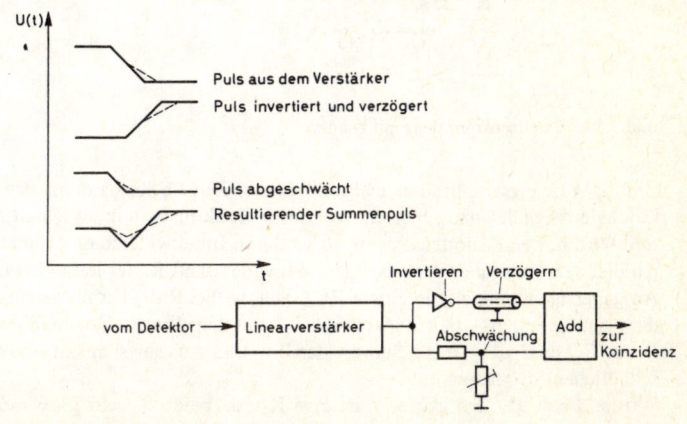

Bild 3.58 Anwendung des Triggerns bei konstantem Pulshöhenanteil bei Ge-Detektoren

konstantem Pulshöhenanteil entspricht, der im letzten Beispiel die Multipliersignale geformt hatte.
Der im Linearverstärker geformte Detektorpuls (vgl. Abschnitt 4.5) wird aufgeteilt. Der eine Teil wird invertiert und verzögert, der zweite abgeschwächt, anschließend werden beide Teile wieder addiert. Es entsteht ein von der Amplituden- und Laufzeitschwankung praktisch unabhängiger Triggerpunkt, der von einem Nulldurchgangsdiskriminator detektiert wird. Die Wahl der Verzögerung und der Dämpfung hängen ab vom Rauschen, der Anstiegszeit des Vorverstärkers, der Ladungssammlung im Detektor sowie von der Pulsformung im Linearverstärker. Diese Methode ist auch bei Germaniumdetektoren der Vorderflankendiskriminator-Triggerung vorzuziehen.

3.6.3 Koinzidenzschaltungen

Eine Koinzidenzschaltung läßt nur Signale durch, die während einer bestimmten Zeit, der Auflösungszeit, gleichzeitig an allen Eingängen der Schaltung liegen. Das ist aber genau die Definition der UND-Schaltung, d.h., alle Koinzidenzschaltungen sind auch UND-Schaltungen. Koinzidenzschaltungen werden aus Dioden, aus Transistoren oder besonders häufig aus Tunneldioden gebaut. Bild 3.59 zeigt eine Zweifachkoinzidenz mit Dioden. Statisch fließt durch beide Dioden Strom. Durch ein negatives Signal auf die Anode der Diode D1, also in den Eingang A, wird diese gesperrt. Die Diode D2 übernimmt den Strom aus D1 mit, so daß die Spannung am Punkt X (Ausgang) sich nur wenig ändert. Erst wenn beide Dioden gleichzeitig gesperrt werden, geht die Spannung an X bis zur Betriebsspannung, es entsteht dann das Koinzidenzsignal.

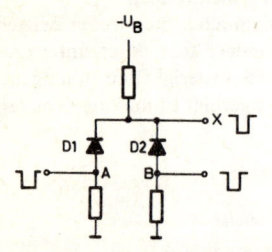

Bild 3.59 Zweifachkoinzidenz mit Dioden

Um die Ausgangsamplituden als Funktion der Zeit für Koinzidenz- bzw. Nichtkoinzidenzsignale anzugeben, muß man die Zeitkonstanten der Schaltung betrachten. Wird nur eine Diode gesperrt, so ist deren Innenwiderstand zwar sehr groß, parallel dazu liegt aber der niedrige Innenwiderstand R_i der leitenden Diode. Das Ausgangssignal entsteht an einem RC-Glied, wobei R die Parallelschaltung aus dem gemeinsamen Arbeitswiderstand R_L und dem Innenwiderstand der leitenden Diode R_i ist, $C = C_p$ ist die Summe der Ein- und Ausgangskapazität sowie der schädlichen Streukapazität.
Werden beide Dioden gesperrt, ist $R = R_L$, da beide R_i sehr groß werden, C_p bleibt.

3.6 Zeitmessungen mit Koinzidenzen

Die Zeitkonstanten sind also
- bei Koinzidenz: $\quad T_K = C_p R_L$,
- bei Nichtkoinzidenz: $\quad T_N = C_p \dfrac{R_i R_L}{R_i + R_L}$.

Daraus folgen die Spannungsänderungen, die sich am gemeinsamen Arbeitswiderstand nach einigen Zeitkonstanten einstellen,
- bei Koinzidenz: $\quad \Delta U_K = J R_L$,
- bei Nichtkoinzidenz: $\quad \Delta U_N = \dfrac{J}{2} \dfrac{R_i R_L}{R_i + R_L}$.

Hierin ist J der Strom, der durch beide Halbleiter statisch fließt. Im Ablauf der Zeitkonstanten steigen beide Spannungsänderungen exponentiell an, wie es Bild 3.60 zeigt. Das Amplitudenverhältnis,

$$\frac{\Delta U_K}{\Delta U_N} = 2\,\frac{R_L + R_i}{R_i},$$

sollte möglichst groß sein, damit die Koinzidenzsignale gut von den Nichtkoinzidenzsignalen getrennt werden können. Zur besseren Trennung verwenden viele Schaltungen am Ausgang der Koinzidenz nichtlineare Elemente, z.B. vorgespannte Dioden, die nur die Koinzidenzsignale durchlassen und die Nichtkoinzidenzsignale sperren. Die Schaltung nach Bild 3.59 würde also folgendermaßen ergänzt (vgl. Bild 3.61): Die Anode der Trenndiode D3 liegt an negativer Vorspannung, die nach der Amplitude der Nichtkoinzidenzpulse eingestellt wird. Die Koinzidenz-

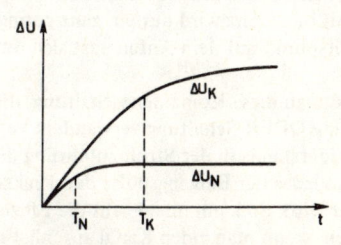

Bild 3.60   Ausgangsspannung bei Koinzidenz und Nichtkoinzidenz als Funktion der Eingangspulsdauer

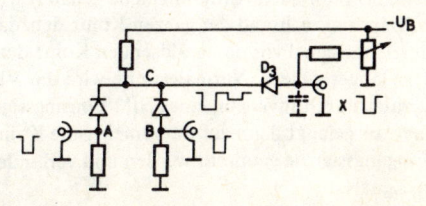

Bild 3.61   wie Bild 3.59, jedoch mit Diskriminatordiode

signale, die die Schwelle überwinden, werden durch den Innenwiderstand der Diode und die Schaltkapazität C_s leicht integriert, so daß, wie Bild 3.62 zeigt, am Ausgang die Koinzidenzsignale mit einer Amplitude, die proportional zur Überlappungsdauer ist, erscheinen.

Wie mit den Dioden kann man entsprechende Schaltungen mit Transistoren ausführen, wie Bild 3.63 zeigt. Auch hier ziehen beide Transistoren statisch Strom, sie werden durch negative Signale an den Basen gesperrt. Nur wenn dies bei beiden Transistoren gleichzeitig geschieht, kann ein Koinzidenzsignal an X entstehen. Das Ausgangssignal ist in dieser Schaltung invertiert, die Transistoren arbeiten als NAND-Gate. Die Ausgangsamplituden können genau so wie bei den Dioden berechnet werden, lediglich die Innenwiderstände haben andere Werte. Für ns-Auflösungszeiten muß man besonders schnell schaltende Dioden und Transistoren verwenden ($f_T \geqslant 1$ GHz), außerdem müssen die Widerstände so bemessen werden, daß sie zusammen mit den Eingangs-, Ausgangs- und Schaltkapazitäten auch Anstiegszeiten von 1 ns oder weniger übertragen können (vgl. Abschnitt 2.3, wo die Anstiegszeit zu $T_R = 2,2$ RC angegeben ist).

Bisher wurden die Koinzidenzschaltungen nur für 2 Eingänge ausgelegt, selbstverständlich können sie auch mehr Eingangsbuchsen haben. Typische Standardkoinzidenzgeräte arbeiten mit 4 bis 6 Eingangskanälen.

In Mehrfachkoinzidenzschaltungen im ns-Bereich werden meist Tunneldioden eingesetzt. Dabei wird der statische Arbeitspunkt so gewählt, daß erst durch die Addition aller gleichzeitig eintreffender Eingangsamplituden die Schwelle überschritten wird. In Bild 3.64 ist der Schaltungsaufbau gezeigt, in Bild 3.65 die Wahl des Arbeitspunktes. Der Arbeitspunkt wird so auf den Anfangsast gelegt, daß nur die Addition der Ströme in den vier Eingangskanälen A, B, C und D den Peakstrom überschreiten kann, so daß nur dann ein Ausgangssignal entsteht, wenn die Koinzidenz stattfindet. Im Fall der Nichtkoinzidenz wird nur ein ganz geringes Ausgangssignal erzeugt, wenn der Arbeitspunkt auf dem Anfangsast sich um einige mV bewegt.

Man kann übrigens leicht sehen, daß man diese Koinzidenzschaltung, die ja eine UND-Schaltung ist, ganz leicht in eine ODER-Schaltung verwandeln kann, wenn man, durch Umschaltung des DC-Widerstands in der Stromzuführung der Tunneldiode, den Arbeitspunkt so legt, daß jeder der Eingangspulse den Peakstrom überschreitet, wie es in Bild 3.66 gezeigt wird. So kann man leicht die Einzelzählraten in den Koinzidenzkanälen feststellen, wenn man einen Kanal anschließt und die drei anderen abtrennt.

Häufig ist es erforderlich, neben der UND-Funktion die logische UND-NICHT-Funktion einzuführen, die VETO oder auch Antikoinzidenz genannt wird, weil sie die Koinzidenz aufhebt. Damit es während der ganzen Koinzidenzdauer wirksam wird, muß das Antikoinzidenzsignal vor den auslösenden Koinzidenzsignalen einsetzen und auch etwa 1 ns länger dauern. Normalerweise wird das VETO-Signal innerhalb des Koinzidenzgerätes durch Inversion eines NIM-Eingangssignals im Antikoinzidenzsignal erzeugt. Es gelangt dann auf die gemeinsame Koinzidenzausgangsleitung, auf der alle Eingangssignale gemischt werden und verhindert das Entstehen eines Koinzidenzsignals.

3.6 Zeitmessungen mit Koinzidenzen

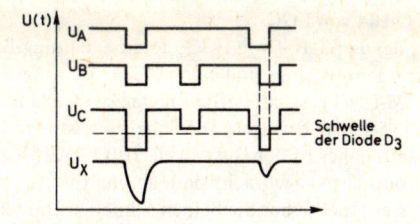

Bild 3.62 Pulszeitplan zu Bild 3.61

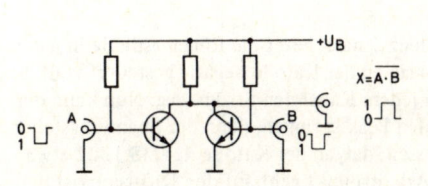

Bild 3.63 Zweifachkoinzidenz mit Transistoren

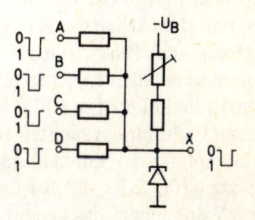

Bild 3.64 Vierfachkoinzidenz mit Tunneldiode

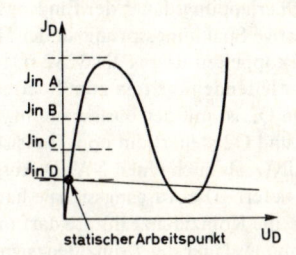

Bild 3.65 Arbeitspunktwanderung in der Tunneldiodenkoinzidenz

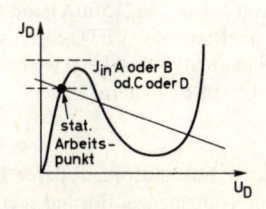

Bild 3.66 Änderung des Arbeitspunktes einer Tunneldiode zwischen UND- und ODER-Schaltung

3.6.4 Koinzidenzschaltung C 104 von EGG

Eine Standardkoinzidenz ist der Typ C104 von EGG, deren Schaltung Bild 3.67 zeigt. Das Gerät zeigt 4 Koinzidenzeingänge und einen VETO-Eingang. An alle Eingänge werden logische NIM-Pegel geschaltet, die Eingangswiderstände sind 50 Ω, die Eingangszählrate darf bis 150 MHz betragen. Die Schaltung ist vom Eingang bis zum Ausgang DC-gekoppelt, daher ist der Duty-cycle 100 %. Alle Kanäle sind mit Schaltern, die auf der Frontplatte angebracht sind, abschaltbar.
Ist der Kanalschalter geschlossen, fließt über die beiden schnellen Dioden HPA 1003 ein konstanter Strom durch den 2,5k-Widerstand aus der +20-V-Leitung. Diese Diodenschaltung entspricht Bild 3.31 in Abschnitt 3.5.3 (Limiter). Eine der beiden Dioden (die im Bild rechte) ist über die allen Koinzidenzkanälen gemeinsame Leitung an der Katode etwas negativ vorgespannt. Der Strom durch die Dioden hält den Arbeitspunkt der Koinzidenztunneldiode MS 1302 (Peakstrom 5 mA) unterhalb des Peakstroms.
Kommen an allen Eingängen Koinzidenzsignale, leitet die Eingangsdiode in jedem Kanal (die linke HPA 1003) stark, da sie an der Katode negativ gesteuert wird. Sie nimmt dadurch der rechten Diode in jedem Kanal den Strom weg. Nun kann der Arbeitspunkt der Tunneldiode über den Peak springen, denn der Spannungsteiler 2,5 k zu 100 Ω an –20 V ist so bemessen, daß an der Katode der MS 1302 etwa –0,7 V entstehen, das bedeutet, der Arbeitspunkt geht auf den Diffusionsast der Kennlinie. Erst wenn die Eingangssignale wieder verschwunden sind, beginnen die Eingangsdioden erneut Strom zu ziehen, die Tunneldiode stellt sich mit ihrem Arbeitspunkt wieder auf den Tunnelast ein.
Die Tunneldiode leitet nur während der Überlappungsdauer der Eingangssignale, es ist eine echte UND-Schaltung. Der negative Spannungssprung an der MS 1302 bringt den linken Transistor des emittergekoppelten Paares 2N 3282 (Q1 und Q2) ins Leiten (es sind pnp-Typen), den vorher leitenden rechten zum Sperren. Der Zeitpunkt dieser Umschaltung von Q1 und Q2 ist mit der Basisspannung an Q2 (Triggerschwelle) justierbar. Das Paar Q1 und Q2 steuert ein npn-Transistor-Ausgangspaar Q3 und Q4, die sowohl einen UND- als auch einen NAND-Ausgang haben, aus dem sie –16 oder 0 mA an 50 Ω liefern. Die Ausgangssignale haben eine Anstiegszeit und Abfallzeit von etwa 2 ns, die Koinzidenzzählrate darf maximal 100 MHz betragen. Die minimale Überlappungsdauer der Koinzidenzsignale kann 2,5 ns sein.
Der VETO-Eingang steuert den Transistor Q7 negativ am Emitter und sperrt ihn (pnp-Typ), dadurch wird auch Q5 gesperrt, über dessen Kollektorwiderstand (1,3 kΩ) fließt in die Tunneldiode ein positiver Strom (ca. 15 mA) und hindert sie, den Koinzidenzsprung auszuführen. Für die Dauer des VETO-Signals ist also keine Koinzidenz möglich. Das VETO-Signal kann als NIM-Signal wieder herausgenommen werden (aus Q6), um weitere Einheiten zu steuern.

3.6.5 Pikosekundenkoinzidenzen

Durch Verwendung besonderer Detektoren, z.B. Fotomultiplier, deren Laufzeitschwankungen unter 100 ps liegen, kann man Koinzidenzauflösungen erreichen, die weit unter 1 ns liegen.
Zum Beispiel wird der Elektronenstrahl des Zweimeilenlinacs in Stanford mit

3.6 Zeitmessungen mit Koinzidenzen

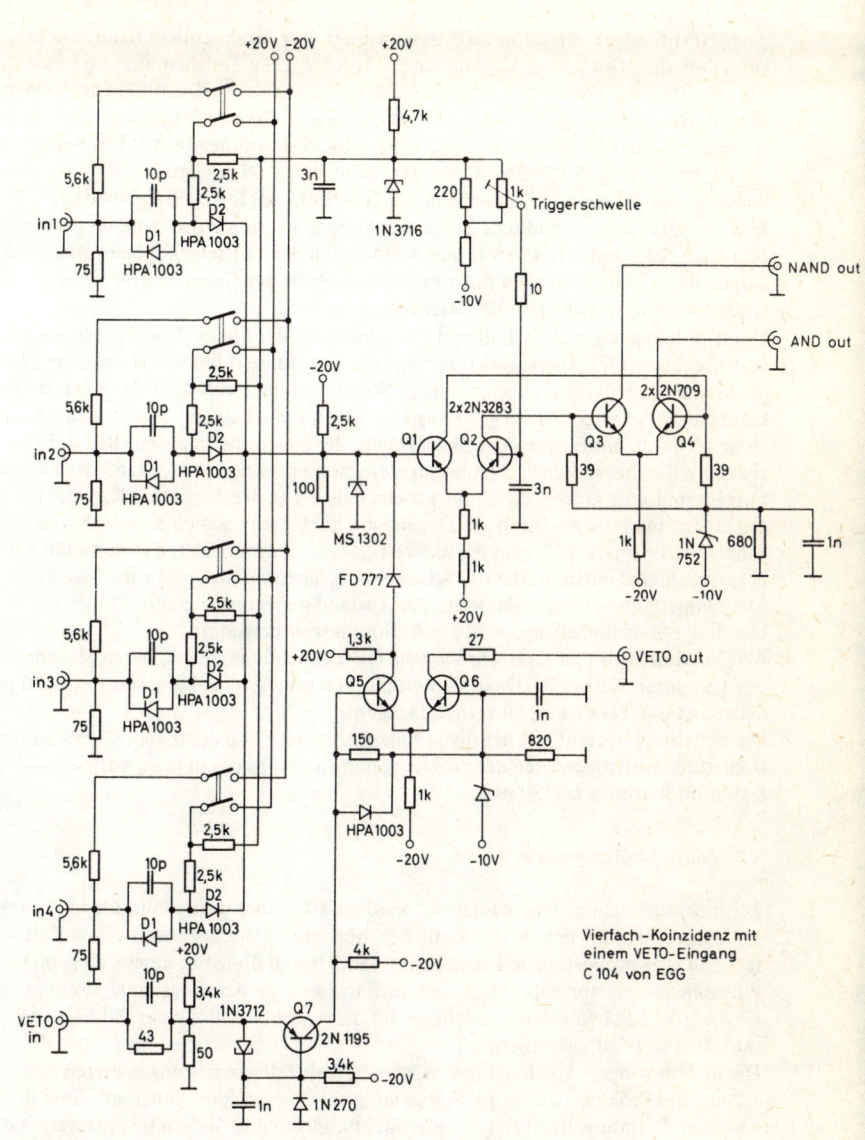

Bild 3.67 Schaltung einer Nanosekundenkoinzidenz ($123 4\overline{5}$)

einer HF-Frequenz von 2856 MHz beschleunigt. Der Strahl enthält dann Pakete (Bunche), die etwa 0,3 ns Abstand haben. Um zwischen Teilchen, die von zugehörigen Bunchen kommen, zu unterscheiden, müssen Koinzidenzstufen vorhanden sein, deren Auflösungszeit etwa 0,3 ns entspricht. Wegen der hohen Zählraten sollte die Totzeit kleiner als 10 ns sein. Eine Blockschaltung, die mit Fotomultipliern vom Typ RCA C70045 A arbeitet, ist in Bild 3.68 gezeigt.
Während der Ausgangsverstärker und der Diskriminator fertige Einschübe von EGG sind, ist die empfindliche Eingangsschaltung bis zum Pulsformer im nächsten Bild 3.69 gezeichnet. Der Strom von 8 mA durch das emittergekoppelte Paar wird aufgeteilt in 7,6 mA und 0,4 mA pro Transistor, die bei diesen Strömen eine Grenzfrequenz $f_T^{\cdot}$ von über 800 MHz haben.
Negative Eingangssignale schalten die ganzen 8 mA der linken Transistoren (Q1) in die rechten (Q2). Die Kollektorströme der Q2-Transistoren werden an dem gemeinsamen Kabelausgang linear addiert. Wenn man die Kabellänge des Kurzschlußkabels zu $2 T_D = 15-20$ cm $= 0,8$ bis 1 ns wählt, kann man am gemeinsamen Sammelpunkt, d.h. am Eingang des Shapekabels, die Pulsformen messen (Bild 3.70). Hier sind die drei möglichen Fälle eingezeichnet, entweder der Abstand der beiden Eingangspulse ist größer, gleich oder kleiner als $2 T_D$, der doppelten Kabellaufzeit. Führt man die Addition am Eingang des kurzgeschlossenen Kabels (Shapekabel) richtig aus, erhält man die untere U_{out}-Kurve, die anzeigt, daß nur dann ein negatives Signal entsteht, das die Schwelle $-U_D$ überschreitet und vom Diskriminator angezeigt werden kann, wenn der Abstand der Eingangspulse $<2T_D$ ist. Durch die Shapekabellänge wird die Auflösungszeit bestimmt.
Als Diskriminator dient die sehr schnelle GE-Tunneldiode 252 A, deren Slewing beim Schalten <20 ps ist. Da die Fotomultiplier eine Schwankung von etwa 100 ps haben, ist das TD-slewing zu vernachlässigen.
Die Schaltung beginnt mit negativen Eingangssignalen von mehr als 160 mV zu triggern, bei Anstiegszeiten der Signale von etwa 100 ps erhält man Auflösungszeiten bis herunter zu 250 ps.

3.7 Zeitpulshöhenwandler

Zeitintervallmessungen im ns-Bereich werden fast immer durch Pulshöhenmessungen ausgeführt, indem man den zeitlichen Abstand zweier Signale aus zwei Detektoren in eine proportionale Pulshöhe umwandelt und diese mit einem Vielkanal-Pulshöhenanalysator mißt. Man kann auch das analoge Ausgangssignal direkt in eine zeitliche Pulsfolge umwandeln, in der die Anzahl der Pulse zur Pulshöhe proportional ist (Zeitdigitalisierung).
Die in dem vorigen Abschnitt beschriebenen Koinzidenzschaltungen bieten eine Lösung des Problems durch die Feststellung an, ob zwei Pulse innerhalb eines definierten Zeitintervalls eintreffen oder nicht und wenn ja, liefern sie entsprechend Bild 3.62 eine Amplitude, die proportional zur Überlappungsdauer ist.
Eine weitere Lösung ist ein Gerät, das nach dem Start-Stop-Prinzip arbeitet, d.h. nach Eintreffen des ersten Pulses (Start) z.B. einen Kondensator mit konstantem Strom auflädt und nach Eintreffen des zweiten Pulses (Stop) die Ladung abbricht. Die am Kondensator erreichte Spannung ist proportional zur Zeitdifferenz zwischen den beiden Pulsen.

3.7 Zeitpulshöhenwandler

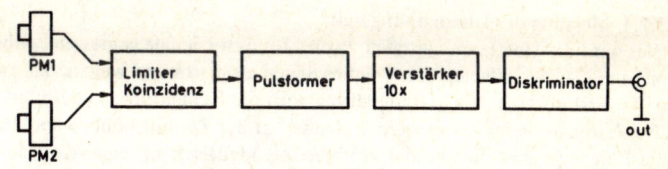

Bild 3.68   Aufbau einer Pikosekundenkoinzidenzmessung

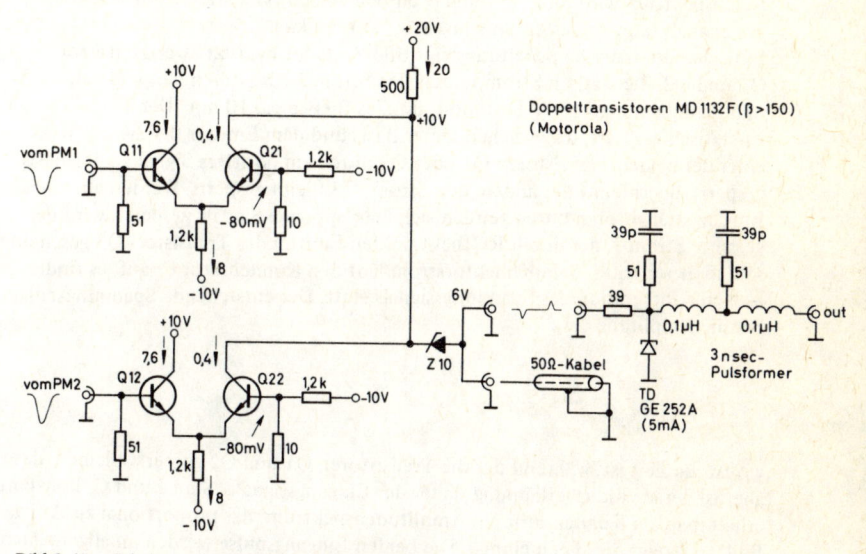

Bild 3.69   Schaltung der Pikosekundenkoinzidenz

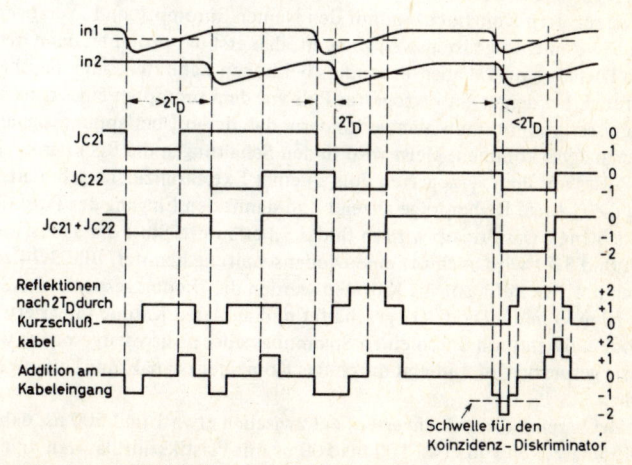

Bild 3.70   Pulszeitplan zu Bild 3.69

3.7.1 Messung der Überlappungszeit

Hier wird die Überlappungsdauer zweier Detektorsignale gemessen, wobei zunächst nicht eindeutig festgelegt ist, welches Signal als erstes und welches als zweites eintrifft. Erst durch eine Zusatzschaltung wird die Reihenfolge so definiert, daß negative Zeiten ausgeschlossen werden. Diese Art der Zeitpulshöhenwandlung ist in der Eingangsschaltung und der Zeitmessung identisch mit einer Koinzidenzmessung. Die Ausgangsschaltung ist etwas anders aufgebaut. Das entstandene Amplitudenspektrum wird integriert und eventuell verstärkt, so daß es mit einem Pulshöhenanalysator gemessen und angezeigt werden kann.

Eine charakteristische Schaltung zeigt Bild 3.71. Sie benutzt zwei Transistoren Q1 und Q2, die statisch Strom führen. Ihr Strom J wird durch den Widerstand R_1 und die Spannung +150V bestimmt, d.h., es fließen ca. 10 mA. Der Transistor Q3 ist statisch gesperrt, da zwischen seiner Basis und dem Emitter 0 V liegen. Wird einer der beiden Transistoren Q1 oder Q2 durch ein positives Signal an der Basis gesperrt, übernimmt der andere den Strom, Q3 bleibt gesperrt. Werden aber beide Eingangstransistoren durch zeitlich sich überlappende Signale gesperrt, wird der gesamte Strom J, der durch R_1 fließt, in den Emitter des Transistors Q3 geschaltet, so daß dieser leitet. Sein Kollektorstrom lädt den Kondensator C_s auf, es findet also eine Integration des Spannungssignals statt. Der entstehende Spannungspuls hat die Amplitude

$$U_s = \frac{J}{C_s} \Delta t,$$

wo Δt die Zeit ist, während der die Transistoren Q1 und Q2 gesperrt bleiben, das aber ist gerade die Überlappungsdauer der Eingangssignale. Sind J und C_s konstant, erhält man am Kondensator ein Amplitudenspektrum, das proportional zu Δt ist. Bild 3.72 zeigt dies noch einmal. Die beiden Eingangspulse werden im allgemeinen, entsprechend der Bezeichnungsweise in der Technik der Lebensdauermessungen mit verzögerten Koinzidenzen, mit den Namen „prompt" und „verzögert" versehen. Die Reihenfolge ist also so gemeint, daß erst der prompte, dann der verzögerte Puls kommt. Da aber, besonders bei hohen Zählraten, auch falsche Ereignisse auftreten, bei denen ein verzögerter Puls vor dem prompten eines ganz anderen Ereignisses kommt, muß man verhindern, daß deren Überlappungssignale zur Pulshöhenanalyse kommen. Meist wird in den Schaltungen die Rückflanke des prompten Pulses mit dem verzögerten Puls zu einer Extrakoinzidenz gebracht, deren Ausgang die richtige Reihenfolge anzeigt und damit den Eingang des Pulshöhenanalysators öffnet. Das Prinzip wird in Bild 3.73 erläutert. Statt der Transistorschaltung nach Bild 3.71 wird auch oft eine Diodenschaltung benutzt. Bild 3.74 zeigt dies. Durch positive Pulse auf die Katoden werden die Dioden gesperrt, der Strom in R_1 (10 mA) in die Diode D3 geschaltet und an deren Katode integriert. Diese Katode muß statisch durch einen Spannungsteiler positiv vorgespannt werden, damit sie gesperrt wird und erst durch das Koinzidenzsignal zum Leiten gebracht wird.

Der Meßbereich dieser Konverter liegt zwischen etwa 1 und 500 ns, dabei werden Auflösungszeiten von etwa 100 bis 500 ps mit Plastikszintillatoren und Co^{60}-

3.7 Zeitpulshöhenwandler

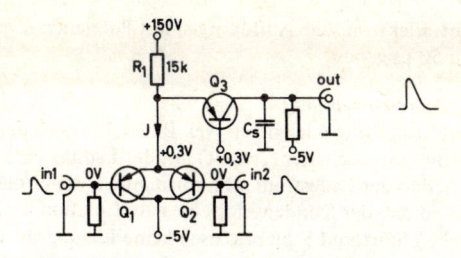

Bild 3.71   Zeitpulshöhenwandler nach dem Koinzidenzprinzip

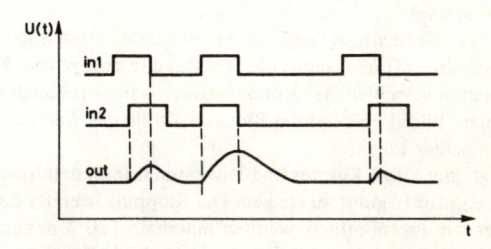

Bild 3.72   Pulszeitplan zu Bild 3.71

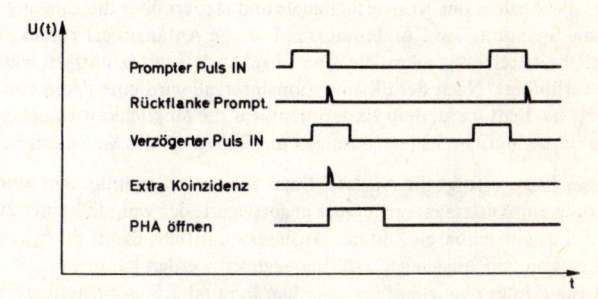

Bild 3.73   Methode zur Unterscheidung zwischen promptem und verzögertem Eingang durch Koinzidenz

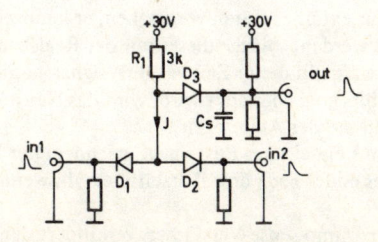

Bild 3.74   Zeitpulshöhenwandler mit Dioden, ähnlich wie in Bild 3.59 und 3.61

Gammastrahlen erreicht. Elektronische Auflösungen mit Pulsgeneratoren können Werte zwischen 20 und 50 ps geben.

3.7.2 Start-Stop-Zeitpulshöhenwandler

Wandler nach dem Start-Stop-Prinzip beginnen (vgl. Bild 3.75) nach dem Start-Signal (Startschalter öffnet, Stoppschalter schließt) mit der Ladung eines Kondensators. Wichtig ist dabei, daß der Ladestrom sehr konstant ist, damit die Spannung möglichst linear steigt und daß der Kondensator eine gute Isolation hat, damit während der Zeit zwischen Start und Stop praktisch keine Ladung abfließt. Die Kondensatorspannung wird mit einem hochohmigen Operationsverstärker gemessen. Vor Beginn des Startpulses muß dafür gesorgt werden, daß die Spannung so gut wie möglich 0 V beträgt.

Der Startpuls öffnet die Nullhaltestellung, die Stromquelle lädt den Kondensator, der Stoppuls (Stopschalter öffnet) trennt die Stromquelle wieder vom Kondensator. Durch Einschalten verschiedener Kondensatoren kann man auch mehrere Zeitbereiche einstellen. Bild 3.76 zeigt das Blockschaltbild des Wandlers (Typ EGG TH 200 A) mit seiner Logik.

Der Startpuls gelangt über einen Limiter und Diskriminator an den Konverter, die Spannung am Kondensator beginnt zu steigen. Der Stoppuls beendet den Prozeß, dieser Puls wird aber nur angenommen, wenn er innerhalb 120 % des eingestellten Zeitbereichs nach dem Startpuls kommt. Ist dies nicht der Fall, startet der Over--run-Detektor über die Resetlogik eine Resetfolge, verhindert durch Sperrung des Lesegates die Auslese des Konvertersignals und steuert über die Eingangsdiskriminatoren die Spannung am Kondensator auf seinen Anfangswert zurück. Die Messung von Überbereichssignalen, die eine lange Auslesezeit benötigen würden, wird dadurch verhindert. Nach dem Konversionsintervall wird eine Pause von 500 ns eingeführt; sie dient dazu, dem Experimentator die Möglichkeit zu geben, durch weitere externe logische Entscheidungen die Gültigkeit des Signals zu bestimmen.

Nach dieser Pause erfolgt die Auslese. Dazu wird vom Stoppuls über eine 500-ns-Verzögerung ein Auslesegategenerator angetriggert, der während einer zwischen 0,5 und 5,5 μs einstellbaren Zeit das Auslesegate öffnet, damit die Spannung am Kondensator an den Ausgangsverstärker gegeben werden kann.

Dieser Auslese folgt eine ebenfalls zwischen 0,5 und 5,5 μs einstellbare Totzeit, nach deren Ablauf der Zeitpulshöhenwandler wieder bereit ist, ein neues Startsignal zu empfangen. Damit man sich den Puls- und Totzeiten des nachfolgenden Pulshöhenanalysators anpassen kann, sind zwei weitere Steuersignale vorgesehen. Der Inhibit-Reset-Eingang ist für externes Gaten vorgesehen, er kann z.B. vom Pulshöhenanalysator getriggert werden, solange dieser mit der Registrierung eines Ereignisses beschäftigt ist und während dieser Zeit ein Busysignal ausgibt. Wenn das Startsignal vom Inhibitsignal überlappt wird, wird das Neustarten verhindert. Dies gilt jedoch nicht während der Auslesezeit.

Aus dem Cycle-Gate-Out beginnt ein eigenes Busysignal, nachdem der Eingang ein Startsignal angenommen hat; es endet nach dem Totzeitintervall, wenn der Konverter wieder startbereit ist.

Eine zusätzliche Schaltung, der Dump-sense-Verstärker, verhindert den Beginn der Konverteroperation, solange die Spannung am Kondensator noch nicht wieder auf

3.7 Zeitpulshöhenwandler

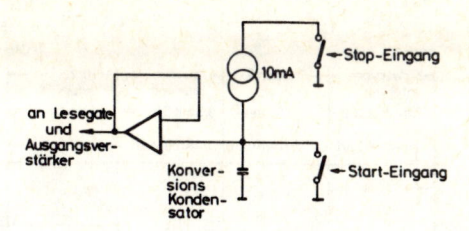

Bild 3.75 Zeitpulshöhenwandler nach dem Start-Stop-Prinzip

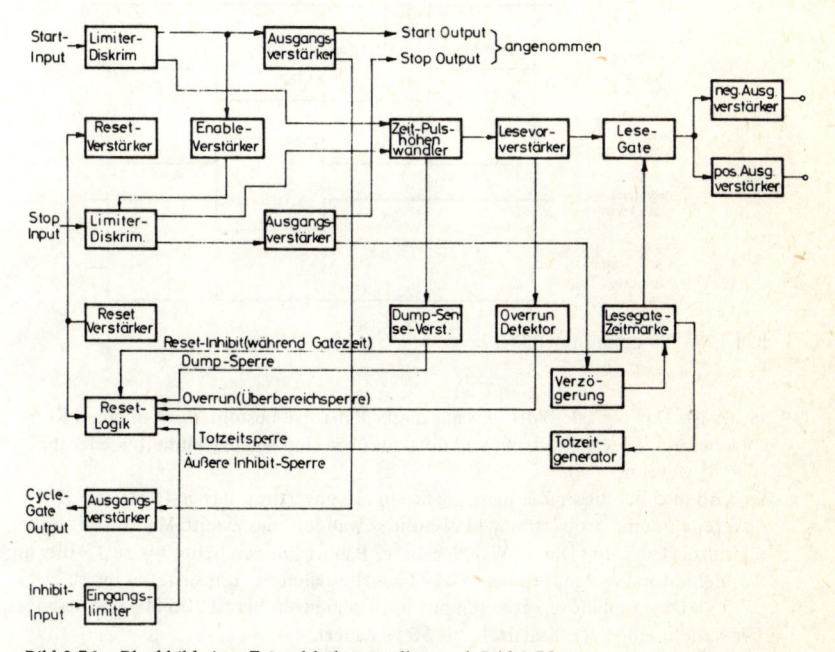

Bild 3.76 Blockbild eines Zeitpulshöhenwandlers nach Bild 3.75

0 V zurückgestellt ist. Bild 3.77 zeigt den Pulszeitplan der oben beschriebenen Operationen. Die Konversionsbereiche, die mit einem Schalter an der Frontplatte eingestellt werden können, sind 0,1; 0,3; 1; 3; 10 und 30 µs. Als Zeitauflösung ist 0,1 % vom Endwert angegeben. Die rein elektronische Zeitauflösung beträgt 50 ps.

Im Eingang des Pulshöhenanalysators befindet sich ein Analog-Digital-Konverter. In ihm ist ähnlich wie im Zeitpulshöhenwandler ein Kondensator eingebaut, der von dem Eingangssignal auf dessen Spitzenspannung aufgeladen wird. Anschließend wird der Kondensator wieder auf 0 V entladen mit einer konstanten Stromquelle. Während dieser Zeit läuft ein gegateter Oszillator mit, dessen Anzahl der Pulse im Entladezeitraum proportional zur ursprünglichen Pulshöhe des Konden-

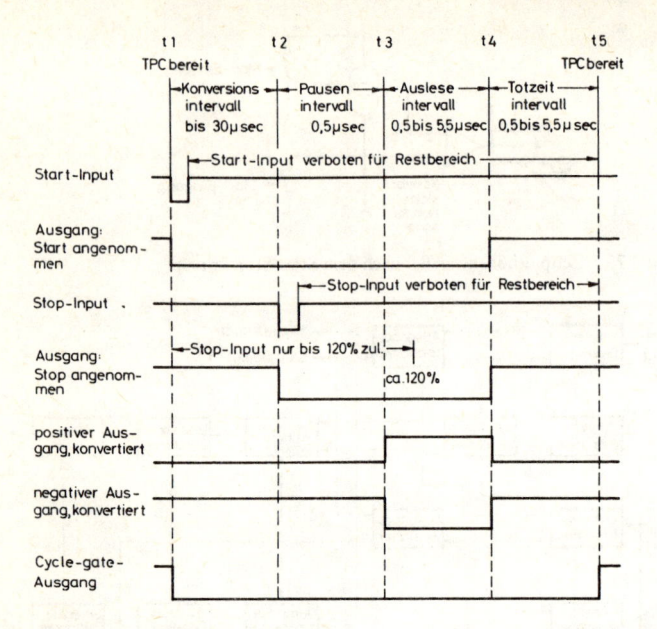

Bild 3.77   Pulszeitplan zu Bild 3.76

sators ist. Das digitale Wort, das aus dieser Pulsfolge besteht, wird in einen Kernspeicher eingelesen und kann von dort aus über eine Anzeigeeinheit wieder dargestellt werden.

Es wird also bei dieser Zeitmessung zweimal konvertiert, das erste Mal die Zeitdifferenz in eine proportionale Pulshöhe gewandelt, das zweite Mal die Pulshöhe digitalisiert. Analog-Digital-Wandler dieser Bauart können heute bis zu 13 Bits umwandeln, d.h. die Amplituden in 8192 Kanäle teilen bei Linearitäten bis zu etwa 99,5 %. Die Oszillatoren arbeiten mit Pulsfrequenzen bis zu 200 MHz, so daß die Umwandlung je nach Kanalzahl bis 50 μs dauert.

3.8 Schnelle Scaler

Scaler dienen dazu, die Zählrate von Pulsen und Ereignissen zu bestimmen. In Band 1, Abschnitte 7.4, 8.2 und 8.3 sind Flip-Flops und Zählketten bis etwa 20 MHz beschrieben, so daß hier nur über schnelle Flip-Flop-Stufen und den Gesamtaufbau eines Scalers gesprochen werden soll.

3.8.1 Schnelle Flip-Flops

Schnelle Flip-Flops kann man mit Tunneldioden, integrierten Flip-Flops oder diskret aufgebauten Transistor-Flip-Flops herstellen. Da die letzte Methode nur noch selten angewandt wird, sollen nur die wesentlichen Schaltungen der ersten beiden Arten behandelt werden.

3.8 Schnelle Scaler

Tunneldioden als bistabile Bauelemente können bei besonderem Aufbau Zählfrequenzen bis über 1,5 GHz erreichen. Hierfür geeignete Tunneldioden werden meist koaxial in Rohrleiter eingebaut. Normale Tunneldioden mit Schaltzeiten bis herunter zu 20 ps und üblichem Aufbau in gedruckten Schaltungen zählen bis zu 500 MHz. Bild 3.78 zeigt das Schaltbild eines Flip-Flops mit 10-mA-Dioden vom Typ 1N 3858. Die eine Tunneldiode, TD1, ist auf dem Tunnelast vorgespannt, d.h. unterhalb des Peaks, die andere, TD2, auf dem Diffusionsast bei etwa −350 mV. Ein negativer Puls hinreichender Amplitude wird über die Backwarddioden BD3 (General Electric), vgl. Band 1, Abschnitt 4.6, auf TD1 gekoppelt, so daß deren Arbeitspunkt über das Tal hinweg auf den Diffusionsast springt. Dieser negative Puls an der Katode der Tunneldiode wird über den Kabelinverter (vgl. Abschnitt 3.1.5) als positiver Puls auf die Katode von TD2 gekoppelt, wodurch deren Arbeitspunkt auf den Tunnelast unterhalb des Peaks springt. Beide Dioden haben ihre Rollen vertauscht und wieder stabile Arbeitspunkte eingenommen. Nach Eintreffen des zweiten Eingangspulses wird der ursprüngliche Zustand wieder hergestellt. Mit Eingangsbreiten von weniger als 1,5 ns wurde über 500 MHz Zählfrequenz erreicht.

Integrierte Flip-Flops in der MECL-III-Serie zählen bis 350 MHz typisch, ausgesuchte Stücke bis etwa 420 MHz. Es handelt sich um D-Typ Master-Slave-Flip-Flops MC 1670. In ihm werden die Daten über den Masterteil mit dem positiven Übergang des Taktpulses in den Slaveteil übernommen. Gleichspannungseingänge für Set und Reset ermöglichen das Vorsetzen und die parallele Dateneingabe in Schieberegister-Anwendungen.

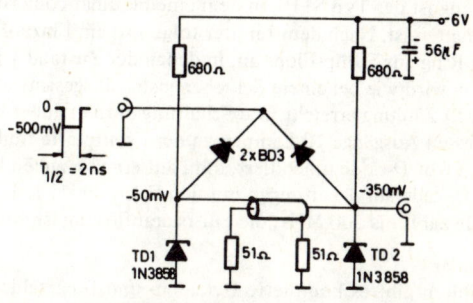

Bild 3.78 Schneller Flip-Flop mit Tunneldioden

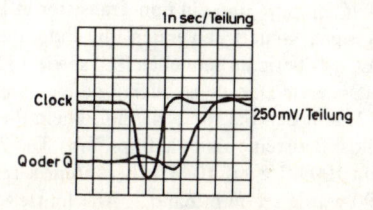

Bild 3.79 Schaltverhalten eines MECL-III-Flip-Flops bei negativem Clockpuls

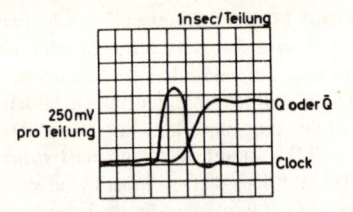

Bild 3.80 Schaltverhalten eines MECL-III-Flip-Flops bei positivem Clockpuls

Bild 3.79 zeigt den Propagation Delay für negative Clockpulse, Bild 3.80 den für positive Clockpulse. Man erkennt in beiden Fällen, daß die Umschaltung von Q oder $\bar{Q}$ etwa 2 ns nach der positiv gehenden Flanke des Clockpulses erfolgt.

3.8.2 Industrielle schnelle Vorzähler

Es gibt verschiedene Vorzähler, die als Dekaden- oder Binärzähler gebaut sind. Die Eingangsschaltung entspricht immer einer vereinfachten Version der in Abschnitt 3.5.3 beschriebenen Limiter. Lediglich die Diskriminatorschwelle ist nicht mehr regelbar, sondern fest, meist im Bereich –200 bis –400 mV. So stellt EGG einen binären Vorzähler für maximal 150 MHz her, es ist der Typ S100. In ihm sind 3 emittergekoppelte Flip-Flop-Stufen aus Einzeltransistoren aufgebaut, deren Zustand an der Frontplatte mit einer Lampe angezeigt wird. Die Pulspaarauflösung beträgt 6,5 ns. Der Ausgang des Vorzählers wird als logisches Signal an 50 Ω ausgegeben, der Zustand der einzelnen Flip-Flops ist elektrisch nicht auslesbar. Eine Weiterentwicklung ist der Typ S110, in dem eine biquinär-codierte Dekade aus Transistoren enthalten ist. Nach dem Limiter folgt also ein Einzel-Flip-Flop, ihm schließt sich ein Ring aus 5 Flip-Flops an, in denen der Zustand 1 nacheinander durchgeschoben wird wie bei einem Schieberegister. Insgesamt wird also eine dekadische (2 x 5) Zählung erreicht. Die Schaltung enthält außerdem einen 1-aus-10-Decoder, dessen Ausgänge 10 Lampen an der Frontplatte treiben. Zusätzlich wird intern auf BCD-Code umcodiert, d.h., auf ein von außen kommendes Readsignal wird die Dekade auf 4 Leitungen mit den Faktoren 1, 2, 4, 8 ausgelesen. Diese Dekade zählt bis 200 MHz, die Pulspaarauflösung ist 4 ns.

3.8.3 Komplette Zähler

Außer diesen Vorzählern gibt es komplette Dekaden- und Binärzähler bis etwa 100 MHz mit und ohne Anzeige, so z.B. den SEN-Zähler Typ 312. Dies ist ein Dekadenzähler mit einer Eingangsschaltung, wie sie bei den Limitern und Diskriminatoren beschrieben wurde, d. h. ein pnp- und ein npn-Transistor in Basisschaltung am Eingang; deren Ausgangssignal steuert den ersten Flip-Flop. Benutzt werden integrierte Bausteine der MECL-II-Serie im schnellen Teil sowie TTL-Dekaden (SN 7490) im langsameren Teil. Die erste Dekade ist auch biquinär geschaltet, d.h., ein schneller Flip-Flop (MC 1027) teilt den Faktor 2, dann folgt ein Fünffachuntersetzer mit 3 x MC1013. Alle 4 Bausteine sind JK-Flip-Flops. Die Zählfrequenz wird durch die Dekade von 100 MHz auf 10 MHz heruntergesetzt, die weitere Dekadenteilung mit SN 7490 wurde schon in Band 1, Abschnitte 8.2.2 und 8.6 beschrieben. Alle Dekaden werden 1 aus 10 decodiert und dem Baustein SN

3.9 Delayboxen

7441 AN, dessen Wirkungsweise auch in Band 1, Abschnitte 8.2.2 und 8.6 erläutert ist. Mit den Ausgängen der Decoder werden Gasentladungslampen mit je 10 Ziffern (Nixie-Röhren) gesteuert. Diese Zähler enthalten 8 Dekaden, alle werden auf je 4 Leitungen BCD codiert an den Ausgang geführt, d.h., 32 Leitungen gehen an den Auslesestecker auf der Rückwand. Läuft der Zähler über, d.h., werden mehr als $10^8 -1$ Pulse gezählt, wird dies in einem Overflowausgang elektrisch angezeigt.
Jeder Zähler enthält eine einstellbare Dreidekadenadresse, d. h., an ein gemeinsames Auslesesystem können bis zu 999 Zähler angeschlossen werden. Jede individuelle Adresse wird vom Auslesesystem selektiv aufgerufen, worauf der Zählerstand dieses Zählers übertragen wird.
Das prinzipielle Schaltbild eines solchen Zählers zeigt Bild 3.81.

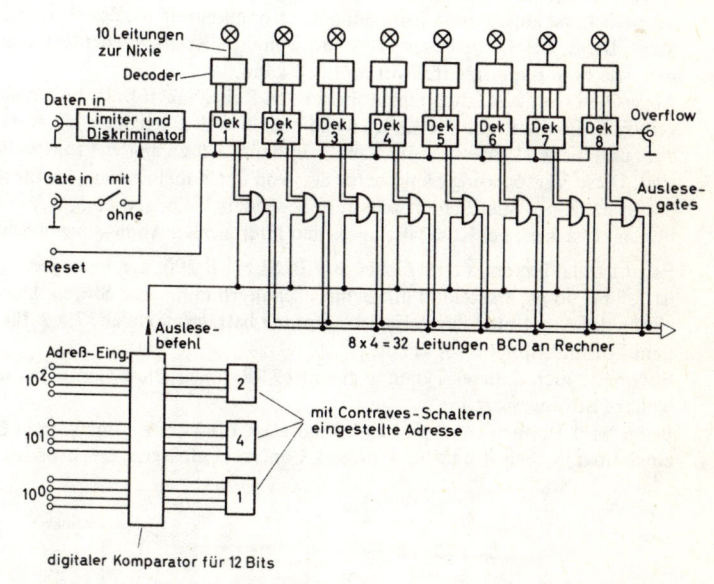

Bild 3.81 Gesamtaufbau eines adressierbaren sowie optisch und elektrisch auslesbaren Zählers

3.9 Delayboxen

Praktisch alle Geräte, in denen Signale behandelt werden, die auf ihre Zeitbeziehung untersucht werden, sind untereinander mit Koaxialkabeln verbunden, durch die die Pulssignale übertragen werden. Eine Zeitbeziehung, z.B. eine Koinzidenz, kann nur dann richtig gemessen werden, wenn die unterschiedlichen Längen der Kabel in den Eingangskanälen ausgeglichen werden.
Dies geschieht in Delayboxen, in denen Kabellaufzeiten von etwa 1 bis zu 100 ns zusätzlich in den Signalweg geschaltet werden können. Das Schalten kann mit einfachen Kipp- oder Schiebeschaltern ausgeführt werden, manchmal werden auch

kleine Reedrelais benutzt, die koaxial direkt in das Kabelstück eingelötet werden, seltener Koaxialrelais.

Die Kipp- und Schiebeschalter haben den Vorteil, daß die Geräte ohne weitere Stromversorgung betrieben werden können, der Nachteil liegt im mechanischen Schalteraufbau, der kaum geeignet ist, ns-Signale ohne zusätzliche Reflexionen durchzulassen. Durch ausgewählte Typen und geschickte mechanische Montage der Schalter können die Reflexionen für Signale länger als 1 ns unter 5 % gehalten werden. Durch die Schalterkapazität beträgt das Durchkoppeln (Feedthrough) etwa 2,5 %.

Die Reedrelais müssen elektrisch geschaltet werden, bei richtigem Einbau betragen die Reflexionen weniger als 5 % für ns-Signale. Die Koaxialrelais haben die besten Übertragungseigenschaften für Hochfrequenz, ihr Nachteil ist der hohe Preis sowie die manchmal auftretende Ermüdung des Kontaktstreifens, der als Innenleiter dient. Dieser Effekt tritt besonders auf, wenn die Relais wochenlang gezogen bleiben, wie es in Experimenten vorkommen kann.

Abgesehen vom zusätzlich einzuschaltenden Kabel haben Delayboxen eine Grundverzögerung, die durch die Kabelstücke zwischen den Schaltern bei Ausschalten der zusätzlichen Länge und die Kabel von den Buchsen an der Frontplatte gegeben sind. Diese Verzögerung hängt besonders von der Kabelmontage im Einschub ab. Sie ist bei Kipp- oder Schiebeschaltern besonders klein, etwa 2,5 ns, bei Reedrelaisboxen etwa 4 ns, bei Koaxialrelais wegen ihrer großen Abmessungen 8 bis 10 ns.

Es gibt Delayboxen in NIM-Gehäuse, z.B. SEN FE 290, der Verzögerungsbereich ist 2,5 bis 66 ns, einstellbar mit Schiebeschaltern in binären Stufen. Die Abschwächung der Amplitude durch Kabeldämpfung beträgt maximal 17,5 % für Pulse aus dem Fotomultiplier 56 AVP.

SEN baut auch 4 dieser Typen in einem 19"-Rahmen; diese Geräte brauchen keine weitere Stromversorgung.

Borer baut Doppeldelayboxen mit Reedrelais, die Verzögerung beträgt 0 bis 99 ns, einstellbar in Schritten von 1 ns mit Contravesschaltern. Die Abschwächung

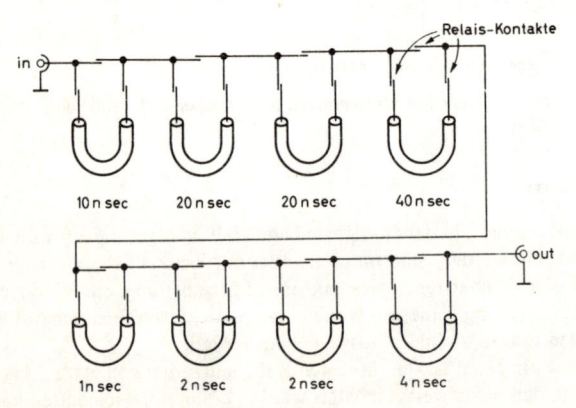

Bild 3.82   Prinzip einer Delay-box mit Reedrelais

3.10 ODER-Schaltungen

beträgt etwa 40 % bei voller Verzögerung. Die Box enthält ein eingebautes Netzteil.
Die grundsätzliche Schaltung einer solchen Reedrelaisbox zeigt Bild 3.82.
Die zusätzlichen Kabel werden entweder eingeschaltet oder mit einem Relaiskontakt überbrückt. Die Einschaltung der Relaisspule erfolgt über einen Zweiebenen-Contravesschalter.

3.10 ODER-Schaltungen

Ns-ODER-Schaltungen werden benutzt, wenn man in wenigen ns feststellen will, ob irgendeiner der angeschlossenen Detektoren überhaupt ein Ereignis registriert hat. Man schaltet die verschiedenen Datenquellen zusammen, odert sie und gibt die Entscheidung an Auswertegeräte. Sind keine Ereignisse gefunden, braucht z.B. der Auslesezyklus gar nicht erst anzulaufen.
Die ODER-Schaltungen, die entweder 4 oder 6 Eingänge haben, nehmen logische NIM-Pegel an und geben die ODER-, meist auch die NOR-Entscheidung an den Ausgang. Die Schaltungen sind komplett DC-gekoppelt, um auch längere Signale einwandfrei logisch zu verknüpfen. Die möglichen Zählraten liegen meist über 150 MHz.

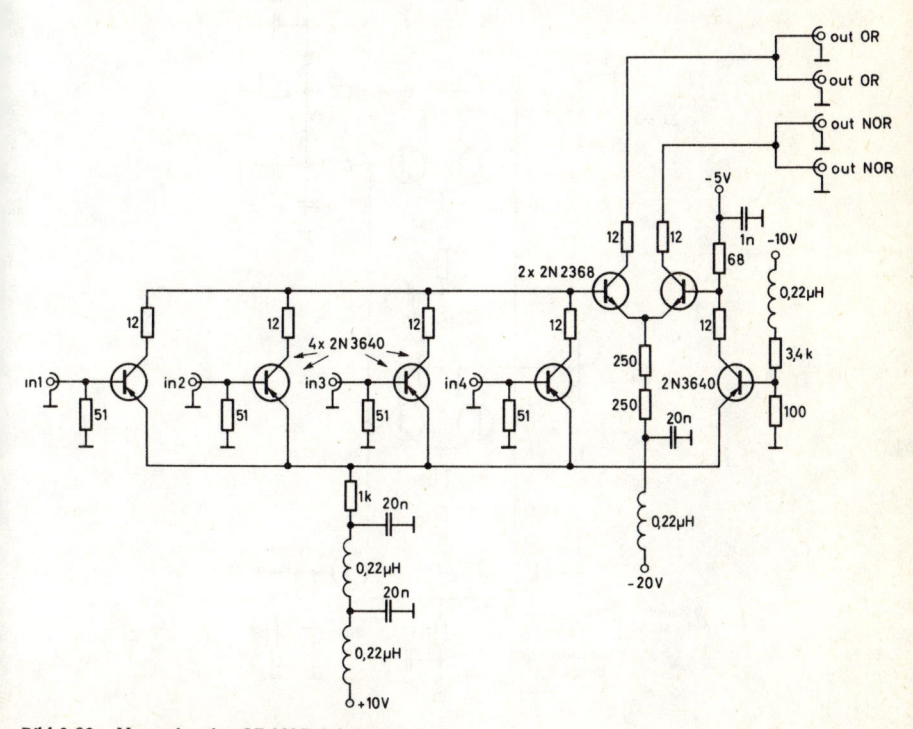

Bild 3.83 Nanosekunden-OR-NOR-Schaltung

Eine typische Schaltung zeigt Bild 3.83, in der ein Vierfach OR/NOR-Gate, Typ OR 102 von EGG dargestellt ist.

3.11 Fanoutschaltungen

Eine Signalverteiler- oder Fanoutschaltung verteilt die Signale, die im Eingang erscheinen, auf mehrere unabhängige Ausgänge. Die Eingangs- wie Ausgangssignale sind logische Pegel nach der NIM-Norm, die Pulsbreite folgt der der Eingangssignale. Bild 3.84 zeigt die Fanoutschaltung, Typ F 104 A von EGG.

Der Eingang ist als Brückeneingang ausgebildet, normalerweise wird der zweite Eingang als Abschlußwiderstand für 50 Ω benutzt, denn der Verstärkereingang ist hochohmig. Der zweite Eingang kann aber auch als Ausgang für das Eingangssignal benutzt werden, um weitere Fanoutschaltungen anzuschließen.

Die Ausgänge treiben je 16 mA an 50 Ω, d.h., sie geben logische NIM-Pegel ab.

Die Doppelausgänge können natürlich auch zum Kabelshapen benutzt werden, wie

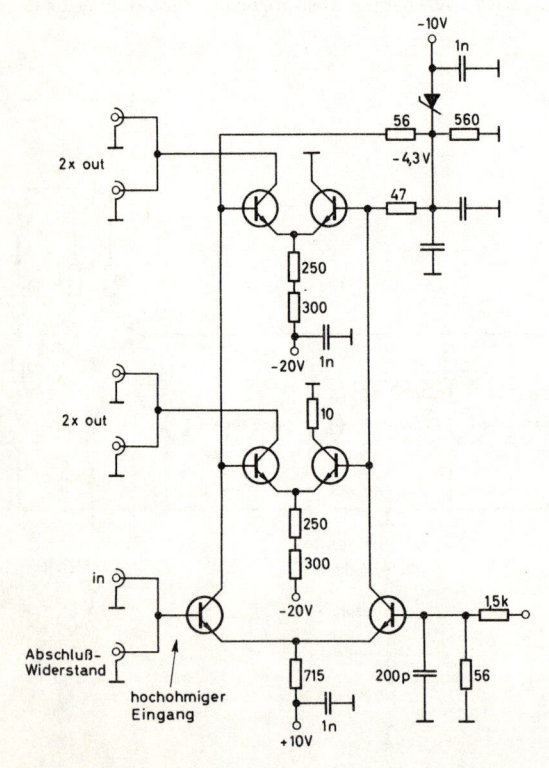

Bild 3.84 Nanosekunden-Fanoutschaltung

3.11 Fanout-Schaltungen

es in Abschnitt 3.1.7 beschrieben wurde. So können an einer Ausgangsbuchse kurzgeschlossene Kabel der elektrischen Länge T_D verwendet werden, und man erhält bipolare Pulse, bei offenem Kabel doppelt so lang wie die Eingangspulse. Die möglichen Pulsraten liegen über 100 MHz, die Anstiegs- und Abfallzeiten bei etwa 2 ns.

4 Energiemeßverfahren

Geladene Teilchen verlieren beim Durchgang durch Materie Energie durch Ionisation; γ-Strahlen durch fotoelektrische, Compton- bzw. Paarproduktionsprozesse. Für niederenergetische (also nichtrelativistische) Teilchen fällt der Energieverlust dE entlang des Weges dx mit $1/v$, wo v die Teilchengeschwindigkeit ist. Stellt man einen materiegefüllten Detektor in den Strahlengang solcher Teilchen, entsteht eine Ionisationsladung, die proportional zum Energieverlust der Teilchen ist. Die Ladungen betragen je nach Detektor 10^{-15} bis 10^{-10} C, es sind Stromstöße von μA bis mA mit Pulszeiten zwischen ns und μs.

Die drei genannten Energieumwandlungsprozesse der γ-Strahlen in Szintillatoren sind Lumineszenzerscheinungen in durchsichtigen Festkörpern, Flüssigkeiten und Gasen. Sie treten aber auch in Halbleiterdetektoren auf, sind jedoch wegen des Fehlens hoher Ordnungszahlen und der geringen Zählerdichte wesentlich seltener. Im ersten Fall ist die erzeugte Lichtmenge, die auf die Fotokatode des Fotomultipliers geht, proportional zum Energieverlust des γ-Quants, im zweiten Fall wieder die an der Sammelelektrode des Halbleiterdetektors gebildete Ladung.

In jedem Fall muß die Ladung, die zur Bestimmung der Energie der ionisierenden Strahlung detektiert wurde, linear verstärkt werden, damit sie von amplitudenbewertenden Geräten, wie Pulshöhendiskriminatoren oder Analog-Digital-Konvertern, untersucht werden kann.

Die Verstärker müssen breitbandig genug sein, um auch die Zeitinformation des Signals wiederzugeben; praktisch benutzt werden Bandbreiten zwischen 3 und 30 MHz, das entspricht Anstiegszeiten des Pulssignals zwischen 10 und 100 ns.

Die Linearitätsanforderungen sind je nach Detektortyp unterschiedlich:
— Szintillationsdetektoren erreichen je nach Energie der Teilchen 3 bis 15 % Energieauflösung,
— Gasdetektoren etwa 0,5 bis 3 %,
— Halbleiterdetektoren etwa 0,1 bis 0,5 %.

Die maximal zulässige Nichtlinearität der Verstärker sollte mindestens eine Größenordnung unter diesen Werten liegen, eine Forderung, die nur durch Gegenkopplung zu erreichen ist.

Es wurde bereits erwähnt, daß nicht die Stromamplitude des Detektors proportional zur Teilchenenergie ist, sondern die gebildete Ladung, d.h. das Zeitintetral des Stromes. Entweder am Detektor oder später in einer geeigneten Stufe des Verstärkers muß eine Integration stattfinden. Ist die Zeitkonstante RC_p am Detektor (R = Arbeitswiderstand, C_p = Summe aus Detektor- und Verstärkereingangskapazität) kurz gegen die Dauer des Strompulses, bleibt dessen Form im wesentlichen auch erhalten, ist sie lang gegen die Stromdauer, wird der Strom integriert, man erhält einen Spannungspuls der Amplitude Q/C_p, wo Q die gebildete Ladung ist. Die Anstiegszeit dieses Signals ist praktisch gleich der Dauer des Strompulses, die

Abklingzeit (auf 1/e) gleich der Zeitkonstanten RC_p. Über die Pulsformung bzw. -integration im Verstärker wird in Abschnitt 4.7 berichtet, die allgemeine Pulsübertragung über passive Glieder und die Wahl der Detektorzeitkonstanten wurden bereits in den Abschnitten 2.2 bis 2.4 behandelt. Der Ausgang der Verstärker gelangt entweder auf Integral- oder Differentialdiskriminatoren oder auf einen Vielkanal-Pulshöhenanalysator, in denen festgestellt wird, wieviel Ereignisse in einem bestimmten Amplituden(Energie)bereich vorhanden sind. Zur weiteren Datenverarbeitung können diese Zählraten über ein Interfacesystem an einen Rechner übermittelt werden.

4.1 Grundlagen linearer Pulsverstärker

4.1.1 Verstärkerdefinitionen

Ein linearer Verstärker ist eine ein- oder mehrstufige Transistoranordnung zur Verstärkung eines Eingangssignals definierter Amplitude und Zeitdauer. In einem solchen Verstärker haben alle Transistoren DC-Arbeitspunkte zur statischen Erzeugung von Kollektor- und Basisströmen bzw. Potentialen. Die Wahl solcher DC-Parameter sowie die DC-Stabilität der Arbeitspunkte wird in den Abschnitten 4.1.2 bis 4.1.4 beschrieben. Die wesentlichen AC-Parameter sind die Verstärkung von AC-Signalen, das Frequenzband, in dem übertragen wird, die Eingangs- und Ausgangsimpedanz und die AC-Stabilität. Sind die einzelnen Stufen kapazitiv gekoppelt, ist die DC-Verstärkung vom Eingang bis zum Ausgang 0, d.h., Änderungen der DC-Potentiale am Eingang oder innerhalb des Verstärkers erscheinen nicht am Ausgang. Ist der Verstärker jedoch komplett DC-gekoppelt, macht sich jede Variation der Potentiale am Eingang entsprechend verstärkt am Ausgang bemerkbar, d.h., die DC-Verstärkung ist gleich der AC-Verstärkung.

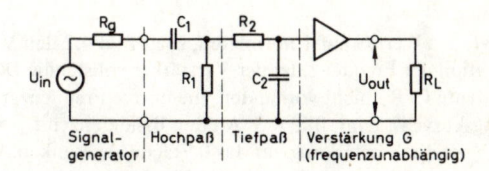

Bild 4.1 Ersatz des Verstärkers durch zwei Zeitkonstanten

Die Bandbreite ist von zwei Zeitkonstanten abhängig, die durch je einen Hoch- und einen Tiefpaß gebildet werden. Der Hochpaß beschreibt die Übertragung der tiefen Frequenzen, die in den Verstärker gelangen, der Tiefpaß die der hohen Frequenzen. Wir können das Ersatzschaltbild eines Verstärkers also durch zwei Zeitkonstanten sowie durch einen frequenzunabhängigen Verstärker realisieren, in dem nur der Verstärkungsfaktor erzeugt wird. Bild 4.1 zeigt dies.

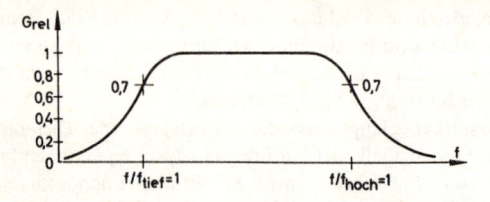

Bild 4.2 Verstärkung als Funktion der Frequenz

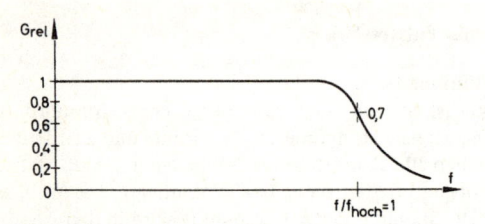

Bild 4.3 Verstärkungskurve bei $f_{tief} = 0$

Die Verstärkung im mittleren Frequenzbereich sei G, dann ist sie am oberen Frequenzband durch

$$G_{hoch} = \frac{G}{\sqrt{1 + (\omega C_2 R_2)^2}} = \frac{G}{\sqrt{1 + (f/f_{hoch})^2}},$$

am unteren Frequenzband durch

$$G_{tief} = \frac{G}{\sqrt{1 + (\omega C_1 R_1)^2}} = \frac{G}{\sqrt{1 + (f/f_{tief})^2}}$$

beschrieben. Wenn wir den Wert G auf 1 normieren, zeigt Bild 4.2 den Verlauf der Verstärkung als Funktion der Frequenz. Ist der Verstärker vollständig DC-gekoppelt, ist die Zeitkonstante $C_1 R_1$ nicht vorhanden, die untere Frequenzgrenze ist 0 Hz, die Verstärkungskurve ist dann Bild 4.3. An den Bandgrenzen $f_{tief} = 1/2\pi R_1 C_1$ und $f_{hoch} = 1/2\pi R_2 C_2$ ist die Verstärkung auf das 0,7fache abgesunken. Während noch vor wenigen Jahren der Stand der Schaltungstechnik RC-gekoppelte Linearverstärker waren, sind heute in zunehmendem Maße gleichstromgekoppelte Verstärker eingesetzt. Da dann die DC- gleich der AC-Verstärkung wird, setzt man heute statt der einfachen Inverterstufen symmetrische Stufen ein, in denen sich Schwankungen der DC-Potentiale kompensieren. Diese Stufen heißen Differenzverstärker.

4.1.2 Transistor-Ersatzschaltung im linearen Betrieb

Das Verhalten von Transistoren bei kleinen Signalen und mittleren Frequenzen kann man durch Einführung von drei Widerständen beschreiben, die den Elektro-

4.1 Grundlagen linearer Pulsverstärker

den Emitter, Basis, Kollektor zugeordnet sind. Die Widerstände haben daher die Bezeichnungen r_e, r_b und r_c.
Der Emitterwiderstand r_e gibt den Einfluß des Emitterstroms auf die Emitter-Basisspannung wieder, d.h.,

$$r_e = \frac{\Delta U_{EB}}{\Delta J_E}.$$

Setzt man für J_E die Gleichung der Diodenkennlinie ein, erhält man als praktische Formel:

$$r_e = \frac{26}{J_E \, [mA]} \quad [\Omega]$$

bei Zimmertemperatur. r_e ist bei 1 mA also 26 Ω, bei 2 mA nur noch 13 Ω, ein Widerstand, den man sich in der Zuleitung zum Emitteranschluß denken muß.
Der Basiswiderstand r_b setzt sich aus zwei Anteilen zusammen, aus dem Kristall-Basisbahnwiderstand r_{bb} und dem Wert $\beta \cdot r_e$, dem in den Basiskreis transformierten Emitterwiderstand. Da der Strom im Basiskreis βmal so klein wie im Emitterkreis ist, ist der transformierte Widerstand βmal so groß. Der Wert von r_{bb} ist bei guten Kleinleistungstransistoren etwa 10 bis 100 Ω, der zweite Anteil richtet sich nach β und dem Emitterstrom J_E. Ist z.B. $\beta = 30$, $J_E = 1$ mA, ist $\beta r_e = 30 \cdot 26 = 780$ Ω. Der Gesamtwiderstand r_b ist dann etwa 800 bis 900 Ω.
Der Kollektorwiderstand r_c ist etwa der Sperrwiderstand der Kollektor-Basis-Diode, er gibt den Einfluß des Sperrstroms J_{CB_0} auf die Kollektor-Basis-Spannung wieder, d.h.,

$$r_c = \frac{\Delta U_{CB}}{\Delta J_{CB_0}}.$$

Er beträgt zwischen einigen 100 kΩ und einigen MΩ.
Diese drei Widerstände können als Ersatzschaltbild des Transistors verwendet werden. Bild 4.4 zeigt dieses für die Emitterschaltung. An den Eingangsklemmen liegt die Spannung U_{BE}, an den Ausgangsklemmen U_{CE}. Über dem Kollektorwiderstand liegt der Stromgenerator βJ_B. Da $\beta = \alpha/(1-\alpha)$ ist, wird der Wert r_c modifiziert:

$$\beta J_B = \frac{U}{R} = \frac{\alpha}{1-\alpha} \frac{r_c}{r_c} J_B = \frac{\alpha r_c J_B}{r_c(1-\alpha)},$$

so daß sich der Kollektorwiderstand zu $r_c(1-\alpha)$ ergibt. Wir können die parallel liegende Stromquelle αJ_B durch eine Serienspannungsquelle $\alpha r_c J_B$ ersetzen. Das

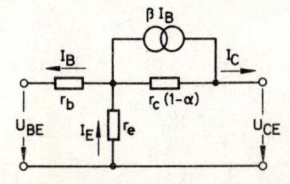

Bild 4.4 r-Parameter-Ersatzbild eines Transistors

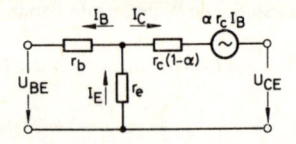

Bild 4.5 wie Bild 4.4, jedoch mit Serienspannungsquelle

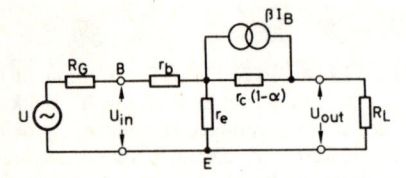

Bild 4.6 r-Parameter mit Generator- und Lastwiderstand

zeigt Bild 4.5. Dieses Ersatzschaltbild, das auch als T-Modell bezeichnet wird, berücksichtigt jedoch nicht den Generator- und den Lastwiderstand. Dies wird in Bild 4.6 nachgeholt. Da die r-Parameter zur Berechnung von Transistorschaltungen viel benutzt werden, sind die wichtigsten Formeln für die Spannungs- und Stromverstärkung sowie für Eingangs- und Ausgangswiderstand unter Berücksichtigung von Generatorwiderstand R_G und Lastwiderstand R_L in Tabelle 4.1 angegeben.

Tabelle 4.1

	Basisschaltung	Emitterschaltung	Kollektorschaltung
Spannungs-verstärkung	$\dfrac{\alpha R_L}{r_e + r_b(1-\alpha)}$	$\dfrac{\beta R_L}{r_b + r_e(1+\beta)}$	1
Strom-verstärkung	$\dfrac{\alpha}{1+\dfrac{R_L}{r_c}}$	$\dfrac{\beta}{1+\dfrac{R_L+r_e}{r_c(1-\alpha)}}$	$\dfrac{\beta+1}{1+\dfrac{R_L}{r_c(1-\alpha)}}$
Eingangs-widerstand	$r_e + r_b(1-\alpha)$	$r_b + r_e(1+\beta)$	$R_L(\beta+1)$
Ausgangs-widerstand	$\dfrac{r_c[r_e+r_b(1-\alpha)+R_G]}{R_G+r_b+r_e}$	$\dfrac{r_c(r_e+\dfrac{R_G}{1+\beta})}{R_G+r_b+r_e}$	$r_e + \dfrac{R_G+r_b}{1+\beta}$

4.1.3 DC-Arbeitspunkt beim einstufigen Verstärker

Der DC-Arbeitspunkt wird durch die Festlegung des statischen Kollektorstroms und der Kollektor-Emitter-Spannung bestimmt. Eine Stabilisierung dieses Arbeitspunktes ist erforderlich, wenn der Transistor in einem weiteren Temperaturbereich arbeiten soll. Wenn der Emitteranschluß offen ist, also $J_E = 0$, fließt trotzdem ein Kollektorreststrom J_{CB_0}, der zwar bei Si im nA-Bereich liegt, der aber mit der Temperatur zunimmt, und zwar verdoppelt er seinen Wert etwa alle 6 bis 8° Temperaturerhöhung. Dieser Effekt stört besonders bei Ge-Transistoren, da dort der Reststrom in den µA-Bereich fällt. Man kann seinen Einfluß verringern, wenn man im Basiskreis keine hochohmigen Widerstände verwendet. Mit zunehmender Temperatur ändert sich auch die Basis-Emitter-Spannung; sie nimmt um 2,5 mV/°C zu. Diese Änderung kann zu beträchtlichen Schwankungen des Kollektorstroms führen.

Die Ströme werden um so stabiler, je genauer der Emitterstrom definiert wird. Dies führt zu der Konstruktion des Differenzverstärkers, auf den wir später genauer eingehen. Die einfache Schaltung nach Bild 4.7 zur Erzeugung eines Arbeitspunktes durch konstanten Basisstrom über den Widerstand R_B ist nicht sehr temperaturstabil, sie ist bestenfalls für digitale Schaltungen geeignet. Besser ist die Schaltung nach Bild 4.8, die mit konstantem Emitterstrom durch den Widerstand R_E arbeitet, aber den Nachteil zweier Spannungsquellen hat.

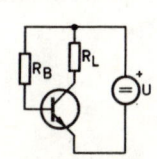

Bild 4.7   DC-Arbeitspunkt eines einfachen Inverters

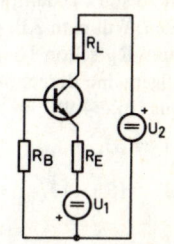

Bild 4.8   DC-Arbeitspunkt eines Inverters mit Emitterwiderstand

Als Stabilität in bezug auf den Strom definiert man einen Stabilisierungsfaktor

$$S_J = \frac{\Delta J_E}{\Delta J_{CB_0}},$$

der den Einfluß des Reststroms auf den Emitterstrom angibt. Im Idealfall ist $S_J = 0$, d.h., es gibt keinen solchen Einfluß. Praktisch gilt jedoch $S_J \approx R_B/R_E$. Je kleiner dieses Verhältnis ist, desto stabiler ist die Schaltung in bezug auf den Emitterstrom.

Der Einfluß des Reststroms auf die Kollektor-Basis-Spannung wird durch $S_u = \Delta U_{CB}/\Delta J_{CB_0}$ beschrieben. Der Ausdruck hat die Dimension eines Widerstands. Im Idealfall ist auch $S_u = 0$, praktisch ergibt sich

$$S_u = -[S_J R_E + R_L (1 + \alpha S_J)] \approx -\left[R_B + R_L \left(1 + \frac{R_B}{R_E}\right)\right]$$

Aus den Forderungen nach möglichst hoher Stabilität folgt, daß R_B sehr klein, R_E sehr groß sein sollte. Es ist im allgemeinen schwierig, dies zu erfüllen, man muß Kompromisse eingehen.

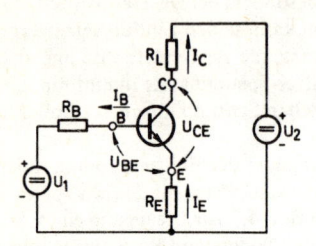

Bild 4.9   Zur Berechnung des Inverters mit 2 Spannungsquellen

Dem Widerstand R_B liegt der Eingangswiderstand des Transistors parallel, der typischerweise im mittleren Frequenzbereich etwa 1 kΩ beträgt. Soll das Eingangssignal nicht zu stark gedämpft werden, darf der Widerstand R_B nicht zu klein gewählt werden. Will man z.B. eine Signalabschwächung am Eingang von nur 10 % zulassen, muß R_B schon 10mal so groß wie der Transistorwiderstand von 1 kΩ sein. Die allgemeine Berechnung der Schaltung mit zwei Spannungsquellen sieht wie folgt aus (Bild 4.9).

$$J_C = \alpha J_E + J_{CB_0},$$

$$J_C = (\beta + 1) J_{CB_0} + \beta J_B,$$

$$\beta = \frac{\alpha}{1 - \alpha},$$

$$J_E = (\beta + 1)(J_B + J_{CB_0}),$$

$$U_1 = \left(\frac{R_B}{\beta + 1} + R_E\right) J_E + U_{BE} - J_{CB_0} R_B,$$

$$U_2 = J_E (R_E + \alpha R_L) + U_{CE}.$$

Beim Temperaturminimum des Betriebs gelten die Werte

$$J_{E_{min}}, \beta_{min}, U_{BE_{max}}, J_{CB_0} = 0,$$

dann folgt

$$U_1 = \left(\frac{R_B}{\beta_{min} + 1} + R_E\right) J_{E_{min}} + U_{BE_{max}}.$$

4.1 Grundlagen linearer Pulsverstärker

Beim Temperaturmaximum sind die Werte

$$J_{E_{max}}, \beta_{max}, U_{BE_{min}}, J_{CB_{0max}}.$$

Dies ergibt eingesetzt,

$$U_1 = \left(\frac{R_B}{\beta_{max} + 1} + R_E \right) J_{E_{max}} + U_{BE_{min}} - J_{CB_{0max}} R_B.$$

Setzt man die beiden U_1-Werte gleich, ergibt sich für den Basiswiderstand R_B:

$$R_B = \frac{R_E (J_{E_{max}} - J_{E_{min}}) + U_{BE_{min}} - U_{BE_{max}}}{\dfrac{J_{E_{min}}}{\beta_{min} + 1} - \dfrac{J_{E_{max}}}{\beta_{max} + 1} + J_{CB_{0max}}}$$

4.1.4 DC-Arbeitspunkt beim Differenzverstärker

Differenzverstärker, deren Prinzip in Bild 4.10 gezeigt ist, umgehen manche der im vorigen Abschnitt ausgesprochenen Schwierigkeiten, weil sie symmetrisch aufgebaut sind. Durch den gemeinsamen Emitterwiderstand wird eine stromkonstante Schaltung erreicht, denn eine Stromänderung in einem Transistor verursacht die entgegengesetzte Änderung im zweiten Transistor. Auf Grund der Symmetrie ist die Ausgangsspannung unabhängig von Änderungen der Transistorparameter und des Reststroms. Im Schaltbild sind zwei Eingangssignalquellen gezeichnet, die Schaltung arbeitet aber auch, wenn nur eine Quelle angeschlossen ist und die andere geerdet ist.

Zur einfachen Berechnung eines Differenzverstärkers ist in Bild 4.11 das Ersatzschaltbild gezeichnet. Da r_c meist sehr viel größer als R_L ist, ist er weggelassen, der r_b-Widerstand ist mit dem Generatorwiderstand R_G zu einem Summenwiderstand R_s zusammengefaßt.

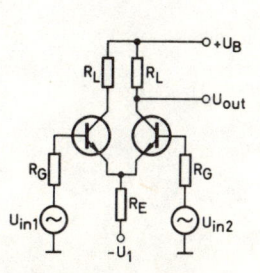

Bild 4.10 DC-Arbeitspunkt eines Differenzverstärkers

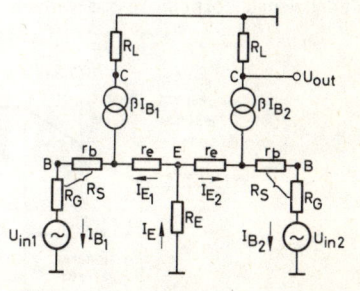

Bild 4.11 Zur Berechnung des Differenzverstärkers

Nach Kirchhoff gilt dann:

$$U_{in_1} = J_{B_1} R_S + J_{E_1} r_e + J_E R_E,$$

$$U_{in_2} = J_{B_2} R_S + J_{E_2} r_e + J_E R_E,$$

$$J_E = J_{E_1} + J_{E_2},$$

$$J_{E_1} = (\beta + 1) J_{B_1},$$

$$J_{E_2} = (\beta + 1) J_{B_2}.$$

Für $R_E \gg r_e$ und $(\beta + 1) R_E \gg R_S$ wird

$$J_{B_1} \approx \frac{U_{in_1} - U_{in_2}}{2R_S},$$

$$J_{B_2} \approx \frac{U_{in_2} - U_{in_1}}{2R_S}.$$

Weil $U_{out} \approx -\beta J_{B_2} R_L$ ist, wird

$$U_{out} \approx \frac{(U_{in_1} - U_{in_2})}{2R_S} \beta R_L.$$

Die Ausgangsspannung ist also proportional zur Differenz der Eingangsspannungen. Wenn die zweite Basis an 0 V liegt, wird die Differenz gegen Erdpotential verstärkt.

Wie schon erwähnt, nimmt beim Differenzverstärker der Strom in einem Transistor zu, wenn der andere abnimmt. Das kann dazu führen, daß die Transistoren aus dem linearen Bereich herauskommen, d.h., daß der eine Transistor den ganzen, der andere gar keinen Strom führt. Der Übergangsbereich hierfür beträgt $U_{in_1} - U_{in_2} = 100$ mV bei Si-Transistoren. Bild 4.12 zeigt die Übergangscharakteristik. Wird die zweite Basis nicht für Eingangssignale benutzt, können auch Gegenkopplungssignale dort eingespeist werden.

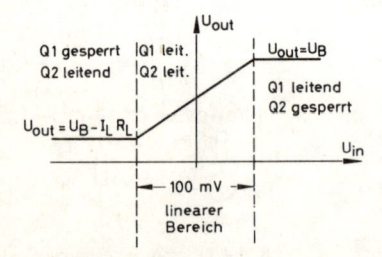

Bild 4.12 Eingangsübertragungscharakteristik eines Differenzverstärkers

4.2 Gegenkopplung

Die vorigen Abschnitte zeigen, daß viele Betriebswerte, wie z.B. die Verstärkung, die Ein- und Ausgangswiderstände von den Transistorparametern abhängig sind. Schwanken diese Transistorwerte, ändern sich auch die abhängigen Parameter. Um dies weitgehend zu verhindern, muß man die Schaltung so verändern, daß die wichtigsten Werte praktisch nur von passiven Bauelementen abhängen, die man leichter kontrollieren kann. Dies gelingt durch Anwendung einer Rückkopplung, d.h. durch Addition eines Teils des Ausgangssignals zu dem Eingangssignal; das Verfahren wird negative Rückkopplung oder Gegenkopplung genannt. Bei anderer Phasenlage, d.h. bei Subtraktion eines Teils des Ausgangssignals vom Eingangssignal, entsteht positive Rückkopplung, die Schaltung schwingt.

4.2.1 Allgemeine Gegenkopplung

Von Bild 4.13, in dem das Gegenkopplungsverfahren dargestellt ist, können wir ablesen, daß die nominelle Verstärkung $G_o = U_{out}/U_{in}$ ist. Der gegengekoppelte Teil der Ausgangsspannung ist BU_{out}. Zusammen mit der Signalspannung U_s ergibt sich für die Eingangsspannung $U_{in} = U_s + BU_{out}$. Damit wird die Spannungsverstärkung des gesamten Netzwerkes:

$$G = \frac{U_{out}}{U_s} = \frac{U_{out}}{U_{in} - BU_{out}} = \frac{G_o}{1 - BG_o}.$$

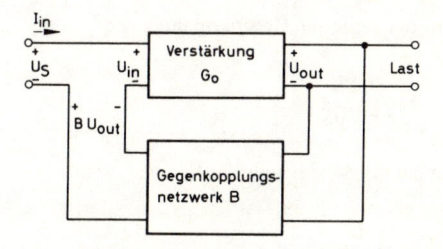

Bild 4.13 Blockbild der Gegenkopplung

Hierbei ist zu beachten, daß wegen der gewünschten Phasenlage der Wert G_o negatives Vorzeichen hat. Setzt man nur die Beträge ein, ist $G = |G_o|/(1 + B|G_o|)$; G_o ist $\gg 1$, im allgemeinen auch $BG_o \gg 1$, so daß

$$G \approx \frac{1}{B}.$$

Die Verstärkung wird also praktisch nur durch das passive Netzwerk B bestimmt. Der Preis, der für diesen Vorteil zu zahlen ist, ist eine Abnahme der Verstärkung. Die Vorteile sind die Stabilisierung der Verstärkung, die Abnahme der nichtlinearen Verzerrungen (Klirrfaktor) und die Erhöhung des Eingangs- sowie die Erniedrigung des Ausgangswiderstandes.

4.2.2 Stabilisierung der Verstärkung

Schwankt innerhalb eines nichtgegengekoppelten Verstärkers die Verstärkung G_o um ΔG_o, erscheint diese Änderung voll am Ausgang. Mit Gegenkopplung, auf das gesamte Netzwerk bezogen, ist

$$\frac{\Delta G}{\Delta G_o} = \frac{1}{1 - BG_o} \cdot \frac{\Delta G_o}{G}.$$

Nehmen wir eine Verstärkung $G_o = -10^4$, einen Gegenkopplungsfaktor $B = 10^{-2}$, dann ist die Verstärkung G im gesamten Netzwerk -10^2. Für eine 10-%-Verstärkungsänderung von G_o ergibt sich für G nur eine Änderung von 0,1 %.

4.2.3 Verminderung der Verzerrungen

Nehmen wir an, die Verzerrungen werden in den Endstufen des Verstärkers erzeugt; wir nennen sie $D = f(U_{out})$. Die Ausgangsspannung mit Verzerrung sei dann:

$$U'_{out} = U_{out} + D = G_o U_{in} + D.$$

Die neue Eingangsspannung ist also:

$$U_{in} = U_s + BU_{out} + BD.$$

Die Ausgangsspannung mit der gesamten Gegenkopplung ist:

$$U_{out} = \frac{G_o U_s}{1 - BG_o} + \frac{G_o BD}{1 - BG_o},$$

so daß die Ausgangsspannung mit Verzerrung:

$$U'_{out} = \frac{G_o U_s}{1 - BG_o} + \frac{D}{1 - BG_o}$$

ist.
Die Verzerrungen reduzieren sich also auch um den Faktor $(1 - BG_o)$.

4.2.4 Änderung des Eingangswiderstandes

Der Eingangswiderstand ist $R'_{in} = U_{in}/J_{in}$ für einen normalen Verstärker.
Mit der Gegenkopplungsschleife ist $R_{in} = (U_{in} - BU_{out})/J_{in}$, weil aber $U_{out} = G_o U_{in}$ ist, wird

$$R_{in} = \frac{U_{in}}{J_{in}} (1 - BG_o) = R'_{in} (1 - BG_o).$$

Der Eingangswiderstand steigt um den Faktor $(1-BG_o)$.

4.2 Gegenkopplung

4.2.5 Änderung des Ausgangswiderstandes

Für einen Verstärker ohne Gegenkopplung ist $R'_{out} = U_{out}/J_{out}$. Mit der Gegenkopplung gilt $U_{in} = BU_{out}$, wenn wir den Signaleingang kurzschließen. Dann ist

$$J_{out} = \frac{U_{out} - BG_o U_{out}}{R'_{out}} \ .$$

Der effektive Ausgangswiderstand ist:

$$R_{out} = \frac{R'_{out}}{1 - BG_o} \ ;$$

er wird um den Faktor $(1 - BG_o)$ kleiner als im nicht gegengekoppelten Fall.

4.2.6 Gegenkopplung vom Kollektor auf die Basis

Wie in Bild 4.14 gezeigt, schalten wir einen Widerstand R_F zwischen Kollektor und Basis, so daß sich der Kollektorstrom aufteilt, der Hauptteil fließt durch den Lastwiderstand R_L, der kleinere Teil über R_F wieder zum Eingang zurück, vorausgesetzt, $R_F \gg R_L$, was aus Leistungsgründen immer der Fall sein sollte. Der Gegenkopplungsfaktor ist dann $B = R_L/R_F$.
Die Spannungsverstärkung wird unter dieser Voraussetzung nur wenig beeinflußt, wohl aber die Stromverstärkung, diese wird entsprechend

$$G_i = \frac{G'_i}{1 - BG'_i} \ ,$$

wo G'_i die Stromverstärkung ohne Gegenkopplung ist.

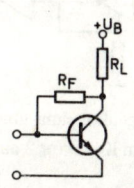

Bild 4.14 Gegenkopplung vom Kollektor auf die Basis

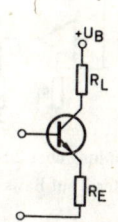

Bild 4.15 Gegenkopplung im Emitterwiderstand

4.2.7 Gegenkopplung im Emitterkreis

Bild 4.15 zeigt eine häufig angewendete Schaltung, in der ein Emitterwiderstand, der nicht kapazitiv überbrückt ist, zur Gegenkopplung benutzt wird. Obgleich diese Schaltung als Stromgegenkopplung bezeichnet wird, beeinflußt sie nicht die Stromverstärkung, wohl aber die Spannungsverstärkung. Der Laststrom fließt durch R_E, der dadurch verursachte AC-Spannungsabfall an ihm wird zum Eingangssignal hinzugefügt. Nehmen wir normalerweise an, daß $R_L \gg R_E$ ist, dann sinkt durch diese Gegenkopplung die Spannungsverstärkung

$$G'_u = \frac{\beta R_L}{r_b + r_e(1+\beta)} \quad \text{auf} \quad G_u = \frac{G'_u}{1 - BG'_u} \;.$$

Der gegengekoppelte Anteil ist $B = R_E/R_L$, also wird

$$G_u = \frac{G'_u}{1 - \frac{R_E}{R_L} G'_u} = \frac{\beta R_L}{r_b + r_e(1+\beta) + \beta R_E} \;.$$

In Serie mit dem Eingangswiderstand liegt der aus dem Emitter in die Basis transformierte Widerstand βR_E.

4.2.8 Gegenkopplung über mehrere Stufen

Soll eine Gegenkopplung über mehrere Stufen geschaltet werden, ist zu beachten, daß auch in den einzelnen Stufen bei RC-Kopplung schon eigene Phasendrehungen auftreten können, die sich in den folgenden Stufen addieren, so daß nicht die gewünschte Phasenbedingung für die Gegenkopplung erreicht wird. Dies führt leicht zur Selbsterregung. Daher werden Gegenkopplungen meist nur über zwei Stufen erstreckt. Die Bilder 4.16 und 4.17 zeigen zwei charakteristische Möglichkeiten: die Gegenkopplung vom Emitterwiderstand der zweiten auf die Basis der ersten Stufe sowie die Kopplung vom Kollektor der zweiten auf den Emitter der ersten Stufe. Das Dreiecksymbol ist das Verstärkerbild. Der Punkt am Ende des Dreiecks bedeutet, daß der Verstärker die Polarität invertiert.

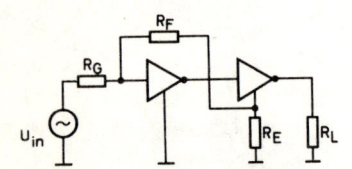

Bild 4.16 Gegenkopplung über 2 Stufen von Emitter 2 auf Basis 1

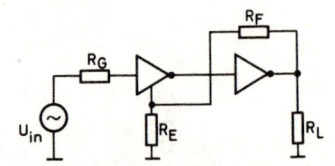

Bild 4.17 Gegenkopplung über 2 Stufen vom Kollektor 2 auf Emitter 1

Im ersten Fall fließt der Ausgangsstrom auch durch den Emitter der zweiten Stufe; zurückgeführt und addiert zum Eingangssignal wird ein Teilstrom, der durch R_F fließt. Im zweiten Fall wird von der Ausgangsspannung ein Teil, nämlich der durch den Spannungsteiler R_F und R_E bestimmte, auf den Emitter der ersten Stufe zurückgeführt, durch den auch die Eingangsspannung einen Strom fließen läßt. Beide Teile addieren sich am Emitterwiderstand.

In beiden Fällen ist, wenn, wie früher besprochen $G_o \gg 1$, aber auch $BG_o \gg 1$ ist, die Verstärkung nur durch die passiven Bauelemente, die Widerstände R_F und R_E gegeben. Die Verstärkung ist dann praktisch $G = 1/B$, wo $B = R_E/(R_F + R_E)$ ist. Falls $R_E \ll R_F$, wird $G \approx R_F/R_E$.

4.2 Gegenkopplung

Bild 4.18 Allgemeine Gegenkopplung vom Ausgang auf den Eingang zurück

Die Spannungsverstärkung mehrerer Stufen ohne Gegenkopplung ist das Produkt der Einzelstufenverstärkungen, d.h., $G_o = G_{u_1} \cdot G_{u_2} \cdot \ldots \cdot G_{u_n}$ für n Stufen.
Bei Gegenkopplungen vom Ausgang auf den Eingang kann man ein ganz allgemeines Schaltbild zeichnen (Bild 4.18).

4.2.9 Gleichstromgegenkopplung

Man kann zusätzlich zur besprochenen AC-Gegenkopplung auch eine DC-Gegenkopplung einführen, durch die die DC-Verstärkung bestimmt wird. Sie soll nur bei Gleichspannung oder sehr tiefen Frequenzen wirksam sein, jedoch nicht für die Signalfrequenz. Bild 4.19 zeigt das Prinzip.

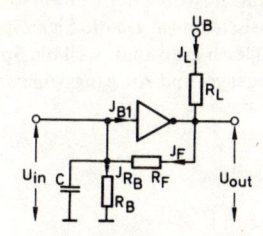

Bild 4.19 Gleichstromgegenkopplung

Der Verstärker soll ein Inverter sein, dann ist die Rückführung über R_F und R_B eine Gegenkopplung. Der Kondensator C soll so groß sein, daß er für die Signalfrequenz Kurzschluß bietet, d.h., diese Frequenz soll nicht gegengekoppelt werden.
Wenn R_L der Lastwiderstand des Inverters ist, ist die DC-Ausgangsspannung:

$$U_{out} = U_B - J_L R_L.$$

Der Gegenkopplungsstrom J_F ist dann:

$$J_F = \frac{U_{out} - U_{BE_1}}{R_F} = J_B + J_{R_B}.$$

Hierin ist U_{BE_1} die Basis-Emitterspannung des Eingangstransistors, J_B sein Basisstrom. Der Strom J_{R_B} ist:

$$J_{R_B} = \frac{U_{BE_1}}{R_B}.$$

Damit wird der Gegenkopplungswiderstand R_F:

$$R_F = \frac{U_B - J_L R_L - U_{BE_1}}{J_B + \dfrac{U_{BE_1}}{R_B}} .$$

U_B, J_L, R_L und U_{BE_1} sind aus der Schaltung bekannt, dann ist R_F nur eine Funktion von J_B und R_B. J_B hängt vom ersten Transistor ab, R_B bestimmt den Spannungsteilerfaktor und wird zusammen mit R_F gewählt. Man darf R_F nicht zu klein wählen, sonst wird auch R_B sehr klein und die gesamte Gegenkopplung, die parallel zur Last liegt, stellt eine zu große zusätzliche Belastung für den Ausgang dar.

4.3 Emitterfolger

Der Emitterfolger ist eine Kollektorschaltung mit dem Lastwiderstand im Emitterzweig. Der Kollektor ist für die Signalfrequenz geerdet, der Emitter gleichstrommäßig über einen Widerstand an eine Spannungsquelle angeschlossen. Bild 4.20 zeigt die Schaltung. Der Signalstrom fließt in die Basis hinein, der Emitter folgt dem Signal innerhalb der Aussteuergrenzen linear, wobei der Emitterstrom etwa um die Stromverstärkung β größer als der Basisstrom ist. Da die Signalspannungen an der Basis und am Emitterwiderstand fast gleich groß sind, weil die Spannungsverstärkung praktisch gleich 1 ist, stehen Eingangs- und Ausgangswiderstand auch etwa im Verhältnis β zueinander.

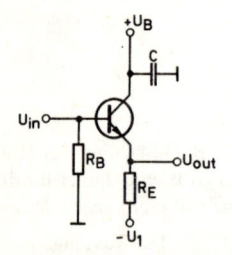

Bild 4.20 Schaltung des Emitterfolgers

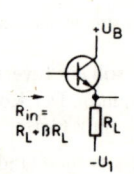

Bild 4.21 Zur Transformation des Lastwiderstands in den Basiskreis

Der Eingangswiderstand ergibt sich nach Abschnitt 4.1.2 zu $R_{in} = R_L (\beta + 1)$, d.h., der Lastwiderstand wird mit dem Faktor $\beta + 1$ in die Basis transformiert (Bild 4.21). Der Ausgangswiderstand ist nach Abschnitt 4.1.2:

$$R_{out} = r_e + \frac{R_G + r_b}{\beta + 1} .$$

Diesem liegt die Last R_L parallel (Bild 4.22).
Der gesamte Ausgangsstrom durchfließt den Emitterwiderstand, so daß man von

4.3 Emitterfolger

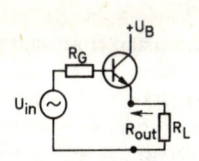

Bild 4.22 Zur Berechnung des Emitterfolger-Ausgangswiderstands

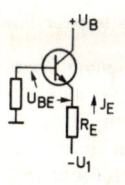

Bild 4.23 Stabilisierung des Emitterstroms im Emitterfolger

einer 100%igen Spannungsgegenkopplung reden kann; daher ist ja auch die Spannungsverstärkung praktisch gleich 1. Durch diese Gegenkopplung ist die Schaltung des Emitterfolgers sehr stabil. Dies kann durch folgende Überlegung demonstriert werden (Bild 4.23). Nach Kirchhoff ist

$$U_1 = J_E R_E + U_{BE} + R_B \frac{J_E}{\beta + 1} \; ;$$

daraus folgt

$$J_E = \frac{U_1 - U_{BE}}{R_E + \frac{R_B}{1 + \beta}}.$$

Nehmen wir z.B. $U_1 = 12$ V, $U_{BE} = 0{,}7$ V, $R_E = 5{,}6$ k, $R_B = 100$ k, dann folgt für J_E bei verschiedenen Stromverstärkungen:

$$J_E = 1{,}40 \text{ mA für } \beta = 40,$$

$$= 1{,}61 \text{ mA für } \beta = 70,$$

$$= 1{,}77 \text{ mA für } \beta = 120.$$

Obwohl β um einen Faktor 3 geändert wird, ändert sich der Emitterstrom nur um 26 %.

Lassen wir z.B. 5 mA durch den Transistor fließen bei einem $\beta = 70$, einem Generatorwiderstand von 1000 Ω und einem r_b-Wert von 200 Ω, so ist der Ausgangswiderstand $R_{out} = 5 + (1200/71) = 22$ Ω. Sei der Lastwiderstand $R_L = 1$k, wird der Eingangswiderstand $R_{in} = 71$ kΩ. Diese Werte gelten, solange der Emitterfolger im linearen Bereich bleibt. Nehmen wir an, die Last sei ein Widerstand mit einer Kapazität C parallel, dann kann, wenn der Emitterfolger mit abnehmendem Strom gesteuert wird, der Emitter nicht unmittelbar der Basisspannung folgen, da der Kondensator seine Ladung nicht sprunghaft ändert. Das kann dazu führen, daß der Emitterfolger gesperrt wird. Dann ist aber der Ausgangswiderstand gleich dem Lastwiderstand, d.h. wesentlich höher. Dies macht sich in der Schaltzeit stark bemerkbar; solange der Emitterfolger im Strom ist, ist die Zeitkonstante im Emitterkreis $T_E = R_{out} \cdot C$, ist er gesperrt, ist sie $T'_E = R_L C$, die Abfallzeit des Signals wird also entsprechend größer.

4.4 Operationsverstärker

Zwischen einem Operationsverstärker, auch Rechenverstärker genannt, und einem normalen Verstärker besteht kein prinzipieller Unterschied, denn beide verstärken Spannungen, Ströme und Leistungen. Normale Verstärker sind jedoch meistens Bestandteil einer größeren Anlage, Operationsverstärker ein kompaktes Bauelement, das für sehr viele verschiedene Operationen verwendet werden kann. In integrierter Bautechnik gibt es heute bereits viele spezielle und universelle Operationsverstärker. Auch für lineare Pulsverstärker und lineare Gates (vgl. Abschnitt 4.8) eignen sich Operationsverstärker, sofern sie bestimmte Anforderungen in bezug auf Bandbreite und Ausgangswerte erfüllen.

4.4.1 Allgemeine Anforderungen an Operationsverstärker

Im Abschnitt 4.2 wurde gezeigt, wie durch Gegenkopplung die Stabilität und Linearität im gleichen Maße verbessert werden können, wie die Verstärkung herabgesetzt wird. Daraus folgt als erste Forderung, daß der Verstärker eine möglichst hohe Leerlaufverstärkung, d.h. Verstärkung ohne Gegenkopplung, haben soll. Die zweite Forderung gibt an, wie stark der Verstärker gegengekoppelt werden sollte, so daß die Verstärkung vielleicht sogar kleiner als 1 gemacht werden kann. Die dritte Forderung beschreibt das zu übertragende Frequenzband, wobei Gleichstromkopplung unerläßlich ist.

4.4.2 Symbole

Der Rechenverstärker wird als Dreiecksymbol gezeichnet, wobei auf der linken Seite (vgl. Bild 4.24) die beiden Eingänge des Differenzverstärkers gezeichnet sind, sie werden mit Minus- bzw. Pluszeichen versehen. Der Minuseingang invertiert auf den Ausgang, der Pluseingang beläßt die Polarität. Die Spitze des Dreiecks ist gleichbedeutend mit dem Ausgang. Es ist auch möglich, daß zwei Ausgänge vorhanden sind, dann haben beide unterschiedliche Polarität.

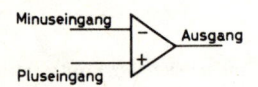

Bild 4.24 Schaltsymbol des Operationsverstärkers

In den meisten Fällen wird die Ausgangsspannung gegen Masse gemessen, während die wirksame Eingangsspannung zwischen den beiden Eingangsklemmen auftritt. Der Verstärker wandelt dann ein Differenzsignal in ein Eintaktsignal um. Verschiedentlich wird aber auch das Eingangssignal gegen Erde eingespeist.

4.4.3 Eingangswiderstand, Offset, Drift

Der Eingangswiderstand von nichtgegengekoppelten Operationsverstärkern entspricht dem normaler Transistorstufen, erst durch die Gegenkopplung wird der Widerstand entsprechend höher. Die Eingangskapazitäten liegen je nach Eingangstransistortyp zwischen 3 und 50 pF. Dadurch wird die obere Grenzfrequenz mitbestimmt. Da auch beim integriert hergestellten Verstärker die Eingangstransistoren nicht völlig identisch werden, bestehen Symmetrieunterschiede schon inner-

4.4 Operationsverstärker

halb der ersten Stufe, z.B. zwischen den Basis-Emitter-Spannungen der beiden Transistoren. Als Input-Offset-Spannungen oder auch -ströme bezeichnet man diejenigen Spannungen oder Ströme, die zwischen den Eingangsklemmen zusätzlich anliegen bzw. eingespeist werden müssen, damit ohne Eingangssignal die Ausgangsspannung 0 V beträgt. Hierdurch wird die Schaltungssymmetrie beschrieben, je kleiner die Offsetwerte, desto günstiger die Symmetrie. Erreicht werden typische Werte von 1 mV bzw. 1 nA.

Da die Basis-Emitter-Spannungen aber auch temperaturabhängig sind, sind die Offsetwerte ebenfalls thermisch instabil, sie driften. Die Drift der Offsetwerte wird pro Grad Celsius angegeben, man erreicht weniger als $0{,}1\ \mu V/^\circ C$ bzw. einige $pA/^\circ C$.

4.4.4 Ausgangswiderstand, Aussteuerbarkeit

Der Ausgangswiderstand eines nichtgegengekoppelten Operationsverstärkers ist von der Schaltungsart abhängig. Werden Emitterverstärker im Ausgang verwendet, liegt er sehr niedrig, etwa zwischen 10 und 100 Ω. Werden normale Inverterstufen im Ausgang eingesetzt, liegt er wesentlich höher, etwa zwischen 10 kΩ und 100 kΩ. Durch die Gegenkopplung sinkt der Ausgangswiderstand entsprechend der Verstärkungsabnahme. Die an der Ausgangsklemme entstehende Ausgangsspannung ist abhängig von der Verstärkung. Die maximale Ausgangsspannung von typischerweise ± 10 V ist jedoch nicht bis zur vollen Frequenz erreichbar, sondern manchmal nur bis etwa 10 kHz. Zu höheren Frequenzen ist nur mit reduzierten Ausgangsspannungen zu rechnen, da für die hohen Frequenzen die Signalströme im Ausgang eines integrierten Verstärkers aus Leistungs- und Wärmegründen meist nicht ausreichen. Will man 20-V-Signale in etwa 100 ns durch einen typischen Strom von 10 mA auf eine Ausgangslast geben, darf der kapazitive Anteil der Last höchstens 50 pF sein.

4.4.5 Frequenz- und Phasenverlauf

Da Operationsverstärker wegen der stabilisierenden Wirkung und der günstigen Beeinflussung von Eingangs- und Ausgangswiderstand praktisch nur gegengekoppelt betrieben werden, muß der Phasenverlauf bestimmte Eigenschaften im ganzen interessierenden Frequenzbereich haben. Aus der Vierpoltheorie folgt, daß der Frequenz- und der Phasengang miteinander verknüpft sind. Es genügt also, den Frequenzgang festzulegen, der Phasenverlauf folgt dann entsprechend. Im Bild 4.25 sind Frequenz- und Phasenverlauf eines Rechenverstärkers aufgezeichnet. Die Verstärkung und Phase als Funktion der Frequenz sind im logarithmischen Maßstab aufge-

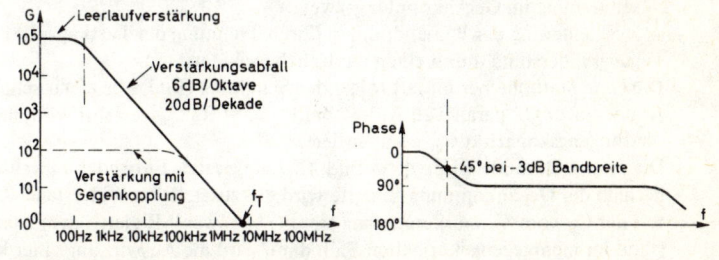

Bild 4.25 Frequenz- und Phasenverlauf des Operationsverstärkers

tragen. Die volle DC-Verstärkung, in unserem Beispiel $G = 10^5$, ist nur bis zu relativ niedriger Frequenz, in unserem Beispiel bei etwa 100 Hz, konstant. Zu höheren Frequenzen sinkt sie mit 6 dB pro Oktave gleichmäßig ab. Bei der Grenzfrequenz, auch Transitfrequenz f_T genannt, wird die Verstärkung 1fach. Dieser Wert wird auch als Verstärkungs-Bandbreiten-Produkt (Gain-Bandwidth-Product) bezeichnet. Das Produkt ist konstant, d.h., bei $1/2\ f_T$ ist die Verstärkung 2fach usw. Im unteren Teil des Bildes ist der Phasenverlauf wiedergegeben. Durch den Amplitudenabfall von 6 dB pro Oktave ergibt sich, daß im Bereich dieser abfallenden Flanke die Phase konstant um 90° gedreht wird. Erst bei einer Frequenz, bei der die Verstärkung weit unter den Wert 1 gefallen ist, dreht sich die Phase über 90° hinaus. Ein gegengekoppelter Verstärker neigt aber nur dann zum Schwingen, wenn die Phasendifferenz zwischen Eingangs- und gegengekoppeltem Signal bei einer bestimmten Frequenz 180° erreicht und bei dieser Frequenz die Verstärkung noch größer als 1 ist. Das Bild zeigt also, daß theoretisch bei einem Rechenverstärker niemals eine Schwingneigung vorhanden ist. Praktisch ist es jedoch so, daß auch die Elemente des Gegenkopplungsnetzwerks, z.B. durch ihre Eigenkapazität, die Phase drehen können; es sollte gesichert werden, daß bei allen möglichen Frequenzen diese Drehung geringer als 90° bleibt.

4.4.6 Kompensation der Phasendrehungen

Das im vorigen Abschnitt gezeigte Diagramm idealisierte den Frequenzgang des Operationsverstärkers. In der Praxis treten zusätzliche Phasendrehungen aus folgenden Gründen auf:
— durch die Ansammlung kleiner Phasenfehler beim Schaltungsaufbau. Die kritischen Frequenzen durch R und C liegen zwar außerhalb der Verstärkerbandbreite, durch die Summation aller Einzeleffekte können sie innerhalb des Arbeitsbereichs wirksam werden, d.h., die Phasendrehung des Verstärkers nimmt mit höheren Frequenzen spürbar zu.
— Der Verstärkerausgangswiderstand muß bei kapazitiver Belastung berücksichtigt werden.
— Die Eingangskapazität des Verstärkers ist selten vernachlässigbar.

Die Stabilität gegen Schwingungen ist gewährleistet, wenn die Summe aller Phasendrehungen unter 180° bleibt. Die Phasendrehung, die durch die oben erwähnten Punkte zusätzlich entstehen, können durch folgende Maßnahmen reduziert werden:
— Kompensation der Eingangskapazität durch Einführung einer kapazitiven Phasendrehung im Gegenkopplungszweig,
— Verkleinerung der Phasendrehung durch Trennung der Lastkapazität vom Ausgangswiderstand durch einen zusätzlichen Widerstand.

Die erste Methode beruht auf folgender Schaltung (Bild 4.26): Wir schalten den Kondensator C_F parallel zu R_F, wobei $R_F C_F = R_K C_{in}$ gewählt wird, dann wird die Eingangskapazität C_{in} kompensiert.

Die zweite Methode wird wie in Bild 4.27 eingesetzt. Entweder außerhalb oder innerhalb der Gegenkopplungsschleife wird ein zusätzlicher Widerstand R eingeschaltet, der C_L vom Verstärkerausgang trennt. Man wählt R gleich dem Ausgangswiderstand im nichtgegengekoppelten Fall, dann wird die Auswirkung einer kapazitiven Last nur zur Hälfte übertragen.

4.4 Operationsverstärker

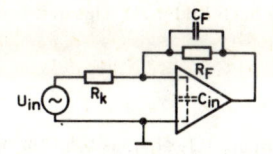

Bild 4.26 Kompensation der Eingangskapazität im Gegenkopplungszweig

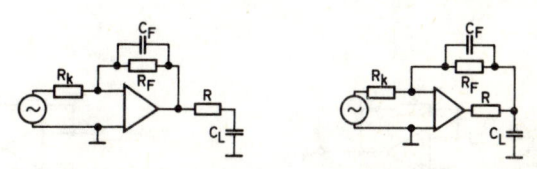

Bild 4.27 Verkleinerung der Phasendrehung durch Isolierung der Lastkapazität

Eine bewährte Stabilisierungsmethode wird als „brut force" bezeichnet. Nach Bild 4.28 wird zwischen dem negativen und dem positiven Eingang eine Serienschaltung aus R_S und C_S eingesetzt, um die Gegenkopplung frequenzabhängig zu machen und damit die Verstärkung bei einer speziellen Frequenz zu vermindern. Der Widerstand R_S wird so gewählt, daß die Verstärkung genügend stark reduziert wird, um den Verstärker stabil zu halten; die Kapazität C_S soll gerade so groß sein, daß der Betrag des Blindwiderstandes X_c bei der Selbsterregungsfrequenz klein gegen R_S ist, d.h., $X_c = 1/\omega C \ll R_S$ für Schwingungsfrequenz.

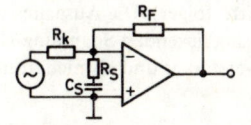

Bild 4.28 Frequenzabhängige Gegenkopplung durch RC-Glied am Eingang

4.4.7 Pulsanstiegszeit
Bei Operationsverstärkern wird nicht die Anstiegszeit T_R von 10 bis 90 % des Ausgangssignals, sondern die Änderung der Spannung mit der Zeit angegeben. Dieses wird als Pulsanstiegszeit bezeichnet und in V/µs angegeben. Typische Werte der auf dem Markt befindlichen Operationsverstärker sind zwischen 0,1 V/µs und etwa 100 V/µs.

4.4.8 Einige einfache Anwendungen der Operationsverstärker
Da in allen Anwendungen der Operationsverstärker gegengekoppelt ist, ist der Eingangswiderstand sehr groß. Es wird dann typischerweise angenommen, daß der Eingangsstrom gegen den Gegenkopplungsstrom vernachlässigbar ist, d.h. J_- und J_+ ≈ 0, dazu muß die Leerlaufverstärkung hoch sein, im Idealfall unendlich hoch.

4.4.8.1 Inverteranwendung. Die Schaltung nach Bild 4.29 zeigt den Inverter. Hier gilt:

$$J_{in} = \frac{U_{in}}{R_K} \quad \text{und} \quad J_F = -\frac{U_{out}}{R_F}.$$

Da kein Strom in den Verstärker fließt, wird $J_{in} = J_F$; daraus folgt für die Verstärkung:

$$\frac{U_{out}}{U_{in}} = -\frac{R_F}{R_K}.$$

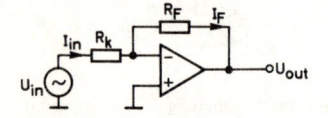

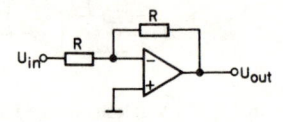

Bild 4.29 Inverter mit Operationsverstärker   Bild 4.30 Verstärkung-1-Inverter

4.4.8.2 Der Verstärkung-1-Inverter. Macht man in der bisherigen Schaltung $R_F = R_K = R$, ergibt sich das Schaltbild 4.30. Die Ausgangsspannung ist dann $U_{out} = -U_{in}$. Nicht alle auf dem Markt befindlichen Operationsverstärker können so stark gegengekoppelt werden, manche gehen nur bis $U_{out}/U_{in} = -5$ herunter, die Grenze ist nicht immer in den Datenblättern angegeben.

4.4.8.3 Der Spannungsfolger. Der Spannungsfolger nach Bild 4.31 hat auch die Verstärkung 1, da die gesamte Ausgangsspannung auf den invertierenden Eingang zurückgekoppelt wird (ähnlich wie beim Emitterfolger). Die Ausgangsspannung folgt direkt der am nicht invertierenden Eingang liegenden Spannung U_{in}, also ist $U_{out} = U_{in}$. Er eignet sich ideal als Isolationsverstärker und als niederohmige Treiberstufe.

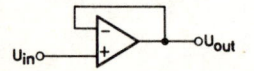

Bild 4.31 Spannungsfolger

4.5 Ladungsempfindliche Verstärker

Betrachten wir noch einmal die Gegenkopplungsschaltung für den Fall, daß sich auf der Eingangskapazität C_{in} des Verstärkers, den wir uns unmittelbar am Ausgang des Detektors angeschlossen denken, die detektierte Ladung Q sammelt. Diese Ladung erzeugt, wie Bild 4.32 darstellt, die Spannung $Q_{in}/C_{in} = U_S$. Nachdem sie im Verstärker mit dem Wert G_o multipliziert wurde, gelangt der Teil $B = R_K/(R_K + R_F) \approx R_K/R_F$ wieder zurück an den Eingang.

4.5 Ladungsempfindlicher Verstärker

Die effektive Verstärkung ist aber nicht G_o, sondern durch die Gegenkopplung bestimmt:

$$G = \frac{U_{out}}{U_S} = \frac{1}{B} \text{ für } BG_o \gg 1,$$

es folgt für die Ausgangsspannung:

$$U_{out} = U_S \frac{R_F}{R_K} = \frac{Q_{in}}{C_{in}} \frac{R_F}{R_K}.$$

Das Ausgangssignal ist proportional zur Eingangsspannung, der Verstärker wird spannungsempfindlich genannt. Der spannungsempfindliche Verstärker wird dort benutzt, wo die Kapazität des Detektors praktisch konstant ist, die Spannungsamplituden jedoch sehr unterschiedlich sind, z.B. bei Szintillationszählern, Proportionalzählrohren und Ionisationskammern.

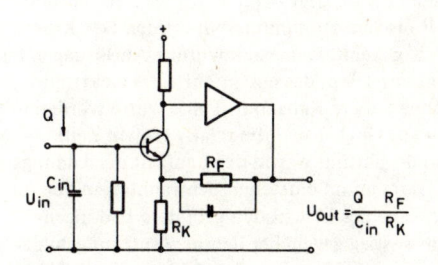

Bild 4.32 Gegengekoppelter Verstärker, spannungsempfindlich

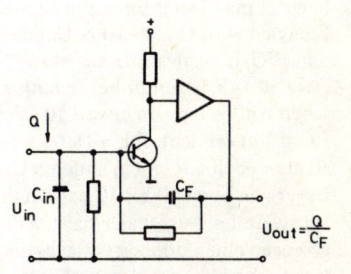

Bild 4.33 Gegengekoppelter Verstärker, ladungsempfindlich

Bild 4.33 zeigt eine andere Konfiguration der Gegenkopplung. Hier teilt sich die Eingangsladung in zwei Teile: $Q = Q_{in} + Q_F$. Q_{in} bleibt auf der Eingangskapazität, Q_F geht auf den Gegenkopplungskondensator C_F. Die Spannung über C_F ist $U_{CF} = U_{in} - U_{out} = U_{in}(1+G)$, also ist die Ladung auf C_F: $Q_F = C_F U_{CF} = C_F U_{in}(1+G)$. Da $Q_{in} = C_{in} U_{in}$ ist, folgt

$$\frac{Q_F}{Q_{in}} = \frac{C_F}{C_{in}} (1+G);$$

sind C_F und C_{in} vergleichbar und ist $G \gg 1$, dann ergibt sich:

$$Q_F \gg Q_{in},$$

nahezu alle Ladung ist auf C_F. Die Ausgangsspannung U_{out} ist dann praktisch gleich U_{CF}, d.h.,

$$U_{out} \approx \frac{Q_F}{C_F} \approx \frac{Q}{C_F}.$$

Einen Verstärker dieses Typs nennt man ladungsempfindlich. Er wird vorwiegend dort eingesetzt, wo große Kapazitätsunterschiede der Detektoren zu erwarten sind, d.h. bei Halbleiterdetektoren.

4.5.1 Eingangsprobleme ladungsempfindlicher Verstärker

Die hohe Energieauflösung der Halbleiterdetektoren erfordert eine besonders rauscharme Eingangsstufe des Verstärkers. In den meisten modernen Vorverstärkern enthält die erste Stufe einen Feldeffekttransistor (FET), dessen äquivalenter Rauschwiderstand sich zu etwa $R_{eq} \approx 0,7/S$ ergibt, wo S die Steilheit ist. Trägt man das Rauschen des Detektors und der Eingangsstufe des Verstärkers gegen die Zeitkonstante eines Differenzier-Integriergliedes auf ($RC_{Diff.} = RC_{Int.}$), erhält man Kurven wie in Bild 4.34. Das FET-Rauschen fällt mit steigender Zeitkonstante, das Detektorrauschen (Sperrstrom) steigt. Im Minimum dieser Kurven liegt die günstigste zu wählende Zeitkonstante für die Differentiation bzw. Integration (vgl. Abschnitt 4.7). Als Parameter ist die Summe aus der Detektor- und Verstärkereingangskapazität eingetragen. Zur Messung sehr niederenergetischer Röntgenstrahlung benutzt man Detektoren mit sehr kleiner Kapazität ($C_{Det} \approx 1,5$ bis 2 p), für höhere Energien wird $C_{Det} \approx 10$ p. Um das Rauschen zu minimieren, werden Detektor und FET-Eingangsstufe auf etwa 77°K gekühlt. Gemessen wurden Auflösungen bis etwa 400 eV herunter bei Detektoren mit 1,8 p, das entspricht einer elektronischen Auflösung von etwa 150 eV ohne äußere Kapazität. Beide Werte wurden mit RC = 2 μs erreicht. Für γ-Detektoren aus Ge(Li) sind die relativ großen Zeitkonstanten noch aus einem anderen Grunde günstig. Wegen der Laufzeit der Ladungsträger von etwa 10 bis 12 ns/mm in Germanium entstehen Schwankungen der Anstiegszeit des Ausgangssignals; in der Nähe der Elektroden gebildete Ladungen erzeugen einen doppelt so langsamen Anstieg gegenüber den im Zentrum gebildeten. Schwankungen der Anstiegszeit von z.B. 50 ns in einem 10 mm dicken Detektor verursachen an einem RC von 1 μs nur eine Amplitudenschwankung von etwa 0,03 %.

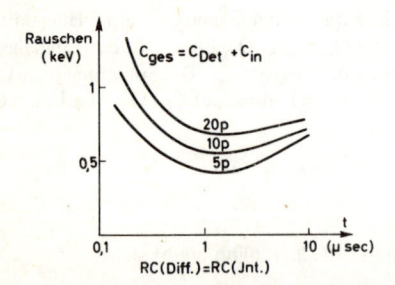

Bild 4.34 Detektorrauschen als Funktion der Zeitkonstanten

4.5.2 Schaltungsbeispiel eines ladungsempfindlichen Verstärkers

Selbstverständlich gibt es viele Beispiele einer hochauflösenden ladungsempfindlichen Eingangsschaltung, die in der Spezialliteratur ausführlich diskutiert werden. An dieser Stelle sollte nur eine typische Schaltung beschrieben werden, die Bild

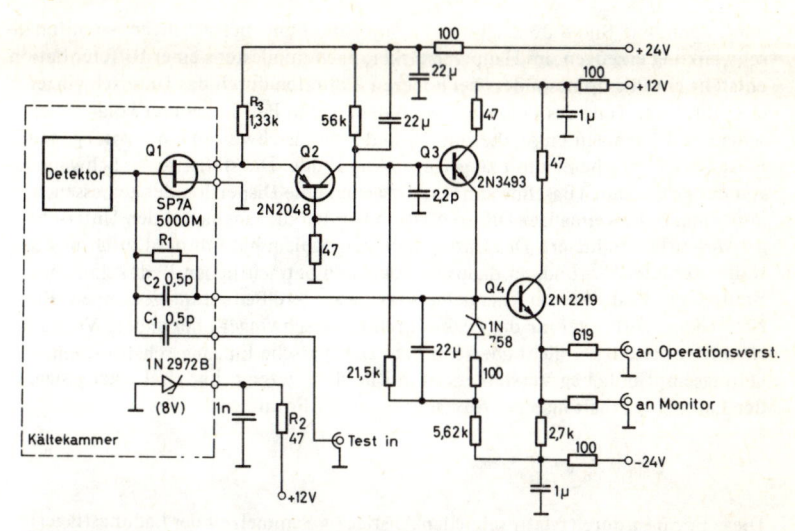

Bild 4.35 Beispiel eines ladungsempfindlichen Verstärkers

4.35 zeigt. Die Schaltung ist für Si-Detektoren mit kleiner bis mittlerer Kapazität gedacht. Der Eingangs-FET treibt den Transistor Q2, der in Basisschaltung arbeitet. Der Kollektor von Q2 liefert das verstärkte Signal an die beiden Emitterfolger Q3 und Q4, der Ausgang von Q4 steuert einen Operationsverstärker (vgl. Abschnitt 4.4) an.

Vom Emitter von Q3 kontrolliert die Gegenkopplung wieder das Eingangsgate des FET über den Kondensator C_2, dessen Ladung über R_1 abfließt. Die Zeitkonstante 5000 M · 0,5 p = 2,5 ms ist für kleine Zählraten bemessen, für höhere Raten wird sie auf etwa 200 M · 1 p = 200 μs geändert. Der FET ist mit seinen zugehörigen Komponenten und dem Detektor in die Kältekammer mit flüssigem Stickstoff eingebaut. Um für ihn die richtige Arbeitstemperatur zu erzielen, wird er mit einer Leistungszenerdiode zusammen montiert, der Strom durch die Diode stellt die FET-Temperatur ein, er wird mit R_2 festgelegt. Der Widerstand R_3 optimiert den FET-Strom.

Die Auflösung, die mit diesem Verstärker erreicht wird, ist die unter 4.5.1 angegebene.

4.6 Pile-up-Effekt

Bei zeitlich statistisch eintreffenden Pulsen ist der Pile-up-Effekt, d.h. das zeitliche Überlappen von Pulsen, nicht zu vermeiden. Er ist eine der Ursachen für die Verbreiterung der Linien im Spektrum. Der Mechanismus, durch den die Verbreiterung geschieht, ist im Vor- und Hauptverstärker etwas verschieden. Zu der Ausgangsstufe des Vorverstärkers, wo im allgemeinen keine Pulsformung vorgenommen wird, kann, wie Bild 4.36 zeigt, der Pile-up-Effekt eine beträchtliche Amplitudenschwankung erzeugen; im Hauptverstärker, nach mindestens einer Differentiation, entsteht ein Pile-up besonders bei höheren Zählraten durch das Unterschwingen, d.h. durch die Teile des Pulses, die nach dem ersten Puls in anderer Polarität erscheinen. Diejenigen Pulse, die zeitlich in das Unterschwingen eines vorangehenden Pulses fallen, erscheinen mit zu geringer Amplitude. Die statistischen Schwankungen der Grundlinie (Baseline-shift) verursachen eine Dispersion der gemessenen Pulshöhe. Mit zweimaliger Differentiation werden die langdauernden Unterschwinger wesentlich reduziert. Das Unterschwingerproblem hat mit der Einführung des Halbleiterdetektors und der dadurch möglichen beträchtlichen Reduktion der Breite eines Peaks bei der Energiemessung besondere Bedeutung gewonnen. Eine zusätzliche Verbreiterung der Peaks durch Unterschwinger oder andere Verstärkereffekte sollte 0,01 % nicht überschreiten. Die typische Eingangsschaltung eines ladungsempfindlichen Verstärkers ist in Bild 4.37 gezeigt. Für ein Eingangssignal der Ladung Q erhält man ein Ausgangssignal der Form

$$U_{out} = \frac{Q}{C} e^{-t/RC}.$$

Diese Form ist durch relativ schnellen Anstieg ($\approx$ Sammelzeit der Ladungsträger) und wesentlich langsameren exponentiellen Abfall mit der Zeitkonstanten RC, hier also 1 ms, gegeben. Schon bei einer mittleren Zählrate von 1000/s überlappen sich mehrere solcher Signale. Die Basislinienverschiebung errechnet sich zu ΔU_{out} = (Q/C) $\cdot \sqrt{nRC/2}$, wo n die mittlere Zählrate pro Sekunde ist. Mit Q = 6,4 $\cdot$ 10^{-14} C (Abbremsung von 1 MeV in Ge), RC = 1 ms, n = 1000/s ergibt sich ΔU_{out} = 0,045 V. Der Grad der Linienverbreiterung hängt also von Zählrate, Dauer und Amplitude der Pulse sowie dem Linearitätsbereich des Vorverstärkers ab.

Wie stark die Schwankung sein kann, soll mit den eben errechneten Werten in Bild 4.38 am Beispiel eines Emitterverstärkers gezeigt werden, der den Ausgang des Vorverstärkers bildet. Der Ausgangswiderstand der Schaltung ist in Abschnitt 4.1.2 angegeben. Setzt man z.B. β = 50, R_G = 50 Ω, dann hat der gezeigte Emitterfolger eine Ausgangsimpedanz von 15 Ω bei 5 mA. Die Basislinienverschiebung von ±45 mV entstehe an 100 Ω Emitterlast, d.h., der Strom im Emitterfolger schwankt zwischen 4,55 und 5,45 mA; das entspricht einer Ausgangswiderstandsschwankung von 13,2 bis 11,4 Ω. Die Änderung von 1,8 Ω an der 100-Ω-Last ergibt eine Schwankung der Pulshöhe von 1,8 %, die bereits am Eingang des Hauptverstärkers erscheint.

Im Hauptverstärker entsteht der Pile-up-Effekt entweder durch den Hauptpuls oder den Unterschwinger. Wird nur einmal differenziert, hängt die Dispersion von dem mittleren Pulsabstand ab, bezogen auf die Abklingzeitkonstante des Unterschwingers. In Bild 4.39 sei der mittlere Abstand zwischen den Pulsen b und c groß gegen die Zeitkonstante des Unterschwingers. In diesem Fall zeigt Puls c seine richtige Amplitude, da das vorangehende Unterschwingen bis zur Basislinie abgeklungen ist, das Spektrum wird nicht verzerrt. Bei statistisch verteilten Pulsen ist die obere Pulshöhengrenze scharf, nach unten ist sie etwas verschmiert, da immer einige Pulse in den Unterschwinger des vorigen Pulses fallen. Bei hohen Zählraten werden viele Pulse durch die vorangehenden beeinflußt, wie im Bild Puls b und

4.6 Pile-up-Effekt

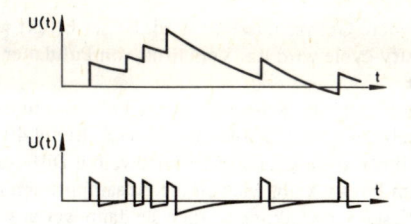

Bild 4.36 Pile-up in Vor- und Hauptverstärkern

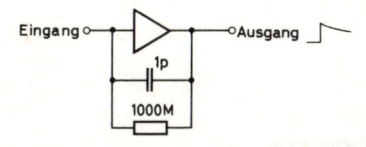

Bild 4.37 Signale im ladungsempfindlichen Verstärker

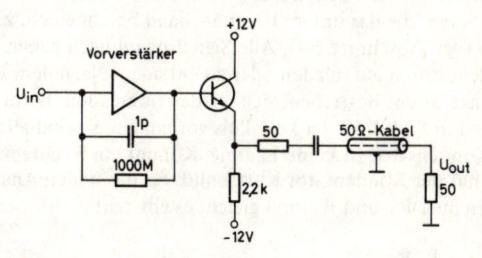

Bild 4.38 Ausgangspulse des ladungsempfindlichen Verstärkers

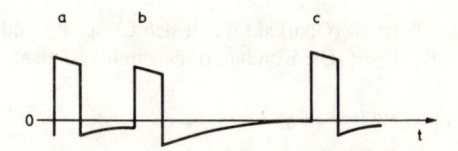

Bild 4.39 Unterschwingen als Funktion der Zählrate und der Zeitkonstanten

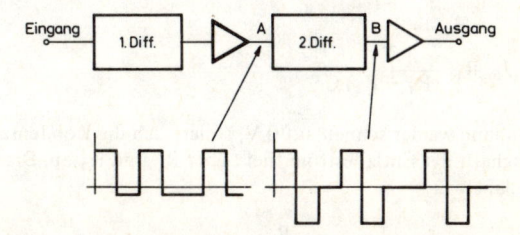

Bild 4.40 Reduktion des Unterschwingens durch zweimaliges Differenzieren

Puls a, so daß jetzt auch die obere Grenze unscharf wird. Dieser Effekt wird „Duty-cycle"-Effekt genannt, als Duty-cycle wird das Verhältnis von Pulsdauer zu mittlerer Pausendauer bezeichnet.

Durch doppelte Differentiation kann die Schwankung der Pulsamplituden weitgehend reduziert werden. Nach der ersten Differentiation (vgl. Bild 4.40) gibt es die besprochenen Unterschwinger, diese gelangen in den zweiten Differentiator. Es hängt von der Linearität im Punkt A ab, wieweit die Pulsamplituden in ihrem Mittelwert schwanken; mit dieser Schwankung werden sie dann weiter geformt. Durch geschickte Wahl des Ortes der ersten und zweiten Differenzierung innerhalb des Verstärkers kann auch dieses Problem fast beseitigt werden.

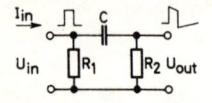

Bild 4.41 Zur Erläuterung des Unterschwingens

Das Unterschwingen tritt bei der Übertragung von Pulsen endlicher Zeitdauer durch Zeitkonstanten ein, die das untere Frequenzband beschneiden, z.B. bei Differenziergliedern (vgl. Abschnitt 2.4). Alle Signalspannungen haben die Eigenschaft, Koppelkondensatoren aufzuladen oder zu entladen. Nach dem Pulsdurchgang hat der Kondensator das Bestreben, sich wieder aufzuladen. Betrachten wir das Übertragungsglied in Bild 4.41: Ist kein Puls vorhanden, so sind alle Spannungen Null, auf dem Kondensator ist keine Ladung. Kommt ein Rechteckpuls der Stromstärke J_{in}, so hat der Kondensator Kurzschluß für die steilen Anstiegsflanken. Die Spannungen über R_1 und R_2 sind gleich, es entsteht

$$U_{out} = J_{in} \frac{R_1 R_2}{R_1 + R_2}.$$

Während des horizontalen Pulsteils (Oberkante) lädt sich C über R_1 und R_2 mit der Zeitkonstante $(R_1 + R_2)C$ auf. Die Kondensatorspannung ist also:

$$U_c = J_{in} R_1 (1 - e^{-t/(R_1+R_2)C}).$$

Ist die Pulslänge $T \ll (R_1 + R_2)C$, ist die Spannung am Ende des Pulses über dem Kondensator:

$$U_c \approx J_{in} R_1 \frac{T}{(R_1 + R_2)C}.$$

Fällt die Pulsspannung wieder schnell auf 0 V, ändert sich die Kondensatorspannung nicht sprunghaft, der Entladestrom fließt über R_1 und R_2 ab. Die Spannung U_{out} über R_2 ist dabei:

$$U_{out} = J_{in} R_1 \frac{T}{(R_1 + R_2)C} \frac{R_2}{R_1 + R_2}.$$

4.6 Pile-up-Effekt

Damit wird das Verhältnis des Unterschwingers zum Signal:

$$a = \frac{T}{(R_1 + R_2)C}.$$

Das Unterschwingen fällt exponentiell mit $(R_1 + R_2)C$ ab.
Das in einer Stufe erzeugte Unterschwingen wird in den folgenden Stufen weiter verarbeitet, am Eingang der nächsten RC-Kombination erscheint ein Spannungssignal der Form nach Bild 4.42: Während des etwa horizontalen Teils des Pulses wird C aufgeladen. Da der Strom an der Rückflanke des Pulses nicht auf 0 fällt, sondern sogar negativ wird, entlädt sich zunächst der Kondensator, dann wird er mit anderem Vorzeichen wieder kurz aufgeladen, worauf das endgültige Entladen folgt. Bild 4.43 zeigt die Kondensatorspannung als Funktion der Zeit: Die Spannung an R_2, also U_{out} ergibt sich aus $U_{in} - U_c$, Bild 4.44 zeigt dies, woraus man erkennt, daß der Unterschwinger nach Durchlaufen des zweiten RC-Gliedes sowohl negativ als auch positiv wird. Das Unterschwingen nach mehreren RC-Stufen kann man beschreiben, wenn man die Differentialgleichung der Ausgangsspannung U_{out} als Funktion des Eingangsstroms J_{in} aufstellt für das in Bild 4.45 nochmal gezeichnete RC-Glied:

$$\frac{dU_{out}}{dt} + \frac{U_{out}}{\tau} = \frac{R_1 R_2}{R_1 + R_2} \frac{dJ_{in}}{dt}.$$

Nehmen wir an, J_{in} sei das Ergebnis des Unterschwingers in m vorangehenden Stufen:

$$J_{in} = \sum_{j=1}^{m} J_{inj} e^{-t/\tau_j},$$

wo τ_j die Zeitkonstante des j-ten RC-Gliedes ist. Mit der Vereinfachung, daß alle τ_j identisch sind, folgt nach der Integration

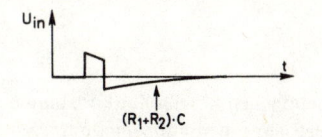

Bild 4.42 Zeitkonstante des Unterschwingens

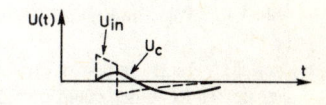

Bild 4.43 RC-Glied mit Eingangsunterschwingen, Spannung an C

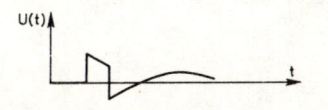

Bild 4.44 RC-Glied mit Eingangsunterschwingen, Spannung an R

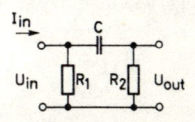

Bild 4.45 RC-Glied mit Eingangs- und Ausgangsunterschwingen

$$U_{out} = Ae^{-t/\tau} + \sum_{j=1}^{m} \frac{U_{outj}}{1 - \frac{\tau_j}{\tau}} e^{-t/\tau_j} \qquad (\tau_j \neq \tau),$$

worin A eine Integrationskonstante und

$$U_{outj} = J_{inj} \frac{R_1 R_2}{R_1 + R_2}$$

die Ausgangsspannung nach dem j-ten RC-Glied für den Eingangsstrom J_{inj} ist. Das Ergebnis dieser Überlegung ist, daß jeder Unterschwinger, der an den Eingangsklemmen erscheint, am Ausgang in der Amplitude um den Faktor

$$\frac{1}{1 - \frac{\tau_j}{\tau}}$$

geändert herauskommt, die Zeitkonstante bleibt unverändert. Außerdem ist die Amplitude abhängig vom Anfangswert des Unterschwingens. Ist τ des RC-Gliedes viel größer als τ_j, dann ist $1 - (\tau_j/\tau) \approx 1$, d.h., die Amplitude des Unterschwingens wird nur sehr wenig geändert; ist dagegen $\tau \ll \tau_j$, ist $1 - (\tau_j/\tau) \approx -(\tau_j/\tau)$, d.h., ein langes Unterschwingen wird um den Faktor $-(\tau_j/\tau)$ in der Amplitude reduziert, das Minuszeichen bedeutet Polaritätswechsel. Dadurch können Unterschwinger höherer Ordnung erzeugt werden, jedoch ist dieses Verfahren üblich, um Unterschwingungen dadurch zu reduzieren, daß man an mindestens einer Stelle im Verstärker eine kurze Zeitkonstante einführt.

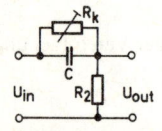

Bild 4.46 Pole-zero-Kompensation

Neuere Verstärker benutzen statt der einfachen kurzen Zeitkonstanten ein kompensiertes RC-Glied nach der „Pole-zero"-Kompensationsmethode. Schaltet man dem Kopplungskondensator einen Widerstand parallel (vgl. Bild 4.46) und wählt, wenn $\tau_1 = CR_2$ die kurze Differentiationszeitkonstante und τ_2 die nächste lange Zeitkonstante des folgenden Kopplungsgliedes ist, mit der der Unterschwinger abklingt, wie oben besprochen wurde,

$$\frac{R_x R_2}{R_x + R_2} C = \tau_2,$$

dann klingt das Ausgangssignal monoton mit der Zeitkonstanten τ_2 gegen 0 V ab, es entsteht kein Unterschwingen.

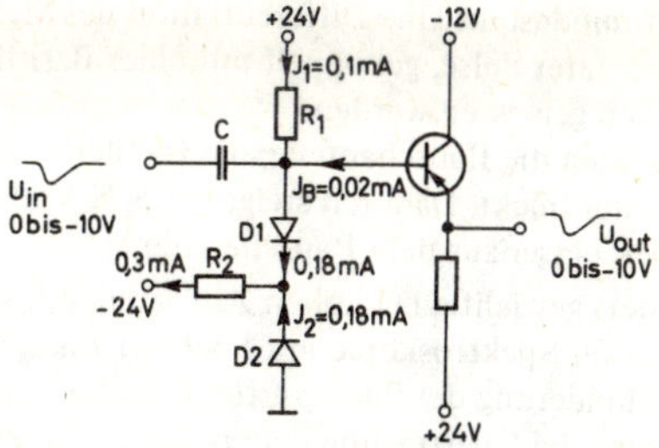

Bild 4.47 Base-line-restorer mit Dioden

Da die Pulshöhenanalysatoren die Pulsamplitude als Differenz zwischen einem festen Pegel, z.B. 0 V, und dem Maximalwert der Pulshöhe messen, wird, wie bereits erwähnt, die Messung durch die Schwankungen der Basislinie gestört. Diese treten nicht nur durch mögliche Unterschwinger auf, sondern auch durch Rauschen, das den Pulsen aufmoduliert ist, durch Drift der DC-Potentiale und durch Zählrateneffekte, durch die Kondensatoren bei hohen Raten nicht vollständig aufgeladen oder entladen werden. Um auch diese Effekte abzuschwächen, kann man zusätzlich Schaltungen in den Signalweg bauen, die die Basislinie nach jedem Puls so rasch wie möglich wiederherstellen, man nennt sie Baselinerestorer. Eine typische Schaltung für negative Signale zeigt Bild 4.47. Im Ruhezustand leiten D1 und D2, die normale Ge-Dioden sind. D1 zieht 0,12 mA, D2 etwa 0,18 mA. Mit der Vorderflanke der Pulse wird D1 gesperrt, C wird mit dem Strom $J_1 + J_B + (U_{in}/R_1)$ geladen, am Ende des Pulses sperrt die Kondensatorspannung auch D2. Ein Strom, der J_2 entspricht, entlädt C, bis D2 wieder leitet, dann ist der Entladevorgang beendet. Die Spannung auf C verursacht dabei ein Unterschwingen, dessen Abklingzeit aber nur etwa eine Pulsdauer lang ist, da für große Pulse der Anfangsentladestrom größer ist als der mittlere Strom. Der Wert von C wird so gewählt, daß der Unterschwinger für das größte Signal gerade innerhalb einer Pulsdauer abklingt. Die Baselinerestorer werden meist in die Ausgangsstufe der Verstärker geschaltet, da schnelles Sperren der Dioden am rationellsten mit großen Signalen zu realisieren ist.

Unabhängig von der Pulsformung durch Differenzieren im Verstärker werden auch sogenannte Pile-up-Unterdrücker eingebaut. Diese produzieren immer dann ein Ausgangssignal, wenn zwei Pulse aus derselben Signalquelle innerhalb eines festen Zeitbereiches gekommen sind. Dieser Ausgangspuls geht zu einem Antikoinzidenzkreis, der verhindert, daß der Pulshöhenanalysator diese Ereignisse analysiert.

4.7 Pulsformung im Linearverstärker

Alle Linearverstärker, die Detektorsignale verstärken, um sie von amplitudenbewertenden Geräten, wie Diskriminatoren, Ein- und Vielkanäle, untersuchen zu lassen, verändern, wie bereits erwähnt, die Pulsform der Eingangssignale durch besondere Methoden. Dies geschieht vor allem aus zwei Gründen:

- Der Pile-up-Effekt erfordert mindestens eine Differentiation des Signals, da sonst durch Überlappung mehrerer Pulse, gekoppelt mit einer Basislinienverschiebung, falsche Amplituden gemessen werden.
- Durch das Differenzieren werden die Rauschanteile, die Halbleiter im niederfrequenten Bereich abgeben, unterdrückt. Dadurch steigt das S/N-Verhältnis (Signal/Noise), die Signale heben sich besser aus dem Rauschen heraus.

Der Pile-up-Effekt tritt besonders gewichtig bei hohen Zählraten auf, wogegen ein möglichst hohes S/N-Verhältnis für Spektroskopie mit höchster Energieauflösung das Entscheidende ist. Zur Verhinderung des Pile-up-Effekts sollten die Pulse möglichst scharf differenziert werden, die Übertragung der entstehenden kurzen und steilen Pulse erfordert jedoch große Bandbreiten.

Die für die Spektroskopie eingesetzten Pulshöhenanalysatoren benötigen für präzise Pulshöhenbewertung langsame Anstiegszeiten und breitere Pulse, um möglichst viel Ladung für die Diskriminatoren zu haben. Ein allgemein verwendbarer Linearverstärker muß also zwischen diesen beiden Forderungen einen Kompromiß darstellen.

Die Basislinienverschiebung ist eine direkte Folge des Pile-up-Effektes. Wenn ein unipolarer Puls durch ein Differenzier-RC-Netzwerk geht, verursacht die Umladung des Kondensators während des Pulses ein Unterschwingen. Die Fläche dieses Unterschwingers ist die gleiche wie die des Pulses selbst. Ein Pulshöhenanalysator mißt also eine zu niedrige Amplitude, so daß insgesamt eine Verbreiterung der Spektrallinie erfolgt. Dieser Effekt wird wesentlich verringert durch zweimaliges Differenzieren, wobei sowohl gleiche Flächen für den bipolaren Puls entstehen als auch fast gleiche Amplituden und Pulsformen, d.h., die Pulsdauer des Unterschwingens ist gleich der des Hauptpulses. Damit ist eine wesentlich höhere Zählrate für die gleiche Verzerrung als bei nur einer Differentiation möglich. Die Doppeldifferenzierung ist also besonders geeignet zur Verhinderung des Pile-up-Effektes, sie bringt allerdings mehr Rauschen als die einfache Differenzierung. Letztere ist durch ihr besseres S/N-Verhältnis für höhere Energieauflösung überlegen, jedoch besser bei niedrigeren Zählraten einzusetzen, um den Duty-cycle klein zu halten.

Die Methoden der Pulsformung sind in Abschnitt 2.4 und 4.6 beschrieben. Es werden RC-Kombinationen eventuell mit Kabel eingesetzt.

Wenn am Detektor kein Integrationsglied eingebaut ist, muß innerhalb des Verstärkers einmal integriert werden, um aus dem Strompuls einen Spannungspuls zu machen. Durch dessen langsames Abklingen wird allerdings der Einfluß des Pile-up-Effektes gesteigert. Durch eine oder mehrere Differentiationen muß dieser wieder reduziert werden. Im allgemeinen folgt dann noch eine Integration, um eine geeignete Pulsform für die nachfolgenden amplitudenmessenden Geräte herzustellen. Bild 4.48 zeigt eine zweifache RC-Differentiation mit nachgeschalteter Integration, Bild 4.49 eine einfache Kabeldifferentiation mit anschließender Integration. Die Anstiegs- und Abfallzeit ist durch die Integrationszeitkonstante bestimmt. Anstelle der einfachen Differentiation ist diese Pulsformung natürlich auch mit zweifacher Differenzierstufe möglich.

Einige typische Vorschläge für die Wahl der Zeitkonstanten sollen angeführt werden:

- Für Teilchenspektroskopie mit Halbleiterdetektoren und höchster Energieauflösung soll die Zählrate klein gehalten werden. Am besten ist einfache RC-Dif-

4.7 Pulsformung im Linearverstärker

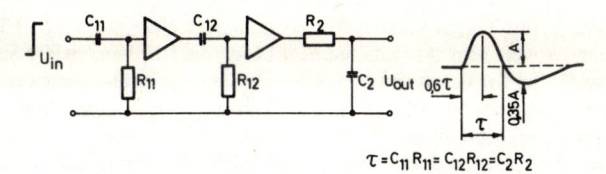

Bild 4.48 Pulsformung durch zweimaliges RC-Differenzieren und RC-Integrieren

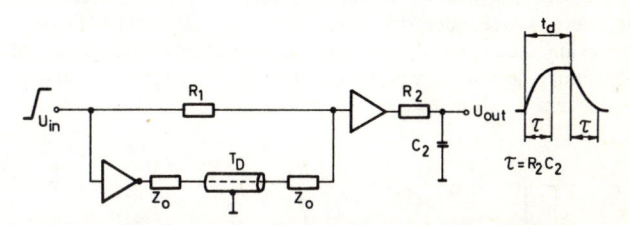

$\tau = C_{11}R_{11} = C_{12}R_{12} = C_2R_2$

Bild 4.49 Pulsformung durch einfache Kabeldifferentiation und RC-Integration

$\tau = R_2C_2$

ferentiation und RC-Integration mit gleichen Zeitkonstanten. Normalerweise ist RC ≈ 1 μs, für gedriftete Zähler mit längerer Sammelzeit werden längere Zeitkonstanten benötigt. Für Detektoren mit hohem Sperrstrom muß die Zeitkonstante wegen des höheren Rauschens kürzer gewählt werden.

- Für mittlere Energieauflösung mit Halbleiterdetektoren und mittleren Zählraten werden meist Doppel-RC-Differentiation und einfache Integration mit Zeitkonstanten zwischen 0,5 und 2 μs eingesetzt.
- Für mittlere Energieauflösung mit Halbleiterdetektoren und hohen Zählraten werden Doppel-RC-Differentiation und einfache Integration mit Zeitkonstanten bis herunter zu 0,2 μs benötigt.
- Für Szintillationsspektroskopie mit NaJ(Tl)-Zählern sollte man Doppelkabelshapen mit einer Kabellänge von je 0,7 μs und anschließender RC-Integration mit 0,1 μs RC-Zeitkonstante benutzen.

Zur Messung der Pulshöhe dienen im allgemeinen zwei verschiedene Vorrichtungen, der Pulshöhendiskriminator und der Vielkanal-Pulshöhenanalysator. Im ersten Fall sind regenerative Diskriminatoren, also Schmitt-Trigger eingesetzt, im zweiten Fall Analog-Digital-Konverter. Beide erfordern verschiedene Pulsformen, wie sie Bild 4.50

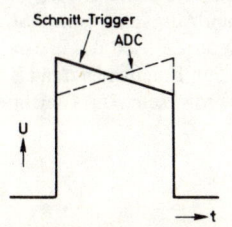

Bild 4.50 Idealisierte Pulsformen für Schmitt-Trigger (Voll-Linie) und Analog-Digital-Konverter (gestrichelte Linie)

zeigt. Der Schmitt-Trigger schaltet bei Überschreiten einer bestimmten Schwelle ein, der Spannungswert beim Ausschalten liegt tiefer; die Differenz beider Spannungen ist die Hysterese. Die Genauigkeit, mit der die Signalamplituden gemessen werden, hängt stark davon ab, wieviel Ladung nach Erreichen der Triggerschwelle vorhanden ist, um den quasistabilen Zustand zu halten. Daher sollte nach dem Peak die Amplitude des Pulses zunächst langsamer abfallen, als der normalen Abfallzeit entspricht. Die ideale Pulsform ist die mit der ausgezogenen Linie.

Im Analog-Digital-Konverter soll ein Kondensator auf den Spitzenwert des Signals geladen werden, wobei der Strom begrenzt ist. Damit in der Nähe des Peaks die Spannung am Kondensator präzise der Signalspannung folgen kann, sollte die Eingangsspannung dort langsamer steigen. Die ideale Pulsform ist also durch die gestrichelte Linie beschrieben.

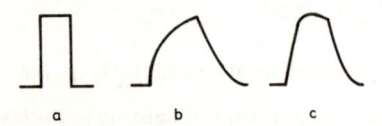

Bild 4.51 Praktische Pulsformen nach der Integration für Analog-Digital-Konverter und Schmitt-Trigger

Praktisch sehen die Pulsformen jedoch etwas anders aus. Bild 4.51 zeigt typische Formen für Analog-Digital-Konverter (Bild 4.51b) und Diskriminatoren (Bild 4.51c) die aus dem idealen Eingangssignal (Bild 4.51a) durch Integration entstehen.

4.8 Lineare Gateschaltungen

4.8.1 Eigenschaften linearer Gates

Lineare Gates werden eingesetzt, um den Signaleingang von amplitudenmessenden Geräten, z.B. von Pulshöhenanalysatoren, zu öffnen oder zu schließen. Als Kriterium zum Öffnen kann z.B. die Abwesenheit von Pile-up-Signalen gelten oder auch das Vorliegen einer gewünschten Koinzidenz mit anderen Ereignissen. Lineare Gates filtern die zur Analyse vorliegende Information.

Lineare Gates gehören zu den Mischschaltungen. Der Signaleingang S und der Gatepulseingang G werden auf den gemeinsamen Ausgang A gemischt. Das Gate wird durch den Gatepuls geöffnet, während dieser Zeit soll das lineare Signal ungehindert passieren, d.h., das Gate soll jetzt den Innenwiderstand 0 haben. Nach Schließen des Gates sollte dieser Widerstand ∞ sein. Das Gleichungssystem für die Ausgangsfunktion lautet also:

$A(S, G) = KS$,
$A(S, 0) = 0$,
$A(0, G) = 0$,

wo K ein Proportionalitätsfaktor ist.

4.8 Lineare Gateschaltungen

Da die Widerstände 0 und ∞ jedoch nicht zu erreichen sind, lauten die letzten zwei Gleichungen:

$$A(S, 0) \neq 0.$$

Dieser Effekt wird als Signaldurchgriff (Feedthrough) bezeichnet;

$$A(0, G) \neq 0$$

bedeutet, daß während der Anwesenheit des Gatesignals ein Gatedurchgriff (Pedestal) erzeugt wird.
Der Signaldurchgriff entsteht durch das endliche Verhältnis zwischen den Innenwiderständen des Gateschalters (z.B. des Transistors) beim Ein- bzw. Ausschalten.
Der Gatedurchgriff verursacht kapazitive Spitzen (Spikes) und einen Gleichspannungspegel während der Dauer des Gateöffnungspulses, der sich zum linearen Signal addiert, falls beide gleichzeitig vorhanden sind.
Ein lineares Gate muß außerdem die Amplituden der Eingangssignale während des gesamten Öffnungsbereichs ohne Verzerrungen übertragen, d.h., der Faktor K muß konstant bleiben. Nichtlinearitäten, die beim Steuern des Widerstands des aktiven Elements (Transistor) durch das Signal auftreten, verursachen eine Verzerrung des Spektrums.
Diese drei Schwierigkeiten können auf verschiedene Art überwunden werden. Zur Kompensation des Pedestals schaltet man z.B. zwei identische Gates parallel, dann erleiden beide den gleichen Gatedurchgriff. Den des einen Gates kann man invertieren und mit dem des anderen mischen, so daß sie sich aufheben. Ähnlich kann man das Problem des Signaldurchgriffs lösen. Die Nichtlinearitäten beim Steuern des Schalters mit dem linearen Signal versucht man durch Strombegrenzung klein zu halten.

4.8.2 Parallelgates
Der Schalter, der das Gate öffnet oder schließt, kann parallel oder in Serie zum Signal liegen. Bild 4.52 zeigt das Prinzip der Parallelschaltung. Ist der Schalter geöffnet, kann das Signal passieren, ist er geschlossen, fließt der Signalstrom zur Erde ab.

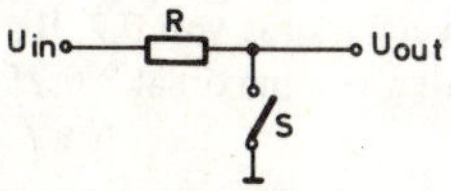

Bild 4.52   Prinzip des Parallelgates 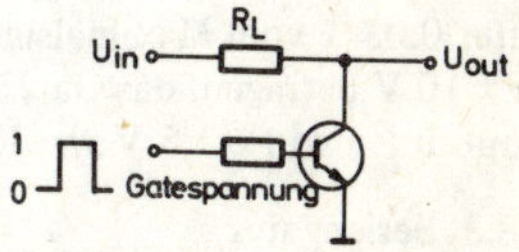   Bild 4.53   Parallelgate mit Transistorschalter

Da der Schalter meist ein Transistor ist, der, an seiner Basis vom Gatepuls gesteuert, geöffnet oder geschlossen wird, verbleibt in beiden Schaltstellungen ein endlicher Widerstand. Zieht der Transistor Strom, ist es der geringe Sättigungswiderstand $R_i(1)$; ist er gesperrt, fließt ein geringer Reststrom J_{c_o}, der den Sperrwiderstand $R_i(0)$ verursacht. Mit der Schaltung nach Bild 4.53 gilt also für die stationäre Ausgangsspannung des Gates, wenn es geschlossen ist:

$$U_{out} = \pm \frac{R_i(1) \, U_{in}}{R_L + R_i(1)} \; ;$$

wenn es jedoch geöffnet ist:

$$U_{out} = \pm U_{in} - J_{c_0} R_L \; .$$

Das dynamische Verhalten des Gates während des Öffnens und Schließens wird durch die Transistorkapazitäten bestimmt. Wesentlich sind dabei:
Die Kollektor-Basis-Kapazität C_{CB},
die Emitter-Basis-Kapazität C_{EB} sowie
die Ausgangs- und Lastkapazität $C_{out} = C_{CE} + C_L$
Das Äquivalentbild der Parallelschaltung ist in Bild 4.54 dargestellt. Die Spikes, die beim Schalten auftreten, werden durch C_{CB} auf den Ausgang übertragen. Dieses einfache Parallelgate, dessen maximal zu übertragende Signalamplitude durch die maximale Kollektor-Emitter-Sperrspannung bestimmt ist, ist die Grundlage der meisten praktischen Gateschaltungen. Ein ausgeführtes Beispiel ist in Bild 4.55 als Blockschaltung gezeigt. Der Eingangs- und Ausgangskanal wird durch einen gegengekoppelten Verstärker gebildet, dessen effektive Verstärkung 1 ist. Die Größe des Widerstandes R ist ein Kompromiß zwischen einem großen Wert, der geringen Signaldurchgriff gibt, und einem möglichst kleinen, der den Gatedurchgriff gering hält. Der Gategenerator wird durch ein geeignetes Signal an der Basis leitend oder sperrend geschaltet.
Um die störenden Durchgriffe so gut wie möglich zu kompensieren, wird die Grundschaltung so erweitert, wie es Bild 4.56 zeigt. Der Transistor Q1 dient als Gatetransistor, wie oben beschrieben. Transistor Q2, der die gleichen elektrischen Eigenschaften wie Q1 hat, erzeugt, gesteuert vom Gategenerator, das gleiche Pedestal wie Q1. Es wird über A2 invertiert und vom Ausgangssignal abgezogen. Der Widerstand R_2 eliminiert dabei den Gleichspannungsanteil. Der Transistor Q3 wird an der Basis von einer regelbaren Gleichspannung gesteuert, er kann, ebenfalls über den Verstärker A2, den Signaldurchgriff kompensieren.
Durch diese Zusatzschaltungen wird erreicht, daß der Gate- und Signaldurchgriff unter 0,03 % vom Maximalsignal bleiben. Die linearen Eingangssignale dürfen bis zu ± 10 V betragen, das Gate hat eine Gesamtverstärkung von 0,2. Bis zu Ausgangsamplituden von ± 1,5 V werden Nichtlinearitäten von maximal ± 0,25 % erzeugt.

4.8.3 Seriengates
Die Grundschaltung des Seriengates zeigt Bild 4.57. Der Schalter liegt in Serie mit der Signalspannung, ist er geschlossen, ist das Gate offen, das Signal kann passieren; wird er geöffnet, schließt das Gate, der Signalfluß wird gesperrt. Bild 4.58 zeigt als praktisches Beispiel ein lineares Gate mit einem FET-Serientransistor sowie den zugehörigen Steuerkreis. Erhält der Transistor Q1 ein positives Gatesignal, wird er ebenso wie Q2 leitend, denn Q2 ist ein pnp-Transistor. Dadurch wird die negative Sperrspannung am Gate des FET's aufgeschoben, er beginnt zu leiten. Wenn wieder

4.8 Lineare Gateschaltungen

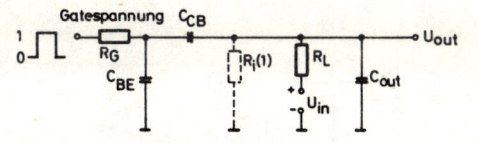

Bild 4.54 Wechselstromersatzbild des Parallelgates

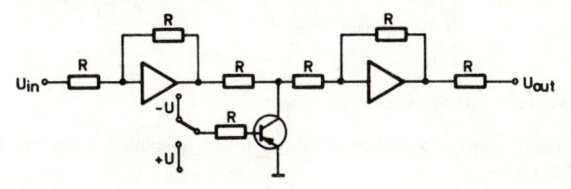

Bild 4.55 Parallelgate mit Operationsverstärkern

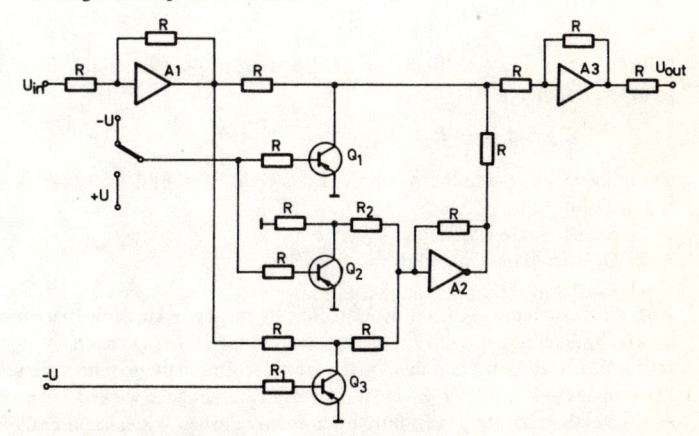

Bild 4.56 Parallelgate wie Bild 4.55 mit Durchgriffskompensation

Bild 4.57 Prinzip des Seriengates

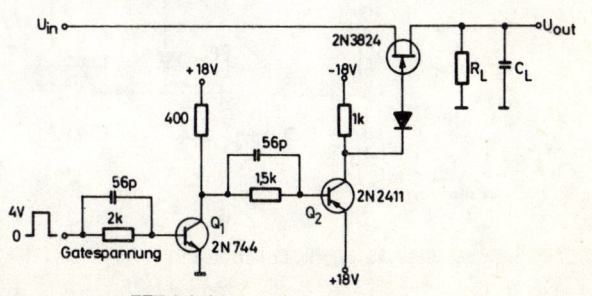

Bild 4.58 Seriengate mit FET-Schalter

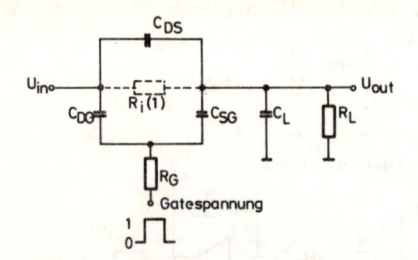

Bild 4.59   Wechselstromersatzbild des Seriengates

$R_i(1)$ der Sättigungswiderstand ist, wird die Ausgangsspannung während der Öffnungszeit des Gates:

$$U_{out} = \pm U_{in} \frac{R_L}{R_L + R_i(1)}.$$

Während des Schließens fließt nur der Sperrstrom $J_{GS}(0)$, so daß dann die Ausgangsspannung den Wert

$$U_{out} = J_{GS}(0)\, R_L$$

annimmt. Das dynamische Äquivalentschaltbild ist in Bild 4.59 gezeigt. Die drei Kapazitäten sind:
— die Senken-Gate-Kapazität C_{DG},
— die Quellen-Gate-Kapazität C_{SG},
— die Lastkapazität C_L.
Wird das Seriengate geöffnet, ist der Eingang mit dem Ausgang über einen sehr niederohmigen Widerstand $R_i(1)$ von etwa 15 bis 100 Ω (je nach Typ des FET's) verbunden. Dadurch kann die Anstiegszeit des Einschaltens sehr kurz sein, da die Zeitkonstante $R_i(1) \cdot C_L$ klein ist. Das Ausschalten geht wesentlich langsamer, da die Lastkapazität C_L sich durch den relativ großen Widerstand entlädt. Um diese Zeit zu verkürzen, kann man, wie in Bild 4.60 gezeigt, einen zusätzlichen FET parallel zum Lastwiderstand einbauen, der von entgegengesetzter Polarität wie der Serientransistor ist. Er wird während der Gateöffnungszeit gesperrt, öffnet jedoch

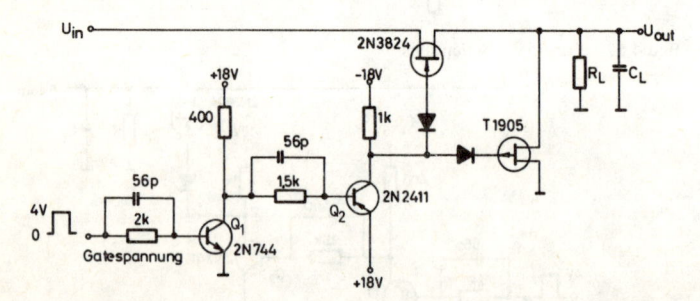

Bild 4.60   Seriengate wie Bild 4.58, jedoch mit Entlade-FET

nach Ablauf dieser Zeit, so daß sich C_L über seinen niedrigen Innenwiderstand entladen kann.
Die lineare Eingangsspannung bei FET-Gates muß, der Kennlinie entsprechend, kleiner als die Sättigungsspannung bleiben.

4.8.4 Brückengates

Nahezu ideale Schalter sind Dioden in Brückenschaltungen. Alle individuellen Abweichungen der Bauelemente untereinander können ausbalanciert werden. Als typisches Beispiel soll ein 6-Dioden-Gate beschrieben werden, das eine gute Linearität im Bereich von – 100 mV bis –1,5 V und geringe Störeinflüsse bei entsprechend symmetrischem Aufbau aufweist. Die maximale Folgefrequenz für Signalpulse beträgt bei Verwendung schneller Dioden mindestens 100 MHz, die Gateeinschalt- und Ausschaltzeit ca. 2 ns. Bild 4.61 zeigt das Prinzip: Die Schaltung ist symmetrisch aufgebaut, wobei die Dioden D2, D3, D4 und D5 die Signalbrücke und die Dioden D1 und D6 die Ansteuerdioden für die Gategeneratorpulse bilden. Die Schaltung ist so dimensioniert, daß in Abwesenheit von Gategeneratorpulsen (Bild 4.61a) die Dioden D1 und D6 leiten, die Signalbrücke jedoch gesperrt ist. Dieser statische Zustand wird durch die Potentiale ± 1,8 V an den Punkten A und B sowie ± 1,0 V an den Brückenpunkten C und D erreicht; die Punkte E und F liegen auf Nullpotential.
Werden an die Punkte A und B die Gatekontrollspannungen U_K = – 3 V und + 3 V gelegt, dann stellen sich die Brückenpunkte C und D auf – 0,8 V bzw. + 0,8 V ein. Die Dioden D1 und D6 werden gesperrt, die Signalbrücke ist dann leitend (Bild 4.61b).
Sind die Ansteuerdioden D1 und D6 leitend, ist das Gate gesperrt; sind umgekehrt die Ansteuerdioden nichtleitend, ist das Gate offen. Das offene Gate können Pulse beider Polarität gleichermaßen passieren. Der Brückenpunkt F (Signalausgang) folgt dann linear der am Brückenpunkt E (Signaleingang) auftretenden Potentialänderung. Die beiden Dioden D1 und D6 sind während der Gateöffnungszeit gesperrt, d.h., die Kontrollspannung U_K muß minimal gleich der maximalen Signalamplitude sein, es gilt also

$$(U_K)_{min} = (U_S)_{max}.$$

Sind die Innenwiderstände der leitenden Dioden klein gegen den Lastwiderstand R_L und den Vorwiderstand R_K, ist die lineare Verstärkung des Gatekreises etwa gleich 1.
Die Öffnungspulse müssen flächengleiche Rechteckpulse entgegengesetzter Polarität sein, die an A und B gleichzeitig erscheinen. Für ein sicheres Sperren der Brücke sind die Punkte C und D auf + 1,0 V bzw. – 1,0 V zu halten.

4.9 Integraldiskriminatoren

Während die beschriebenen Verstärker die lineare Übertragung sowie die Pulsformung der Detektorsignale vornehmen, wird der physikalische Inhalt der Signale, also die Energie der Teilchen, durch die amplitudenbewertenden Schaltungen analysiert.
Ein Integraldiskriminator ist eine Schaltung, die alle Pulse, die eine einstellbare

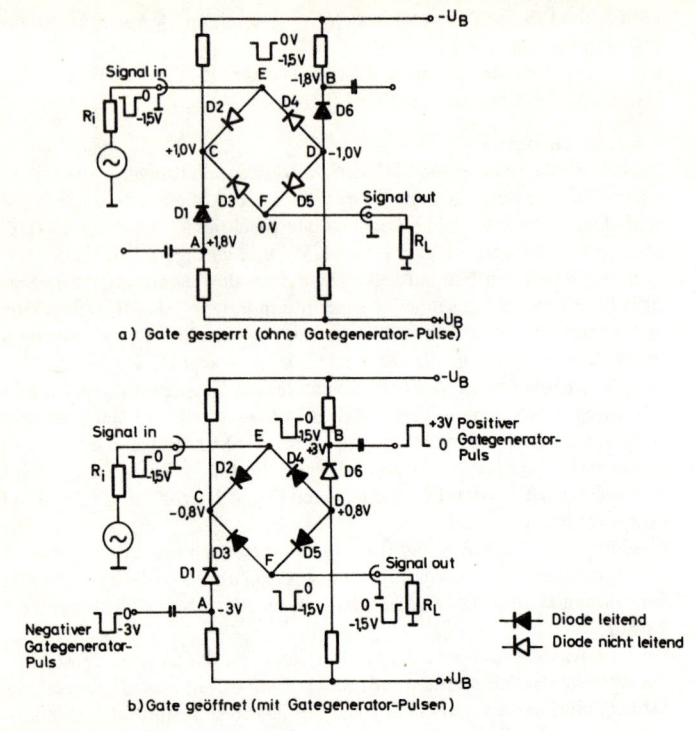

Bild 4.61 Sechs-Dioden-Gate

Schwelle überschreiten, hindurchläßt und dann in Form eines digitalen Signals an die elektronischen Zähleinrichtungen weitergibt. Die integrale Pulshöhenverteilung kann daher so gemessen werden, daß für verschiedene Schwellenwerteinstellungen die Zählrate gemessen und aufgetragen wird. Die differentielle Diskriminatorkurve kann man entweder durch punktweise Differentiation der integralen Kurve oder durch Bildung der Differenz aufeinanderfolgender Zählraten und Division durch das zugehörige Vorspannungsintervall erhalten. Bild 4.62 zeigt die beiden Darstellungen. Trägt man die Zählrate gegen die Vorspannung des Diskriminators auf, erhält man die Integralkurve (Bild 4.62a), differenziert man diese Kurve, ergibt sich die untere Kurve (Bild 4.62b). Praktisch trägt man die Differenz zweier Zählraten im Einheitsintervall auf.

Integraldiskriminatoren werden in vielen Schaltungsvarianten gebaut. Der einfachste Typ ist eine in Sperrichtung vorgespannte Diode, die dann Strom ziehen kann, wenn die Eingangsamplitude die Vorspannung überschreitet. Da die Kennlinie jedoch nicht scharf abknickt, sondern exponentiell verläuft, ist die Genauigkeit des Triggerpunktes nicht besonders hoch. Daher wird dieser Schaltungstyp praktisch kaum eingesetzt.

Am häufigsten wird der Schmitt-Trigger benutzt. Dieser Schaltkreis ändert seinen Zustand sprunghaft, wenn die Eingangsamplitude eine eingestellte Spannungs-

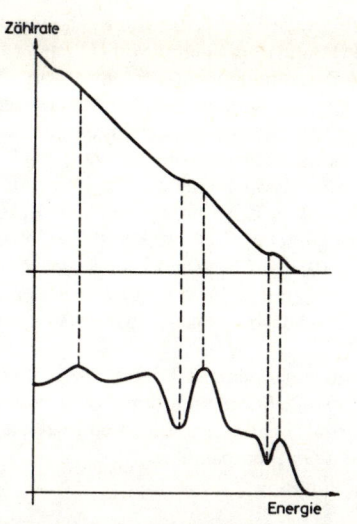

Bild 4.62   Integrale und differentielle Spektrumsverteilung

schwelle überschreitet. Seine Wirkungsweise wird im folgenden beschrieben.
Neuere „schnelle" Diskriminatoren nutzen vorwiegend die Triggereigenschaft der
Tunneldiode aus (vgl. auch Abschnitt 3.3).

4.9.1 Schmitt-Trigger

Der Schmitt-Trigger ist eine emittergekoppelte 2-Transistoren-Schaltung (ähnlich
wie ein Differenzverstärker) mit bistabilen Eigenschaften, Bild 4.63 zeigt das Funktionsprinzip. Die beiden Transistoren Q1 und Q2 sind in einer positiven DC-Rückkopplung verbunden mit der Zusatzbedingung, daß die gesamte Schleifenverstärkung vom Eingang über den Ausgang und wieder zum Eingang > 1 ist. Nehmen wir
zunächst an, die Gesamtverstärkung sei < 1, z.B. indem wir den Arbeitswiderstand
R_{L1} verkleinern. Die Schaltung arbeitet dann als Linearverstärker. Leitet Q2, erzeugt er einen Spannungsabfall am gemeinsamen Emitterwiderstand R_E, dadurch
wird auch E1 im Potential angehoben. Ist $U_{in} < U_{E1}$, ist Q1 gesperrt, Q2 leitet, die
Ausgangsspannung ist $U_{out} = U_B - J_2 R_{L2}$. Steigt U_{in} an, ändert sich so lange nichts,
bis Q1 zu leiten beginnt. Jetzt verstärkt die Schaltung, dabei fällt das Basispotential
von Q2, das gemeinsame Emitterpotential steigt durch den Strom in Q1, Q2 wird
gesperrt. Die Ausgangsspannung ist jetzt $U_{out} = U_B$.

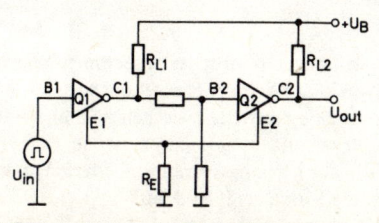

Bild 4.63   Prinzipschaltung des Schmitt-Triggers

Erhöhen wir die Verstärkung (z.B. durch Vergrößern von R_{L1}), wird das Übergangsgebiet zwischen dem Leiten von Q1 und dem Sperren von Q2 immer schmaler, bis es bei der Schleifenverstärkung 1 theoretisch unendlich schmal wird. Bei weiterer Erhöhung der Verstärkung über 1 hinaus wird das Übergangsgebiet negativ durchlaufen, wie es in Bild 4.64 gezeigt ist. Eine S-Kurve beschreibt nun das Schmitt-Trigger-Verhalten. Nehmen wir an, die Eingangsspannung wird, von 0 V kommend, gleich $U_S(ON)$, dann springt die Ausgangsspannung von $U_{out}(min)$ auf $U_{out}(max)$ und verbleibt dort bei weiterer Erhöhung der Eingangsspannung. Kommt jedoch die Eingangsspannung von Werten größer als $U_S(ON)$ herunter, so bleibt die Ausgangsspannung auch bei $U_{in} < U_S(ON)$ auf $U_{out}(max)$, bis sie den Wert $U_S(OFF)$ erreicht, erst dann springt sie auf $U_{out}(min)$. Die Schaltung besitzt eine Hysterese $U_H = U_S(ON) - U_S(OFF)$, ihr Wert ist davon abhängig, wieviel größer als 1 die Schleifenverstärkung ist.

Verändert sich die Eingangsspannung des Schmitt-Triggers wie in Bild 4.65, erscheint am Ausgang eine entsprechende Sprungfunktion. Diesen Vorgang kann man auch mit dem Operationsverstärker erzeugen. Bild 4.66 zeigt das Schaltbild. Aus der Schaltung ergibt sich die Schwellenspannung:

$$U_S = U_{R_1} = (J'_1 - J''_1) R_1.$$

Setzt man die Ströme ein, erhält man

$$U_S = U_{Ref} \frac{R_1}{R_2} - U_{out} \frac{R_1}{R_F}.$$

Kann man $U_{out}(min) = 0$ V erreichen, wird die Einschaltschwelle:

$$U_S(ON) = U_{Ref} \frac{R_1}{R_2},$$

die Ausschaltschwelle:

$$U_S(OFF) = U_{Ref} \frac{R_1}{R_2} - U_{out}(max) \frac{R_1}{R_F}.$$

Die Hysterese wird dann unabhängig von U_{Ref}:

$$U_H = U_{out}(max) \frac{R_1}{R_F}.$$

Ein einfaches Anwendungsbeispiel mit dem integrierten Schmitt-Trigger SN 75107 (Texas Instruments) zeigt Bild 4.67. Zur Schwellenregelung wird U_{Ref} von – 5 bis – 10 V geändert, dadurch entsteht eine Schwelle zwischen – 20 und – 40 mV. Die Hysterese ist fest auf ca. 9 mV eingestellt.

Für diesen Schmitt-Trigger wurde der Eingangsspannungsbedarf als Funktion der Signalpulsbreite aufgenommen, die Kurve zeigt Bild 4.68.

4.9 Integraldiskriminatoren

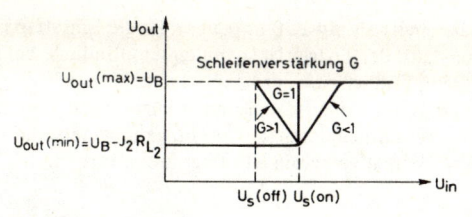

Bild 4.64 Erläuterung der Hysterese

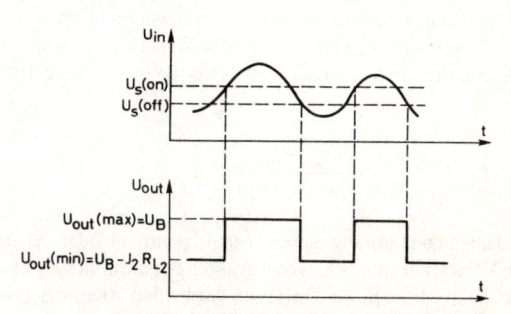

Bild 4.65 Ein- bzw. Ausgangsspannung des Schmitt-Triggers

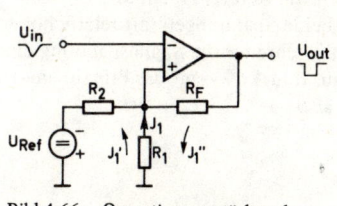

Bild 4.66 Operationsverstärker als Schmitt-Trigger

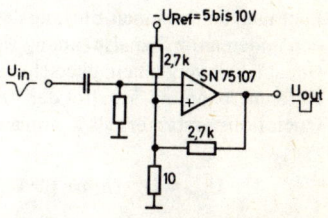

Bild 4.67 Line Receiver SN 75107 als Schmitt-Trigger

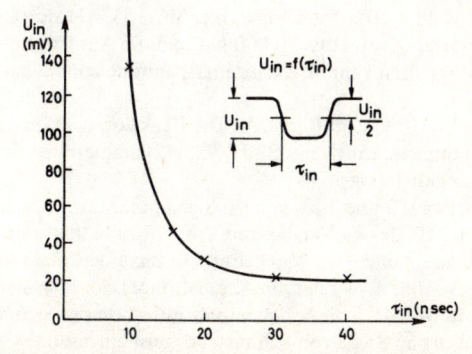

Bild 4.68 Eingangsschwelle als Funktion der Signalpulsbreite

Bei Eingangspulsen, die länger als etwa 30 ns dauern, ist die Einsatzspannung zum Triggern praktisch konstant, der Trigger ist spannungsempfindlich, bei kürzeren Pulsen wird er ladungsempfindlich, d.h., er benötigt eine Minimalladung zur Auslösung des Triggervorgangs. Da die Pulsdauer immer kürzer wird, muß die erforderliche Eingangsspannung (eigentlich der Strom am Eingangswiderstand vor dem Triggern) steigen. Dieses Verhalten zeigen alle Triggerschaltungen.

4.9.2 Komparatoren

Nichtgegengekoppelte Operationsverstärker haben eine hohe Verstärkung G, etwa 10^3 bis 10^5. Ihre Ausgangsspannung kann zwischen zwei nicht überschreitbaren Werten liegen, $U_{out}(max)$ und $U_{out}(min)$. Um diese Werte zu erreichen, ist eine maximale Eingangsspannung erforderlich, die das Ende des linearen Übertragungsbereiches angibt:

$$U_{in}(max) = \frac{U_{out}(max) - U_{out}(min)}{G}$$

Überschreitet die Eingangsspannung diesen Wert in positiver oder negativer Richtung, schaltet der Verstärker um, d.h., seine Ausgangsspannung nimmt einen der beiden Maximalwerte an. Ist z.B. die Differenz der beiden Ausgangsspannungswerte 10 V und die Verstärkung $5 \cdot 10^4$, genügt eine Eingangsspannung von 200 μV, um das Schalten zu verursachen.

Legt man an den einen Eingang des Verstärkers die Referenzspannung U_{Ref}, an den anderen die Signalspannung U_{in}, werden beide Spannungen mit relativ hoher Genauigkeit verglichen, überschreitet oder unterschreitet die Signalspannung die Referenzspannung, schaltet der Verstärker um. Bild 4.69 zeigt das Prinzip eines Operationsverstärkers als Komparator. Es ist also

$$U_{out} = U_{out}(min) \text{ für } U_{in} < U_{Ref},$$
$$U_{out} = U_{out}(max) \text{ für } U_{in} > U_{Ref}.$$

Ein typisches Beispiel (Bild 4.70) ist der Verstärker MC 1533 (Motorola) als Komparator, der eine Verstärkung von etwa 70 000 hat und die Ausgangsspannung zwischen +11 und −11 V schalten kann. Die Eingangsspannung zum Schalten beträgt dann etwa 300 μV.

Die Übertragungscharakteristik zeigt Bild 4.71. Die Reaktion der Ausgangsspannung auf einen Eingangsspannungssprung zeigt Bild 4.72, als Parameter ist die Signalspannung über $U_{in}(max)$ eingetragen.

Die Schaltzeiten sind etwa 0,5 und 1 μs, je nach Signalpolarität. Ein schnellerer Komparator ist der μA 710, dessen Verstärkung etwa 1700 beträgt und dessen Ausgangsspannung zwischen +3 und −0,5 V schaltet. Die dazu benötigte Eingangsspannung ist etwa 2 mV. Bild 4.73 zeigt die Anschaltung, Bild 4.74 die Übertragungscharakteristik und Bild 4.75 die Schaltzeit als Funktion der Signalspannung. Komparatoren werden oft an Stelle von Schmitt-Triggern eingesetzt, weil sie keine Hysterese zeigen.

4.9 Integraldiskriminatoren

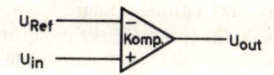

Bild 4.69   Operationsverstärker als Komparator

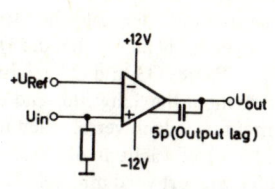

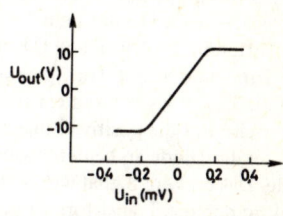

Bild 4.70   MC 1533 als Komparator

Bild 4.71   Übertragungscharakteristik des MC 1533

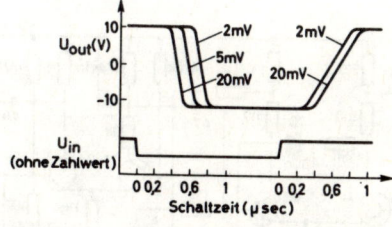

Bild 4.72   Ein- bzw. Ausschaltverhalten des MC 1533

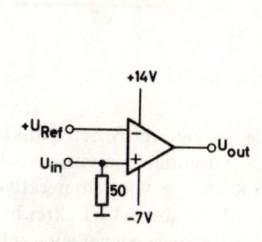

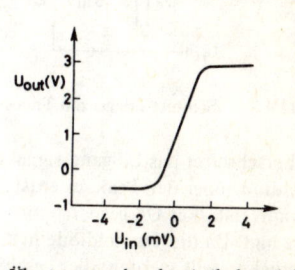

Bild 4.73   µA 710 als Komparator

Bild 4.74   Übertragungscharakteristik des µA 710

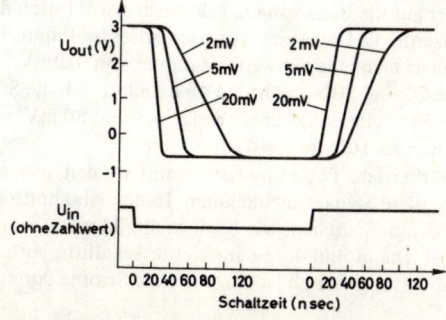

Bild 4.75   Ein- bzw. Ausschaltverhalten des µA 710

4.9.3 Diskriminatoren mit Schmitt-Triggern und Tunneldioden

In Abschnitt 3.5 sind viele Schaltungsbeispiele für Integraldiskriminatoren gezeigt, trotzdem folgen hier noch zwei Schaltungen, eine für niedrige, die andere für sehr große Signale. Bild 4.76 zeigt als Beispiel eine Kombination aus emittergekoppelten Transistoren und einer Tunneldiode, die zwischen den Kollektoren eines Transistorpaares liegt. Die mit dem 1-kΩ-Potentiometer einstellbare Schwelle bestimmt die Differenz der Ströme in Q1 und Q2, dadurch liegt der statische Strom durch die Tunneldiode fest. Die Spannungsänderungen an beiden Polen der Diode werden auf die Basen des zweiten emittergekoppelten Paares Q3 und Q4 geführt.

Überschreitet die positive Eingangsamplitude nicht die Schwelle, sind die Änderungen an der Diode an beiden Polen gleichgerichtet, jedoch verschieden in der Amplitude. Das größere Signal wird entsprechend abgeschwächt an die Basis von Q4 gegeben, so daß das Transistorpaar symmetrisch gesteuert wird und kein Kollektorsignal abgibt.

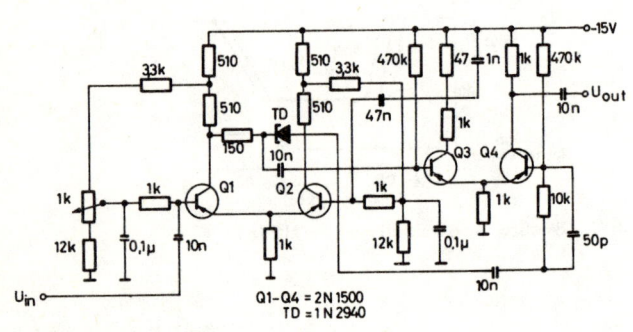

Bild 4.76 Schmitt-Trigger mit Transistoren und Tunneldiode

Überschreitet das Eingangssignal die Schwelle, springt der Arbeitspunkt der Tunneldiode über den Peak, es entsteht eine große Potentialdifferenz, so daß der Ausgangsverstärker Q4 gesperrt wird. An seinem Kollektor wird ein negatives Signal erzeugt. Da die Tunneldiode in dieser Schaltung bistabilen Charakter hat, muß sie zurückgestellt werden; dies geschieht durch ein positives Signal aus dem Kollektorkreis von Q3. Dort befindet sich eine Integrationszeitkonstante (ca. 50 ns), so daß das Resetsignal verzögert auf die Basis von Q2 gekoppelt wird. Durch die Integrationszeit ist auch gleichzeitig die Dauer des Ausgangspulses bestimmt. Mit einer 1-mA-Tunneldiode erreicht man eine Schwellenstabilität von 0,2 mV/°C im Temperaturbereich zwischen 20 und 50°C; während 48 h ändert sich die Schwelle um weniger als 0,1 mV. Die Schwelle ist variabel zwischen 3 und 80 mV, sie ist konstant für Pulsdauern größer als 100 ns.

Da in vielen Linearverstärkern die Pulse bipolar geformt werden, müssen die Diskriminatoren geeignet sein, diese Signale anzunehmen. In den Abschnitten 3.5.8 und 3.5.9 sind einige Methoden beschrieben, wie bei Signalnulldurchgängen entweder an- oder auszutriggern ist. Die in Bild 4.77 dargestellte Schaltung enthält eine Tunneldiode als Diskriminator. Statisch ist sie durch die Ströme durch R_1, R_2 und

4.10 Differentialdiskriminatoren 123

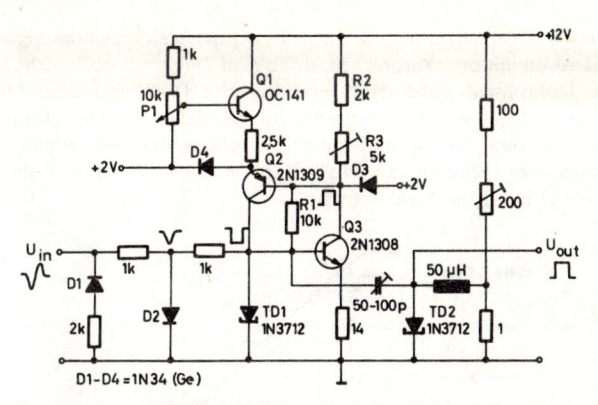

Bild 4.77 Diskriminator für Nulldurchgangssignale

R_3 sowie durch die Transistoren Q1 und Q2 so vorgespannt, daß ihr Arbeitspunkt auf dem Diffusionsast der Kennlinie liegt. Dadurch leitet auch Transistor Q3. Der Strom kann durch Variation am Potentiometer P1 geändert werden. Trifft ein bipolares Signal ein, wird der negative Teil davon ausgenutzt, den Arbeitspunkt der Tunneldiode über das Tal auf den stabilen Tunnelast der Kennlinie springen zu lassen, wenn der Eingangsstrom genügend groß ist. Dann wird Q3 und durch das positive Kollektorsignal auch Q2 gesperrt. Der jetzt fließende Tunnelstrom ist durch den Signalstrom und dann durch R_1, R_2 und R_3 bestimmt. R_3 wird so justiert, daß, wenn der Signalstrom durch Null geht, der zweite Stromanteil gleich dem Peakstrom J_p ist. Dann triggert die Tunneldiode beim Nulldurchgang zurück, der Arbeitspunkt geht wieder auf Diffusionsast. Der Ausgangskreis enthält eine weitere Tunneldiode in Univibratorschaltung, sie liefert ein positives Standardsignal an den Ausgang.

Die Schwelle ist in dem Temperaturbereich von 25 bis 55 °C innerhalb 30 mV konstant, der Regelbereich geht von 0,45 V bis 10 V. Durch richtige Einstellung von R_3 ist der Timejitter des Ausgangssignals kleiner als 1 ns.

4.10 Differentialdiskriminatoren

Während die im vorigen Abschnitt behandelten Integraldiskriminatoren dann ein Ausgangssignal geben, wenn der Eingangspuls eine bestimmte Schwelle überschreitet, kann man mit zwei Diskriminatoren, die verschiedene Schwellenwerte besitzen, eine Schaltung konstruieren, die nur dann einen Ausgangspuls liefert, wenn die Amplitude des Eingangspulses zwischen diesen beiden Schwellenwerten liegt. Die Gesamtschaltung muß also so erweitert werden, daß eine Antikoinzidenzvorrichtung anspricht, wenn der Eingangspuls beide Diskriminatorschwellen überschritten hat. Da wegen der endlichen Anstiegs- und Abfallzeit des Pulses das Überschreiten der beiden Schwellen zu verschiedenen Zeiten geschieht, muß eine Gedächtnisschaltung diese geschehenen Ereignisse aufbewahren, bis beide Diskriminatoren die richtige Amplitudeninformation des Eingangspulses herausgefunden haben.

Die Antikoinzidenzschaltung braucht nicht auf den ersten Teil des Signals aus dem unteren Diskriminator anzusprechen, da zu dem Zeitpunkt noch nicht feststeht, ob der obere Diskriminator überhaupt getriggert wird. Das Eingangssignal für die Antikoinzidenzschaltung wird daher von den Rückflanken der beiden Diskriminatorpulse erzeugt. Wenn das Signal die obere Triggerschwelle überschreitet, spricht dieser Diskriminator später an und geht auch früher wieder in seinen Ruhezustand zurück, wie es in Bild 4.78 gezeigt wird.

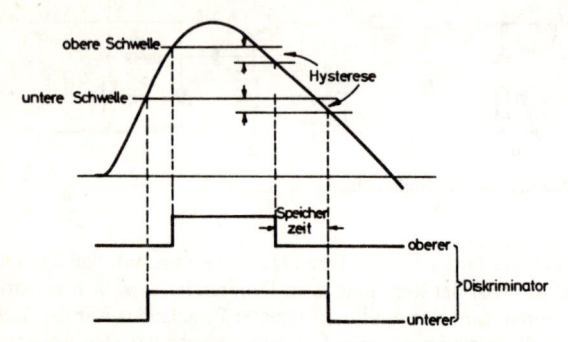

Bild 4.78   Schaltverhalten der Schmitt-Trigger im Differentialdiskriminator

4.10.1 Schwellen und Kanalbreiten

Die einfachste Anordnung, eine Schwelle zu erzeugen, ist ein vorgespannter Schmitt-Trigger oder Komparator, wie ihn Bild 4.79 zeigt. Die Triggerstufe wird direkt sowohl mit der Signalquelle als auch mit dem Potentiometer verbunden, das die Schwelle reguliert. Die Schwelle wird jedoch durch die Offsetspannung als auch durch die Eingangsströme des Triggers beeinflußt, da die Impedanzen der Signalquelle und der Schwellenregelung sicher verschieden sind. Außerdem verändert sich die Impedanz der Schwellenregelung bei Veränderung der Potentiometereinstellung. Besser ist die Vorschaltung zweier möglichst gleicher (geringste Differentialoffsetspannung) Emitterfolger, die allerdings eine gute Stromverstärkung bei Strömen im 10- bis 100-μA-Bereich haben müssen. Bild 4.80 zeigt diese Schaltung. Dadurch wird der Einfluß der Signal- und Referenzquellen-Impedanz um die Stromverstärkung der Emitterfolger reduziert. Die thermische Schwellenstabilität ist nun durch die Drift der differentiellen U_{BE}-Spannung der Emitterfolger sowie die der Offsetspannung der Triggerstufe gegeben.

Eine zusätzliche Spannung zur Erzeugung der Kanalbreite kann z.B. durch eine „schwebende" Quelle eingeführt werden (Bild 4.81). Das Potentiometer für die Kanalbreite führt dem einen Trigger den Anteil (1−x), dem zweiten die Referenzspannung zu. Für x = 0, d.h., der Schleifer ist im Bild ganz unten, sind beide Triggerstufen parallel, die Kanalbreite ist praktisch 0 V.

Die Kanallage muß aber nicht einseitig oberhalb der Referenzspannung, sie kann auch symmetrisch um diese herum angeordnet sein. Eine symmetrische Kanalbreite (im Gegensatz zu der oben beschriebenen asymmetrischen) hat Vorteile, wenn man z.B. bei der Spektrumsvermessung die Referenzspannung zunächst mit

4.10 Differentialdiskriminatoren

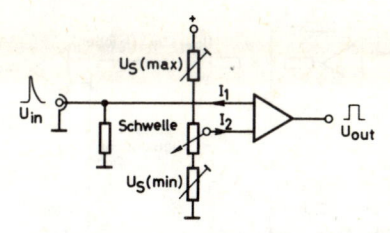

Bild 4.79 Einfache Schwellenregelung des Diskriminators

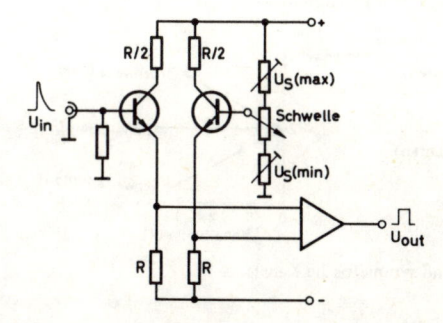

Bild 4.80 Verringerung der Eingangsströme durch Emitterfolger

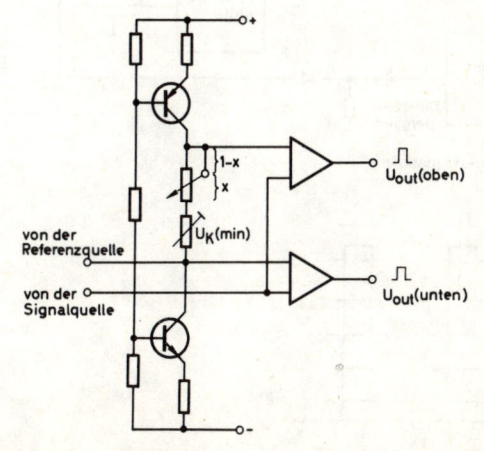

Bild 4.81 Kanalbreitenregelung mit „schwebender" Spannungsquelle

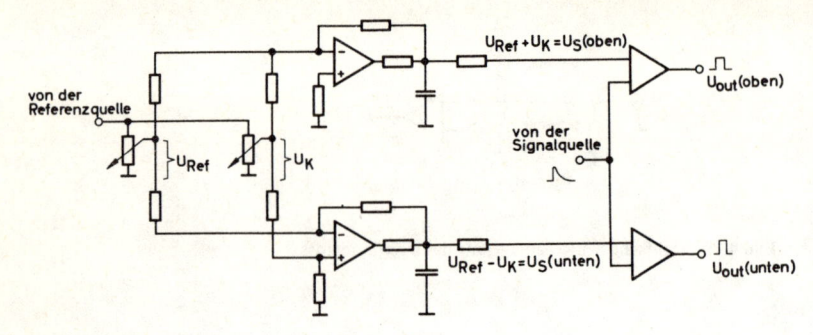

Bild 4.82 Erzeugung symmetrischer Kanalbreiten

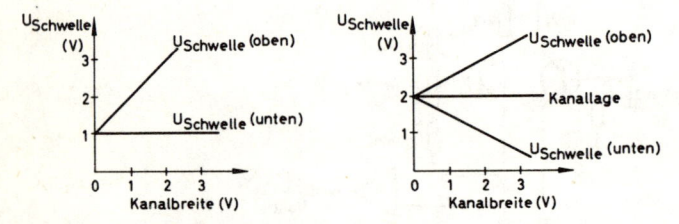

Bild 4.83 Asymmetrische und symmetrische Kanäle

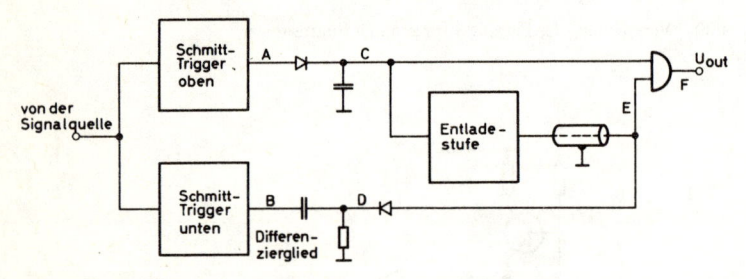

Bild 4.84 Kondensator-„Gedächtnis"

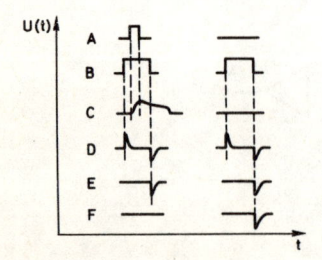

Bild 4.85 Pulszeitplan zu Bild 4.84

4.10 Differentialdiskriminatoren

großer Kanalbreite auf einen Energiepeak legt und dann, ohne Änderung der Referenz, den Kanal zur genauen Untersuchung des Peaks schmaler macht.
Bild 4.82 zeigt eine hierfür geeignete Schaltung. Den eigentlichen Triggern (Schmitt-Trigger oder Komparatoren) ist je ein Operationsverstärker (Verstärkung = 1) vorgeschaltet, deren Eingänge so angeschlossen sind, daß der obere die Kanalbreitenspannung zur Schwelle addiert (beide Spannungen gelangen auf den negativen Eingang), der untere subtrahiert (die Schwelle geht auf den negativen, die Kanalbreite auf den positiven Eingang des Differenzverstärkers).
In Bild 4.83 wird nochmal der Unterschied der beiden Betriebsarten deutlich, Bild 4.83a zeigt die asymmetrische Kanalbreitenregelung, Bild 4.83b die symmetrische. Ändert man bei der symmetrischen Regelung die Kanallage, bleibt die Kanalbreite erhalten.

4.10.2 Gedächtnisschaltung

Der Antikoinzidenz im Differentialdiskriminator muß ein „Gedächtnis" vorgeschaltet werden, damit die Information des oberen Diskriminators noch zu der Zeit vorhanden ist, wenn der untere zurückgestellt wird. Dazu werden vorwiegend drei Schaltungstypen eingesetzt. Bild 4.84 zeigt das erste Prinzip, Bild 4.85 den Pulsfahrplan für die beiden Fälle:
– Der obere Schmitt-Trigger hat auch angesprochen: das Signal überschreitet beide Grenzen, es soll nicht registriert werden.
– Der obere Schmitt-Trigger hat nicht angesprochen: das Signal liegt innerhalb des Kanals, es soll registriert werden.

Wegen der Integration am Speicherkondensator (Punkt C) kann die Schaltung keine hohen Folgefrequenzen verarbeiten. Besser ist die Schaltung nach Bild 4.86,

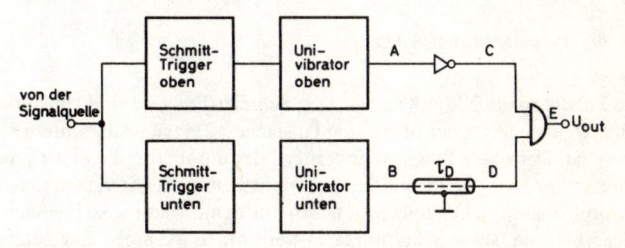

Bild 4.86   Delay-line-„Gedächtnis"

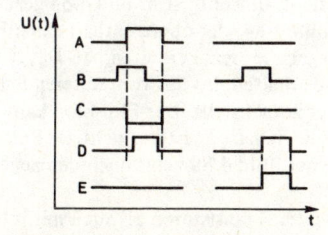

Bild 4.87   Pulszeitplan zu Bild 4.86

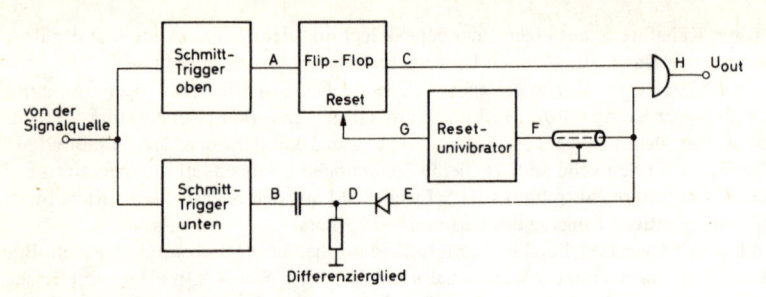

Bild 4.88   Flip-Flop-„Gedächtnis"

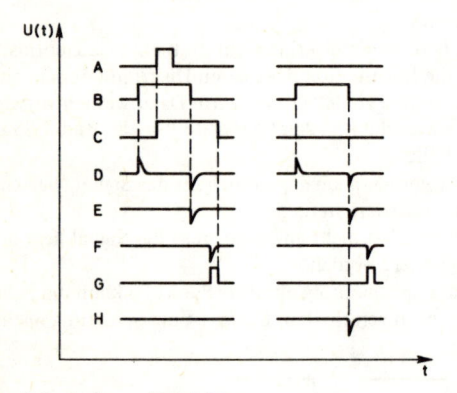

Bild 4.89   Pulszeitplan zu Bild 4.88

deren Pulsfahrplan Bild 4.87 zeigt. Den Schmitt-Triggern sind Univibratoren nachgeschaltet, von denen der obere eine Pulslänge τ_2 erzeugt, der untere τ_1, wobei $\tau_2 > \tau_1$ ist. Der obere Puls wird invertiert, der untere um die Zeit τ_D verzögert. Wenn $\tau_D < (\tau_2 - \tau_1)$ gemacht wird, entsteht kein Ausgangssignal, falls beide Univibratoren angesprochen haben, sondern nur dann, wenn ausschließlich der untere getriggert wurde. Diese Schaltungsart ist eigentlich die meist eingesetzte, eine neuere Variante, die die Totzeit des Univibrators, die durch das Wiederaufladen des zeitbestimmenden Kondensators entsteht, umgeht, ist in Bild 4.88 gezeigt. Der untere Teil der Schaltung ist wie im Bild 4.84, der obere enthält einen Flip-Flop, der anspricht, wenn sein Schmitt-Trigger ein Signal erhalten hat. Das Ausgangspotential des Flip-Flop bleibt so lange erhalten, bis das vom unteren Schmitt-Trigger erzeugte und verzögerte ihn wieder zurückstellt. Der Flip-Flop kann dann praktisch sofort wieder gestartet werden, die Schaltung ist bei richtiger Bemessung der Verzögerung für hohe Zählraten geeignet. Bild 4.89 zeigt noch den zugehörigen Pulsfahrplan.

Detaillierte Beispiele sowohl mit diskreten Transistoren als auch mit integrierten Schaltungen sind im Literaturverzeichnis zu diesem Kapitel angegeben.

4.11 Analog-Digital-Konverter

In einem Differentialdiskriminator (Abschnitt 4.10) werden nur die Pulse gemessen, die pro Zeiteinheit in einem Kanal auftreten; man kann die Schaltung so erweitern, daß in viele aufeinanderfolgende Kanäle gleichzeitig sortiert wird. Eine solche Schaltung heißt Analog-Digital-Konverter (ADC).

4.11.1 Parallelkonverter

Als einfachste Lösung bietet sich die Parallelschaltung genügend vieler Differentialdiskriminatoren (auch Einkanal-Diskriminatoren genannt) an, parallel für das Signal, aber in Serie, was die Referenzspannung betrifft. Bild 4.90 zeigt das Prinzip. Jeder Kanal enthält einen Schmitt-Trigger oder Komparator, dessen Referenzeingang an einer Widerstandskette liegt, die vom Referenzstrom durchflossen wird. Ist die Eingangsspannung $U_{in} > U_{Ref}$, soll der jeweilige Komparator ein Ausgangssignal liefern. Tabelle 4.2 zeigt, wie die Ausgangssignale entstehen.

Tabelle 4.2

U_{in}	Komparator 1	Komparator 2	Komparator 3
$0 - \frac{U}{4}$	0	0	0
$\frac{U}{4} - \frac{U}{2}$	1	0	0
$\frac{U}{2} - \frac{3U}{4}$	1	1	0
$\frac{3U}{4} - U$	1	1	1

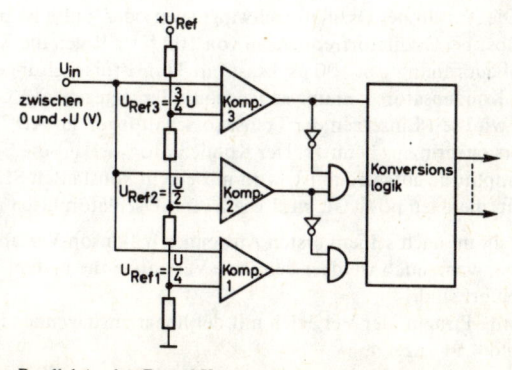

Bild 4.90   Parallel-Analog-Digital-Konverter

Die nachfolgende Konversionslogik muß die Ausgangssignale neu sortieren, damit eine Binäradresse entsteht.
Durch die 3 Komparatoren können 2 Bits verarbeitet werden, 7 Komparatoren werden für 3 Bits benötigt, allgemein 2^n-1 Komparatoren für n Bits. Die Parallelkonversion ist also sehr aufwendig und daher auf wenige Bits beschränkt; ihr Vorteil ist die hohe Konversionsgeschwindigkeit, weswegen solche Schaltungen manchmal noch zur Digitalisierung der Amplitude von ns-Pulsen eingesetzt werden.

4.11.2 Konversion mit zeitlich linearen Spannungen oder Strömen (Wilkinson)

Solange noch Szintillationszähler mit Energieauflösungen von einigen % zur Untersuchung der Spektren benutzt wurden, genügten 100 Kanäle zur Unterteilung der Amplituden, seit Anwendung der Halbleiterdetektoren mit Energieauflösungen von besser als 1 $^o/_{oo}$ muß die Kanalzahl auf einige Tausend gesteigert werden, benutzt werden 4096 oder 8192 (12 oder 13 Bits).
Ein wesentliches Kriterium bei der Durchmessung der Energiespektren mit einem ADC ist die Gleichmäßigkeit der Breite der individuellen Spannungskanäle, auch differentielle Linearität genannt. Ist dE_{in} ein gegebenes Pulshöhenintervall der Eingangsamplitude (Energieintervall) und dE_k die zugehörige Kanalbreite, dann ist die differentielle Nichtlinearität durch

$$\Delta E_k = \frac{dE_{in} - dE_k}{dE_k}$$

gegeben. Sie sollte unbedingt weniger als 1 % betragen, da sonst durch Schwankungen der Kanalgrenzen leicht Spektrallinien vorgetäuscht werden können, die gar nicht existent sind.
Beim heute üblichen Konversionsprinzip lädt der Signalstrom einen Kondensator auf seinen Maximalwert auf, dann wird das Eingangssignal abgetrennt, z.B. durch ein lineares Gate und die Kondensatorspannung über einen Stretcher für die Konversionsdauer mit der geforderten Genauigkeit (z.B. 10^{-3} bis 10^{-4}) gehalten und mit einer linear ansteigenden Spannung verglichen. Zu Beginn der Vergleichsspannung wird ein Adressenoszillator gestartet, der gestoppt wird, wenn beide Spannungen gleich sind. Die Anzahl der Oszillatorschwingungen oder -pulse ist proportional zur Pulshöhe. Selbst bei Oszillatorfrequenzen von 100 MHz liegen die Konversionszeiten in der Größenordnung von 100 μs; es ist mit Transistorschaltungen nicht ganz einfach, die Kondensatorspannung so lange mit der angegebenen Genauigkeit zu halten. Daher wird seit Einsetzen der Transistorschaltungen für ADC eine Variante des Konversionsprinzips benutzt. Der Kondensator, der auf die Spitzenspannung der Signalamplitude aufgeladen ist, wird mit einem konstanten Strom auf 0 V entladen. Die Zeit, die dazu nötig ist, wird wieder mit Oszillatorpulsen registriert.

Von diesem Verfahren, nach seinem ersten Anwender Wilkinson-Verfahren genannt, gibt es noch einige, wenn auch weniger benutzte Varianten, die in dem Literaturverzeichnis aufgeführt sind.
Das zuerst erwähnte Prinzip, der Vergleich mit der linear ansteigenden Spannung (Rampe) ist in Bild 4.91 gezeigt.
Das Startsignal triggert zur Zeit t_1, nachdem der Signalstrom den Kondensator auf-

4.11 Analog-Digital-Konverter

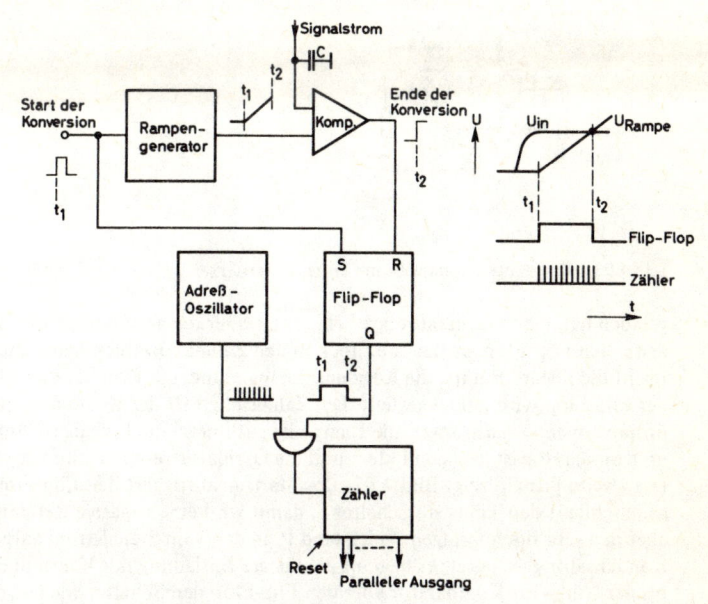

Bild 4.91 Wilkinson-ADC mit linear steigender Rampe

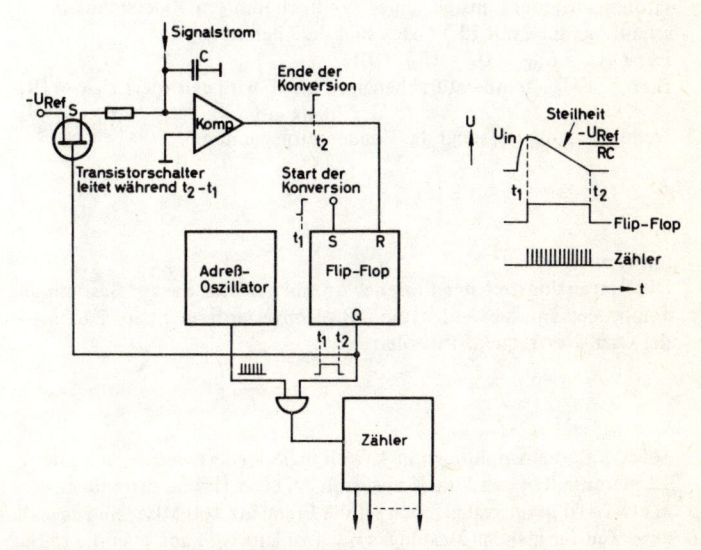

Bild 4.92 Wilkinson-ADC mit linear fallender Rampe

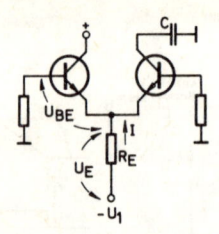

Bild 4.93 Konstante Stromquelle mit Differenzverstärker

geladen hat, einen Generator zur Erzeugung einer linearen Rampe und setzt gleichzeitig den Flip-Flop, so daß die Clock in den Zähler einzählen kann. Zur Zeit t_2 erreicht die lineare Rampe die Kondensatorspannung, der Komparator schaltet um, der Flip-Flop wird zurückgestellt. Der Zählerinhalt ist der Kondensatorspannung proportional, vorausgesetzt, die Rampe ist gut linear, die Eingangsoffsetspannung im Komparator ist genügend klein und die Oszillatorfrequenz hinreichend genau.
Das zweite Prinzip zeigt Bild 4.92: Das Startsignal triggert den Flip-Flop, sein Ausgang schließt den Transistorschalter S, damit wird eine negative Referenzspannung über den sehr hochohmigen Widerstand R an den vom Signalstrom aufgeladenen Kondensator geschaltet, es beginnt die lineare Entladung mit konstantem Strom, bis der Null-Volt-Komparator über den Flip-Flop den Schalter wieder schließt. Sowohl der Schalter als auch der Zähler sind für die Zeitdauer $t_2 - t_1$ eingeschaltet, der Zählerinhalt ist wieder proportional zur Kondensatorspannung.
Als Konstantstromquelle zur zeitlich linearen Auf- bzw. Entladung von Kondensatoren wird meist anstelle eines sehr hochohmigen Widerstands eine Transistorschaltung (auch mit FET) nach Bild 4.93 benutzt.
Es ist $-U_1 = U_{BE} + U_E = U_{BE} + JR_E$.
Hierin ist U_{BE} temperaturabhängig, deshalb wird gefordert $U_{BE} \ll JR_E$,
dann gilt $U_1 \approx JR_E$,
Wenn J = const ist, steigt die Kondensatorspannung:

$$U = \frac{1}{C} \int J dt = \frac{J}{C} t$$

linear mit der Zeit.
Die Konversionszeit steigt mit der Anzahl der Bits, die zur Bestimmung der Signalamplitude benötigt werden; ein n-Bit-Konverter braucht zur Zählung von 2^n Pulsen der Oszillatorfrequenz f die Zeit

$$T_c = \frac{2^n}{f}.$$

Sollen z.B. die Amplituden in 4096 Kanäle sortiert werden, d.h., der Zähler muß 12 Bit enthalten, wird die Konversion bei einer Oszillatorfrequenz von 10 MHz in etwa 410 µs ausgeführt, beträgt die Frequenz 100 MHz, sind es noch 41 µs. Da diese Zeit für manche Messungen noch zu lang ist, kann man die zeitlich lineare Entladung des Kondensators in zwei Stufen ausführen:

4.11 Analog-Digital-Konverter

- „grob" mit der Referenzspannung $-U_{Ref}$ mit relativ hohem Strom (einige mA) bis zur Kondensatorspannung $U_{Ref}/2^{n/2}$,
- „fein" mit der Referenzspannung $-U_{Ref}/2^{n/2}$ mit geringem Strom (einige μA) auf 0 V.

Bild 4.94 zeigt das Blockschema der Doppelrampenkonversion: Das Startsignal triggert die Kontrollogik, die daraufhin den Transistorschalter S1 schließt. Während der Zeit $t_2 - t_1$ liegt die „Grob"-Referenzspannung am Kondensator, dessen Spannung mit der Steilheit $-U_{Ref}/R_1C$ fällt. Während dieser Zeit zählt der Oszillator in Zähler 1, am Ende des $(t_2 - t_1)$-Intervalls sind die (n/2)-MSB bestimmt. Unterschreitet die Kondensatorspannung die Spannung $U_{Ref}/2^{n/2}$, schaltet der obere Komparator um, S1 wird abgeschaltet, S2 eingeschaltet. Die „Fein"-Referenzspannung entlädt in der Zeit $t_3 - t_2$ den Kondensator auf 0 V, der relativ langsame Nulldurchgang wird sehr präzise festgestellt. Während dieser Zeit zählt der Oszillator in den Zähler 2 hinein und bestimmt damit die (n/2)-LSB.

Durch diese Entladungsfolge kann die Konversionszeit wesentlich verkürzt werden, es können die beiden Zähler mit der Bitlänge n/2 zweimal maximal vollgezählt werden, d.h., die maximale Konversionszeit ist nun:

$$T_c = \frac{2 \cdot 2^{n/2}}{f} = \frac{2^{\frac{n+2}{2}}}{f}$$

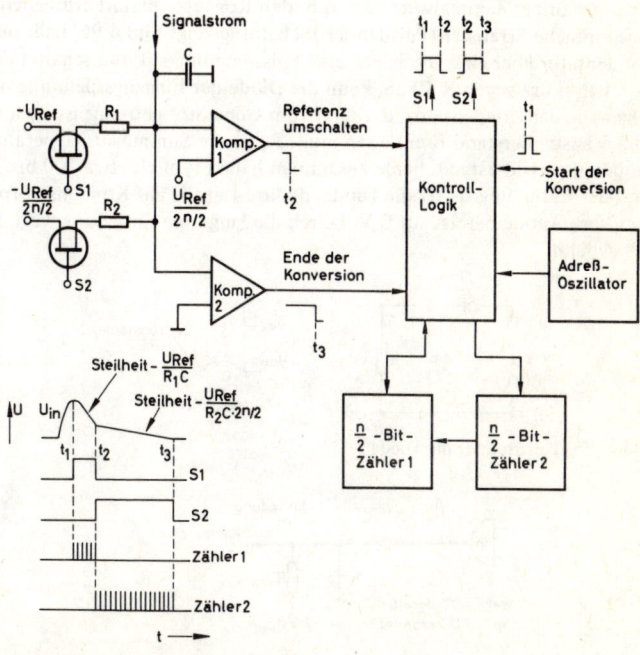

Bild 4.94 Doppelrampenkonversion

Für eine 12-Bit-Konversion erhält man nur noch 12,8 µs bei 10 MHz gegenüber 410 µs bei dem gewöhnlichen Verfahren.
Die Aufteilung in 2 mal (n/2)-Bit-Zähler kann auch anders geschehen, bei einer Konversion von ungeraden Bitzahlen nimmt man einen (n+1/2)- und einen (n−1/2)-Zähler, die maximale Konversionszeit setzt sich dann zusammen zu

$$T_c = \frac{2^{\frac{n+1}{2}} + 2^{\frac{n-1}{2}}}{f}.$$

Eine 13-Bit-Konversion benötigt nach diesem Verfahren also 19,2 µs bei 10 MHz Oszillatorfrequenz. Einige Beispiele von ausgeführten ADC nach diesen beiden Methoden befinden sich im Literaturverzeichnis.

4.11.3 Eingangsschaltung für ADC

Der Eingang eines ADC enthält praktisch immer ein lineares Gate (vgl. Abschnitt 4.8), das gesperrt wird, wenn der Signalstrom den Kondensator auf die Signalamplitude aufgeladen hat, und erst wieder geöffnet wird, wenn die Konversion beendet ist. Damit wird verhindert, daß ein neues Signal, das während einer Konversion am Eingang erscheint, diese stört.

Dem linearen Gate folgt ein Stretcher, der die Kondensatoraufladung auf die Signalspannung durchführt und den Zeitpunkt definiert, an dem die Signalamplitude wieder unter ihren Maximalwert fällt, d.h. den Konversionsstart ermöglicht.

Eine einfache Stretcher-(Pulsdehner-)Schaltung zeigt Bild 4.95. Lädt man einen Kondensator über eine Diode auf eine Pulsspannung auf und schaltet den Puls plötzlich (kurz gegen $R_s C$) ab, kann die Diode der Eingangsspannung nicht sofort folgen, da der Kondensator, der jetzt vom Generator getrennt ist, sich erst über seinen Lastwiderstand R entladen muß. R_s ist die Summe aus Generator- und Diodeninnenwiderstand, beide zusammen haben typisch etwa 100 bis 200 Ω. Während der Entladung sperrt die Diode, da ihre Katode auf Kondensatorpotential liegt, ihre Anode bereits auf 0 V. Durch die langsame Entladung wird der Puls zeitlich gedehnt.

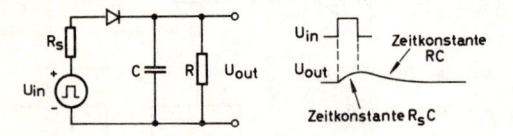

Bild 4.95   Pulsstretcher mit Diode

Bild 4.96   Gegateter Pulsstretcher

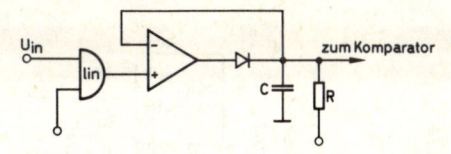

Bild 4.97   wie Bild 4.96, jedoch mit Operationsverstärker

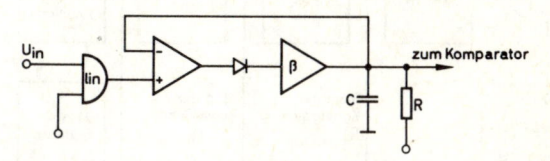

Bild 4.98   wie Bild 4.97, jedoch mit Stromverstärker

Als Eingangsschaltung für den ADC können wir den Stretcher also wie in Bild 4.96 einsetzen, wo der Widerstand R schon die Entladung mit konstantem Strom anzeigen soll.

Der Eingangswiderstand des gegengekoppelten Operationsverstärkers ist sehr hoch, sein Ausgangswiderstand niedrig. Schaltet man der Diode noch einen Stromverstärker mit niedrigen Eingangswiderstand nach, kann dessen relativ konstanter Ladestrom den Kondensator aufladen. Die Gesamtschaltung zeigt dann Bild 4.98.

Wenn die Eingangsspannung unter die Kondensatorspannung sinkt, d.h., wenn die Maximalamplitude vorbei ist, wird der Gegenkopplungsweg durch das Sperren der Diode unterbrochen, dadurch steigt die Verstärkung steil an. Dieser plötzliche Spannungsanstieg kann zum Konversionsstart benutzt werden.

4.12 Pulshöhenanalysatoren

Ein Vielkanal-Pulshöhenanalysator (PHA) klassifiziert Signale in Amplitudenkanäle, versieht diese mit einer Adreßnummer und speichert das Ergebnis in der Speicherzelle eines Kernspeichers.

Viele PHA können auch eine Pulsrate als Funktion der Zeit in ihrem Speicher registrieren, wobei die Zeitdauer vorwählbar ist. Diese Funktion heißt „Multichannel scaling".

Der Speicherinhalt kann in beiden Fällen in einem Sichtgerät (Spezialoszillograf) auf vielfältige Weise dargestellt werden.

Bild 4.99 zeigt das Blockdiagramm eines PHA. Wird das Gerät als PHA betrieben, werden, wie schon in Abschnitt 4.11.2 beschrieben, die Signale über ein lineares Gate angenommen und mit dem Signalstrom ein Kondensator aufgeladen. Ist der Ladevorgang beendet, wird das lineare Gate gesperrt und der Konversionsvorgang gestartet, d.h. der Kondensator mit konstantem Strom entladen. Während dieser Zeit zählt der Oszillator in den Zähler hinein, am Ende der Konversion ist der Zählerinhalt der Pulsamplitude proportional, er wird in das Speicheradreßregister (vgl. Band 1, Abschnitt 10.2.3) übertragen. Eine Leseoperation schickt den Inhalt der adressierten Speicherzelle in den Akkumulator, eine 1 wird dazu (d.h. zum

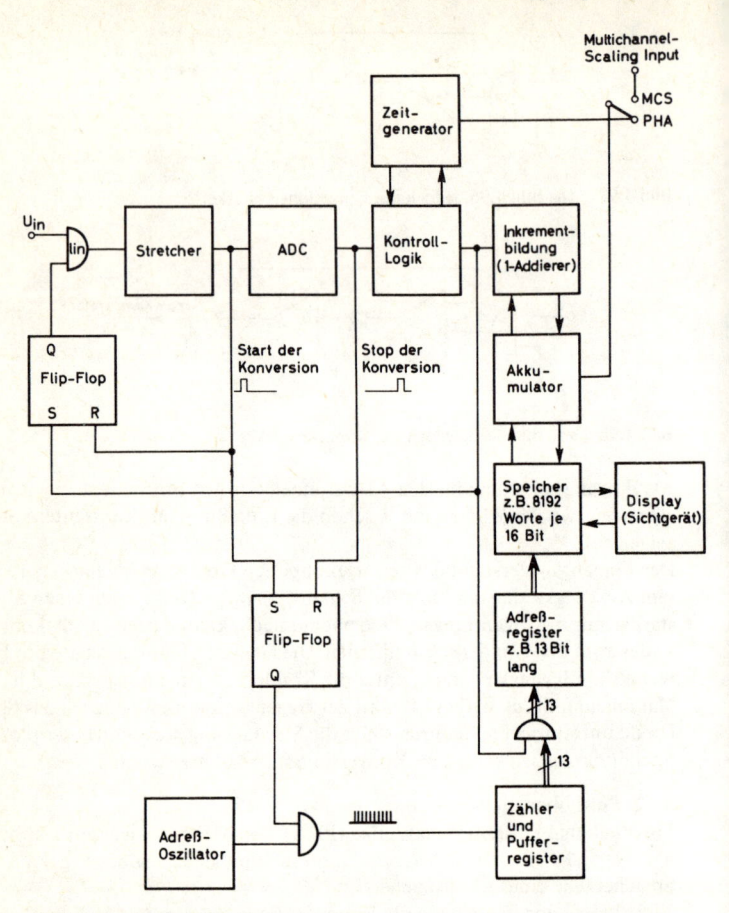

Bild 4.99 Blockdiagramm des Pulshöhenanalysators

bisherigen Inhalt des Kanals) addiert und der neue Inhalt wieder in die Speicherzelle zurücktransportiert. Dieser Vorgang läuft mit jedem neu angenommenen Eingangssignal ab, er wird von der Kontrollogik und ihrem Zeitgenerator überwacht und synchronisiert.

Wird der PHA zum Multichannel-Scaling benutzt, bedeuten sukzessive Speicherzellen (Kanäle) auch sukzessive Zeitintervalle nach einem Startsignal. Die Länge der Zeitintervalle kann intern meist zwischen einigen µs und einigen s eingestellt oder auch durch ein externes Signal kontrolliert werden. In jedem Kanal wird die Zahl von Pulsen registriert, die während des zugehörigen Zeitintervalls eingetroffen sind. Eine typische Anwendung ist das Aufzeichnen der Zerfallsrate von Isotopen als Funktion der Zeit, d.h., es werden Lebensdauerkurven gespeichert.

In begrenztem Umfang sind auch Betriebsarten möglich, die einfache Rechenoperationen erlauben:
- Subtrahieren und Addieren von Spektren oder Verteilungen in Speicheruntergruppen (spectrum stripping),
- Integration aufeinanderfolgender Kanäle zwischen beliebigen Grenzen der Adresse,
- Abziehen von Nulleffekten.

Diese Operationen sind nur in dem Umfang möglich, wie sie innerhalb des Gerätes fest verdrahtet sind. Um flexibler sein zu können, geht daher der Trend mehr zu einer Kombination von einem oder mehreren ADC mit On-line-Rechnern; ihre Möglichkeiten und typischen Anwendungen sind in Abschnitt 5.1 beschrieben.

4.13 Pulse-shape-Diskriminierung

In Abschnitt 2.2 ist erwähnt, daß das Abklingen der Lichtintensität aus einem Szintillator nach $N(t) = n_o e^{-t/\tau_{abk}}$ erfolgt. Dieses ist in Wirklichkeit nur eine Vereinfachung, die meistens Szintillatoren liefern bis zu drei verschiedenen Abklingzeiten, die, abgesehen von den Kristalleigenschaften besonders durch die Ionisierungsdichte der Teilchen hervorgerufen wird, die in den Szintillator eindringen. Die obige Gleichung lautet dann

$$N(t) = \sum_{m=1}^{3} n_m e^{-t/\tau_m},$$

Es hat sich herausgestellt, daß
- in anorganischen Szintillatoren das Licht um so schneller abklingt, je höher die Ionisierungsdichte ist,
- in organischen Szintillatoren die Beziehung gerade umgekehrt ist.

Verschiedene Abklingzeiten, d.h. also verschiedene Teilchensorten mit unterschiedlicher Ionisierungsdichte, ergeben am Arbeitswiderstand des Detektors verschiedene Anstiegszeiten des Signals (vgl. Abschnitt 2.2). Wendet man Pulsformung nach der Nulldurchgangsmethode an (vgl. Abschnitt 3.6.2), bedeuten verschiedene Anstiegszeiten auch verschiedene Nulldurchgangszeiten, in weitem Bereich unabhängig von der Signalamplitude. Durch Messung der Nulldurchgangszeit kann man also die Teilchenart, die im Szintillator registriert wird, bestimmen.

Anfänglich wurden Schaltungen benutzt, die das Detektorsignal in zwei Wege auftrennten, in jeden Weg eine Integrationszeitkonstante schalteten, die den unterschiedlichen Abklingzeiten angepaßt waren, anschließend das „schnellere" und das „langsamere" Signal addierten und detektierten.

Heute benutzt man vorwiegend eine Methode, wie sie auch in Abschnitt 3.6.2 beschrieben ist, Bild 4.100 zeigt ihr Prinzip. Mit Hilfe des Vorderflankendiskriminators wird der Beginn des Pulses detektiert und in den Starteingang des Zeitpulshöhenwandlers (Time-to-pulse-height-converter TPC) geschickt, mit dem Pulsformer für Nulldurchgangssignale (nach Abschnitt 3.6.2) und dem Diskriminator für Nulldurchgangssignale (nach Abschnitt 3.5.8 oder 4.9.3) die der Teilchenart entsprechende Nulldurchgangszeit, die den Stoppuls für den TPC liefert. Die Zeitdifferenz zwischen Start und Stop wird in eine Pulshöhe umgewandelt, die dann,

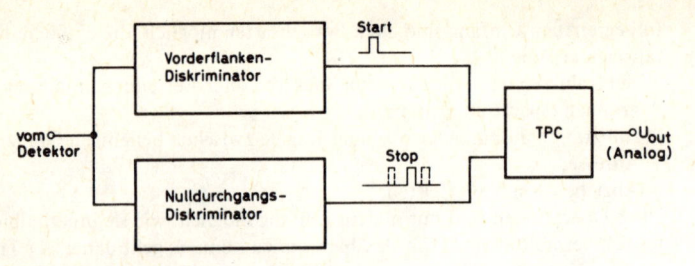

Bild 4.100 Grundschaltung zur Pulse-shape-Diskriminierung

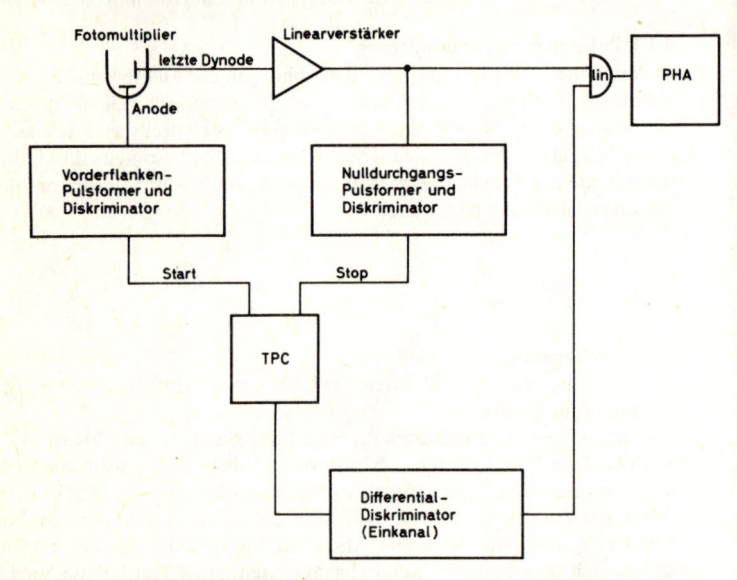

Bild 4.101 Aufbau zur Teilchendiskriminierung

wie es in Bild 4.101 gezeigt ist, mit einem Einkanal-Differentialdiskriminator untersucht wird. Man stellt dessen Schwelle und Kanalbreite so ein, daß nur die Amplituden der gewünschten Teilchenart den Einkanaldiskriminator passieren, ihr Ausgangssignal öffnet oder sperrt das lineare Gate, das dem PHA vorgeschaltet ist und verursachen dort, daß nur die Energieverteilung der gewünschten Teilchen untersucht wird.

Die Pulse-shape-Diskriminierung wird z.B. häufig angewendet, um bei Neutronenmessungen die sie begleitende γ-Strahlung zu unterdrücken, auch um in anorganischen Szintillatoren α-Teilchen, Protonen und γ-Strahlung zu trennen.

5 Datenaufsammlung und Speicherung

5.1 Datenaufsammlung und Speicherung in der Niederenergiephysik

In vielen nuklearen Experimenten ist es wichtig, die Wahrscheinlichkeitsverteilung von statistischen Prozessen zu messen. Statistisch bedeutet hier nichtperiodische Vorgänge, die durch keine einfache analytische Funktion in ihrem vollständigen Zeitverhalten beschrieben werden können.

In der Niederenergiephysik ist besonders die Messung der Amplitudenverteilung wichtig, da der Energieverlust dE/dx der Teilchen- oder Quantenstrahlung proportional zur Energie E ist; durch Messung der Amplitude kann die Energie direkt bestimmt werden. Während in den ersten Zeiten der Kernspektroskopie noch die integrale Verteilung gemessen wurde, wobei diejenigen Ereignisse (Events) bestimmt wurden, die eine einstellbare Amplitudenschwelle überschritten, folgte bald die differentielle Messung mit Einkanal-Pulshöhenanalysatoren (PHA), die die Events registrierten, deren Amplitude in einem Bereich (Kanal) zwischen E und E + ΔE lag. Der Kanal kann durch das ganze Amplitudenspektrum durchgeschoben werden.

Um 1950 entstanden die ersten Vielkanal-PHA, die die nacheinander eintreffenden Amplituden in viele festgelegte Amplitudenintervalle (Kanäle) sortieren können.
Die dominierende Technik zur Quantisierung der Pulsamplitude ist die Methode von Wilkinson, in der zunächst die Amplitude in ein Zeitintervall konvertiert und dann Clockpulse gezählt werden, die dieses Intervall messen. Die Anzahl der Pulse ist direkt proportional zur gemessenen Amplitude, die Genauigkeit bestimmen der Amplitudenzeitkonverter und die Clockpulsintervalle. Nach der Konversion wird die erhaltene digitale Information benutzt, um eine Speicherzelle als Kanalnummer zu adressieren. Der Inhalt des adressierten Speicherplatzes ist die Anzahl der in dem Kanal gezählten Pulse. Wird eine neue Amplitude konvertiert, erhöht sich der Inhalt der zugehörigen Speicheradresse um 1 (Inkrementieren). Diese Prozedur wird für jede Eingangsamplitude wiederholt, im Speicher bildet sich dabei ein Histogramm der Amplitudenwahrscheinlichkeitsfunktion. Bild 5.1 zeigt den typischen Wilkinson-Konverter mit Computer- und Displayanschluß.

Die Amplitudenzeitkonversion erfolgt durch die Ladung eines Kondensators auf die Maximalamplitude des Signalpulses und anschließender zeitlich linearer Entladung durch eine konstante Stromquelle. Zu Beginn der Entladung startet die Clock, sie wird gestoppt, wenn die Kondensatorspannung durch 0 V geht.
Die Clockpulse werden in einem Register gezählt. Der Computer hat hierbei zwei Funktionen auszuführen:
— mit hoher Priorität die einkommenden Daten zu sortieren und formatieren,
— mit niedrigerer Priorität die Daten auf einem Display (Bildschirmanzeigegerät) darzustellen (background task, Hintergrundprogramm).

Bild 5.2 zeigt die beiden Flußdiagramme für diese Funktionen. Im Displayprogramm soll die Koordinate k die Speicheradresse A_k und j den Inhalt dieser Adres-

140   5 Datenaufsammlung und Speicherung

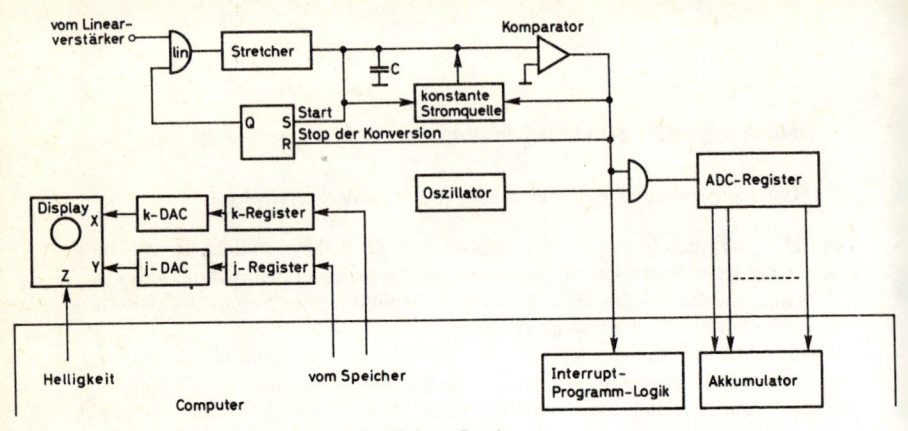

Bild 5.1   Rechneranschluß eines Wilkinson-ADC mit Display

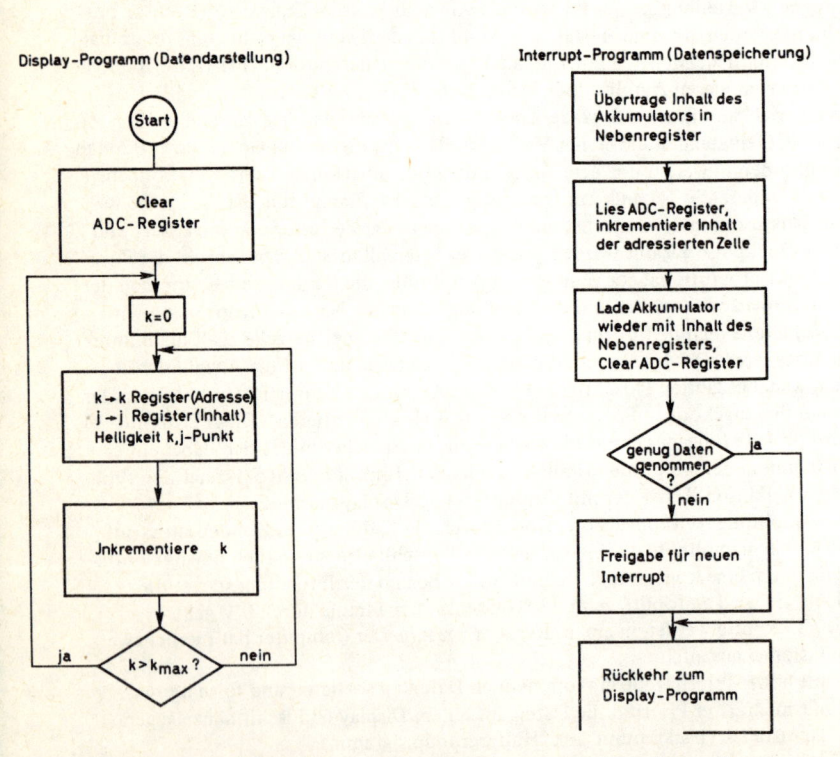

Bild 5.2   Flußdiagramm des Displayprogramms und des Programms für die Datenaufsammlung

5.1 Niederenergiephysik

se angeben. Das Diagramm zeigt zwei Schleifen, eine für die Punktdarstellung, die andere für die Bilddarstellung. Nachdem die Adresse punktweise den Maximalwert k_{max} erreicht hat, wird k zurückgestellt auf k = 0, und die nächste Bilddarstellung erfolgt.

Während der Darstellung ist jederzeit ein Interrupt möglich (Unterbrechung des Programms), der neue Daten ankündigt. Dieser unterbricht das Displayprogramm, der Rechner schaltet auf das Interruptprogramm um. Zunächst wird der Inhalt des Akkumulators (Rechenwerksregister) in ein anderes Register übertragen, die neu konvertierte Information im ADC-Register lädt den Akkumulator, von dort aus wird der Speicher adressiert und der Inhalt dieser Zelle inkrementiert. Anschließend wird der Akkumulator wieder mit der ursprünglichen Information geladen, das ADC-Register auf 0 gestellt und geprüft, ob hinreichend viele Daten genommen wurden. Wenn ja, schreibt der Rechner die bisher gesammelten Daten auf dem Display weiter aus, wenn nein, wartet er auf einen neuen Interrupt.

Das Interruptprogramm kann auch so geschrieben werden, daß es bei mehreren Datenquellen, d.h. bei mehreren ADC, die Adresse desjenigen ADC heraussucht und seine Daten akzeptiert, der den Interrupt ausgelöst hat. Hierbei ist im allgemeinen eine Prioritätsschaltung (in hardware) tätig, die den Vorrang regelt, falls zwei ADC gleichzeitig Anforderungen anmelden oder ein zweiter sich während der Behandlung des Interrupts eines ersten ADC mit einer Anforderung meldet.

Die Bearbeitung der Annahme neuer Daten kann auf zweierlei Weise erfolgen:
— Transfer unter Programmkontrolle,
— Transfer über direkten Datenkanal (data break).

In jedem Fall wird das Hintergrundprogramm, also der Display, unterbrochen, bis der Transfer beendet ist.

Die oben beschriebene Übertragung an Hand der Flußdiagramme entspricht der Programmkontrolle; ihr Vorteil ist die Flexibilität, jedes Event kann sofort durch das Programm behandelt werden, manches Sortieren, auch Reduzieren von Daten, kann unmittelbar vorgenommen werden. Ihr Nachteil ist ein relativ großer Zeitbedarf zum Laden und Umspeichern von Registern, oft 10 bis 20 μs.

Der Datenkanaltransfer erreicht kürzere Zeiten, weil er Daten in oder aus dem Speicher transportieren kann, ohne das Programm zu stören. Dabei werden die Daten, Event auf Event, listenmäßig in den Speicher geschrieben, wozu 2 Kontrollregister benötigt werden:
— eines, das die laufende Adresse für das nächste Event bereitstellt,
— eines, das angibt, wann die Liste voll ist, d.h. ein Wortzähler.

Da diese Register in Hardware gebaut sind, können die Daten mit der Geschwindigkeit eines Wortes pro Speicherzyklus übertragen werden, d.h. normalerweise einige Hunderttausend Worte pro s.

Die als Liste im Speicher stehenden Daten können in der gleichen Form in einen externen Speicher übertragen oder durch das Programm manipuliert werden. Diese Eigenschaften, zusammen mit der kurzen Behandlungszeit von weniger als 2 μs gegen etwa 20 μs beim programmgesteuerten Interrupt machen den data break-mode so interessant.

5.1.1 Mehrparameteranalyse

Wesentlich aufwendiger wird die Messung der Wahrscheinlichkeitsverteilung, wenn mehr als ein Parameter gleichzeitig gemessen werden soll, wenn also ein Event z.B. durch die Messung zweier Energien oder auch durch eine Kombination von Energie, Flugzeit und spezifischer Ionisation dE/dx bestimmt wird. Im ersten Fall benötigen wir eine Zweiparameterdarstellung, im zweiten eine solche mit drei Parametern. In Mehrparameterexperimenten werden also zwei oder mehrere Parameter unabhängig voneinander gemessen und in getrennten ADC digitalisiert. Solche Experimente sind nützlich bei der Messung komplizierter Zerfallsschemata, z.B. bei neutroneninduzierten Prozessen, wie (n, p), wo neben Energien auch Flugzeiten, Winkelverteilungen und spezifische Ionisation gemessen werden soll.

Die Zahl der in normalen Vielkanal-PHA oder Kombinationen eines ADC mit einem Kleinrechner vorhandenen Speicherzellen liegt meist maximal bei 16000 oder 32000 Kanälen. Da Halbleiterdetektoren aber leicht Energieauflösungen von 0,1 %, entsprechend 1000 Kanäle, erreichen, benötigt eine Zweiparameteranalyse mit zwei Energien $1000 \times 1000 = 10^6$ Kanäle. Kommt noch ein dritter Parameter, z.B. die Flugzeit mit 100 Kanälen hinzu, werden $10^6 \times 10^2 = 10^8$ Kanäle gefordert. Da solche Kanalzahlen sehr teure Kernspeicher bedeuten würden, muß man sich neue Methoden überlegen, wie man die vorhandenen Speicher ausnutzt.

In einem normalen PHA wird ein Event durch eine digitale Zahl, den Descriptor, beschrieben, der die Adresse im Speicher angibt, unter der das Event gespeichert wird. Dieses konventionelle Prinzip der direkten Adressierung zeigt Bild 5.3. In vielen Multiparameterexperimenten, besonders in Koinzidenzexperimenten, ist zwar die mögliche Zahl der Descriptoren sehr groß, die der wirklich benutzten jedoch wesentlich geringer, etwa einige Tausend von den Millionen Möglichkeiten.

Man kann nun so vorgehen, daß man nur diejenigen Descriptoren einliest, die wirklich vorkommen; z.B. unter Verwendung eines assoziativen Speichers. Diese inhalt-

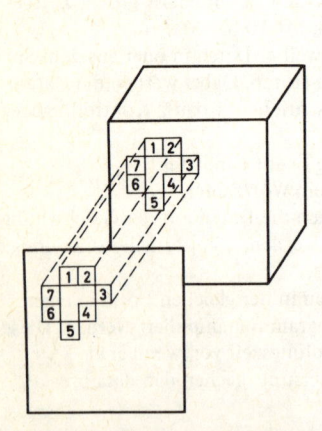

Bild 5.3 Prinzip der direkten Adressierung der Eventspeicherzellen

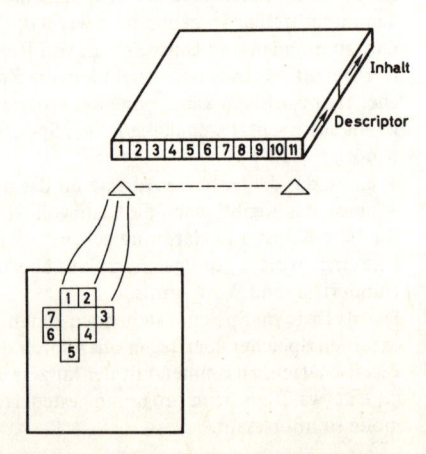

Bild 5.4 Prinzip der assoziativen Adressierung

adressierbaren Speicher basieren unter anderem darauf, daß große Teile der Datenmatrix entweder redundant oder leer sind. Im Assoziativspeicher werden zwei Speicherworte jedem Datenelement beigefügt, eines charakterisiert den Wert des Elements, in unserem Fall also die Zahl der Events im Kanal; das zweite bestimmt den Descriptor des Elements, d.h. die Kanalnummer (Bild 5.4).

Zu Beginn der Datenaufsammlung sind alle Datenelemente leer, keine Kanalnummer ist fixiert. Wenn das erste Event angenommen wird, erhält der erste Descriptor die erste verfügbare Speicherzelle, der nächste verschiedene Descriptor die zweite usw. Wenn irgendein Event registriert wird, muß eine Liste der bereits gespeicherten Descriptoren daraufhin durchsucht werden, ob dieses Event in einen schon gespeicherten Kanal gehört. Wenn ja, wird der Wert des Elements inkrementiert, wenn nein, wird der neue Descriptor an das Ende der Liste gesetzt. Ist die Liste bereits voll, wird das Event ignoriert.

Obgleich dieses Prinzip sehr einfach ist, wird es doch nicht sehr häufig benutzt, denn der Descriptorenvergleich wird per Programm in linearer Weise durchgeführt, dadurch geht viel Zeit verloren. Verschiedene Benutzer haben besondere Codierverfahren mit Baumstrukturen versucht, um den Wirkungsgrad der Suchroutine zu verbessern. Totzeiten bis herunter zu 10 μs pro Event wurden erreicht. Eine andere Alternative ist die Fenstervorselektion. Man beschränkt eine der Matrixkoordinaten, die die Mehrparameteranalyse beschreiben, und registriert die andere als Funktion dieser beschränkten Variablen. Dieses kann man z.B. durch ein Fenster im Spektrum des beschränkten Parameters erreichen.

5.1.2 Plattenspeicher für Mehrparameteranalysen

Die oben angeführten Methoden, wie Assoziativspeicher mit Listen- oder Baumorganisation sowie digitale Fenstertechniken, weisen einige prinzipielle Schwierigkeiten auf, die ihren Einsatz unbeliebt machen, z.B.:

– Die lineare Beziehung zwischen Kanalnummer und Speicherplatz geht verloren, ein Display solcher Datenstrukturen wird schwierig.
– Ist die Zahl der verschiedenen Descriptoren größer als die Zahl der verfügbaren Speicheradressen, muß man entweder einige Descriptoren ignorieren oder sie auf externe Speicher schreiben, wodurch die Verarbeitung der Daten kompliziert wird.

Speichert man die gesamten Daten auf ein Magnetband, kann man sie nur sequentiell registrieren. Um das Spektrum zu erhalten, muß man die Bänder sortieren und das Spektrum als Folge von Blöcken der zusammengehörenden Kanäle aufzeichnen. Dieses bedeutet einen zeitraubenden Suchprozeß, eine Lese- und Wiedereinschreiboperation, d.h., während des Experiments ist es praktisch unmöglich, das ganze gemessene Spektrum auf einem Display zu zeigen. Benutzt man statt des Bandes das wesentlich schnellere Plattensystem, das praktisch nur wenig teurer ist und puffert die Daten in einem schnellen Kernspeicher, kann man in linearer Datenorganisation einige Millionen Kanäle mittlerer Bitzahl (z.B. 16 Bits) bei hoher Datentransferrate auf die Platte schreiben.

Betrachten wir z.B. einen Plattenstapel aus 6 Platten (IBM 2311), auf denen insgesamt 10 Plattenseiten beschrieben werden können (s. Bild 5.5).

Auf jeder Seite sind 200 Spuren, die jeweils 3625 Bytes (je 8 Bit) Informationen

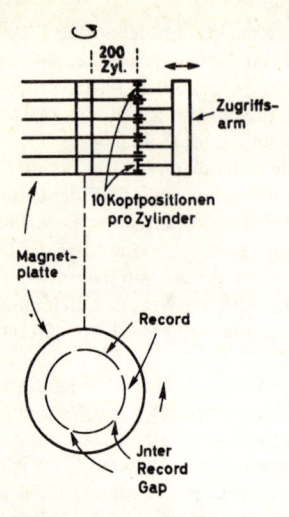

144 5 Datenaufsammlung und Speicherung

Bild 5.5 Plattenspeicher IBM 2311 und Numerierung der Spuren

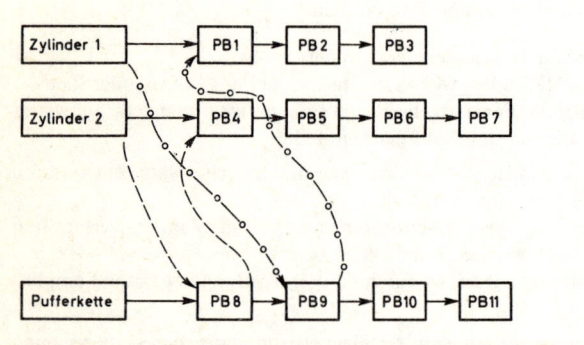

Bild 5.6 Zuordnung der Pufferspeicher (Kernspeicher) zu den Plattenspuren

PB = Pufferblock

Bildbeispiel:
PB 1, 2, 3 gehören zur Zeit t zu Zyl. 1;

PB 4, 5, 6, 7 gehören zur Zeit t zu Zyl. 2;

PB 9 geht zur Zeit t + Δt zu Zyl. 1;

PB 8 geht zur Zeit t + Δt zu Zyl. 2

tragen können. Auf der Spur ist die Information in Records geteilt, getrennt durch ein Inter-Record-Gap (IRG). Die Länge der Records ist durch den Programmierer wählbar. 10 Lese-/Schreibköpfe können in 75 ms auf die Spur gebracht werden, die 200 Gruppen je 10 Kopfpositionen bilden 200 Zylinder, auf denen Daten wie folgt adressiert werden können:
— Zylindernummer 0–199,
— Positionsnummer 0–9,
— Recordnummer nach Wahl.
In diesem Systembeispiel können etwa 3,3 Millionen Kanäle je 16 Bits auf Platten organisiert werden. Dazu werden auf jeden Zylinder 128mal 128 Kanäle je 16 Bits

5.1 Niederenergiephysik

untergebracht, die man, der 10 Kopfpositionen wegen, in 10 Bereiche unterteilt, 9 davon tragen 128mal 13, einer 128mal 11 Kanäle je 16 Bits.
Das Programm berechnet die Plattenadresse für jedes Event, die Events werden jedoch vorgespeichert. Für jeden Zylinder ist ein Pufferspeicher vorhanden, in dem das erste Sortieren nach Positions- und Recordnummer stattfindet. Ist der Puffer voll, ruft das Programm den zugehörigen Zylinder auf, während der Kopf sich auf den Zylinder zubewegt, wird das endgültige Sortieren ausgeführt. Anschließend werden die Daten in die richtige Kanalnummer eingeschrieben.
Der Pufferspeicher ist als Kette von Speicherblöcken organisiert (s. Bild 5.6). Wenn das Programm einen Pufferspeicher für irgendeinen Zylinder braucht, nimmt es einen Leerblock aus der Kette und füllt ihn. Sind keine Blöcke mehr vorhanden, löst das Programm die Übertragung auf die Platten aus. Ist diese beendet, werden die Blöcke wieder in die freie Kette eingeordnet. Solche Programme für dieses spezielle Speichersystem sind in Assembler 360 geschrieben, um dem Benutzer ein speziell für ihn geeignetes Programm zu geben. Es können bis zu 2000 Events pro s gespeichert werden.

5.1.3 Wahlfreie Adressierung durch Programme

Wenn man eine Zweiparameteranalyse mit Halbleiterdetektoren ausführt, deren Energie z.B. in 13 Bits (8192 Kanäle) sortiert wird, dann beschreiben die zwei 13-Bit-Worte die Adresse des gemessenen Kanals unter den rund 65 Millionen. Bei so großen Kanalzahlen, die noch mit vernünftiger Statistik gefüllt werden sollen, ist das Sortieren in kurzer Zeit ganz wesentlich; der Rechner muß der Platte die einkommenden Daten so vorordnen, daß während einer Plattenumdrehung möglichst viele Adressen inkrementiert werden können. Viele Sortierschemata sind versucht worden. Sie hängen wesentlich von der Hardwareorganisation der Platte ab. Digital Equipment Corp. hat z.B. Platten für die PDP-9 und PDP-15, auf denen jedes individuelle Wort adressierbar ist. Die Platte ist unterteilt in 128 Spuren zu je 2048 Wörtern. Man kann aufeinanderfolgende Worte in verschiedenen Spuren adressieren. Die Software hält im Kernspeicher eine Liste bereit, die mehrere Eingänge für jede vorbeikommende „Wortzeit" bietet. Ein Hintergrundprogramm sucht kontinuierlich die Liste durch, zeitsynchron mit der Plattenrotation, ob Eingänge zum Lesen oder Beschreiben der Platte vorhanden sind. Dadurch wird die lange Zugriffszeit wesentlich verkürzt. Das Hauptprogramm (Interruptprogramm) konvertiert die ankommenden Eventadressen in Plattenadressen und sorgt für die geeignete Einfügung in die Plattenliste. Auf diese Art können sicher bis 1000 Events pro s sortiert und verarbeitet werden.
Statt die wahlfreie Adresse durch ein Programm feststellen zu lassen, kann dies auch durch einen speziellen Hardwarecontroller geschehen. Dadurch können mehrere Hundert Kanäle gleichzeitig adressiert und Zählraten von einigen Tausend pro s erreicht werden. Das Prinzip ist ähnlich wie beim Programmtransfer, nur geht die Übertragung über den Datenkanal (Data break mode). Der Kontroller enthält einige Pufferspeicher am Eingang, die durch einen Eingangsdekoder aufgerufen und geladen werden können. Ist ein Puffer voll, wird auf den nächsten umgeschaltet (Wechselpufferbetrieb). Der Inhalt des ersten gelangt in einen Übersetzer, der das Datenwort in eine Plattenadresse umsetzt (durch ein Unterprogramm). Der nachfolgende Vorsortierer trennt die Spurnummer von der Position des Wortes auf

der Spur (Record) und gibt sie in einen Adreßpufferspeicher, von wo sie die Spur aufruft und die irgendwann vorbeikommende Position feststellt; in sie wird das Wort eingeschrieben.

Mit dem Einsatz schnellerer externer Massenspeicher in den kommenden Jahren, z.B. Holografiespeicher oder Magnetblasenspeicher, die ihrer Konzeption nach als Nachfolger der Magnetplatte gedacht sind und besonders in ihrer Zugriffszeit etwa 1000 mal schneller sein werden, besteht die Hoffnung, wesentlich mehr Events pro s registrieren zu können.

5.2 Datenaufsammlung und Speicherung in der Hochenergiephysik

5.2.1 Prinzip der Auslese

Praktisch alle Messungen im Hochenergiephysik-Bereich sind Mehrparameterexperimente, da mit vielen Detektoren gleichzeitig Flugzeiten, Winkelverteilungen und Zeitbeziehungen gemessen werden.

Die Zeitbeziehungen werden durch Koinzidenzen bestimmt, die entlang des Teilchenstrahls, der aus dem vom Beschleuniger beschossenen Target unter einem bestimmten Winkel herauskommt, aufgebaut sind. Die koinzidenten Signale werden aber nicht in der Reihenfolge ihres Eintreffens in den Rechner gegeben, vielmehr wird die Koinzidenzlogik meist hierarchisch aufgebaut, wie es Bild 5.7 zeigt. Entlang der Teilchenbahn stehen viele Detektoren, etwa Szintillationszähler, Funkenkammern, Proportionalkammern, Cerenkov-Zähler, Schauerdetektoren usw. Davon sind einige, z.B. die Zähler 1, 2, 3 und 4, ausgewählt, ein gewünschtes physikalisches Ereignis zu definieren. Haben diese Zähler gleichzeitig (koinzident) angesprochen und ihr Signal in die Masterkoinzidenz geschickt, wird dort die Koinzidenz registriert, das Ausgangssignal über ein Signalverteilersystem (Fanout) an die vielen Zweifachkoinzidenzeinheiten gegeben, wo es als Signal in einem der beiden Koinzidenzkanäle wirkt (Stroben). Alle Signale, die von den anderen Detektoren A, B, C ... N gleichzeitig mit diesem Strobesignal kommen, definieren die Daten aller Detektoren des Experiments zu dem in der Masterkoinzidenz festgestellten Ereignis. Nur diese Koinzidenzen sind physikalisch von Interesse, sie werden in den Rechner eingelesen. Da die vielen gestrobten Zweifachkoinzidenzen gleich im Aufbau sind, werden sie meist zu größeren Einheiten (Pattern-Unit) zusammengefaßt.

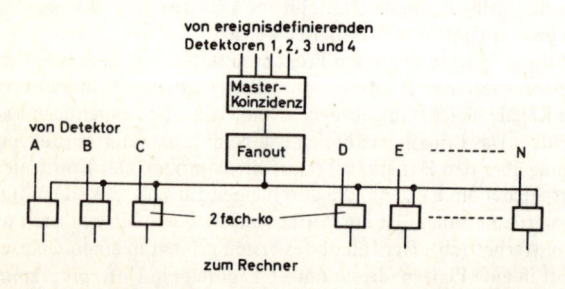

Bild 5.7   Hierarchischer Koinzidenzaufbau zur schnellen Datenreduktion

5.2 Hochenergiephysik 147

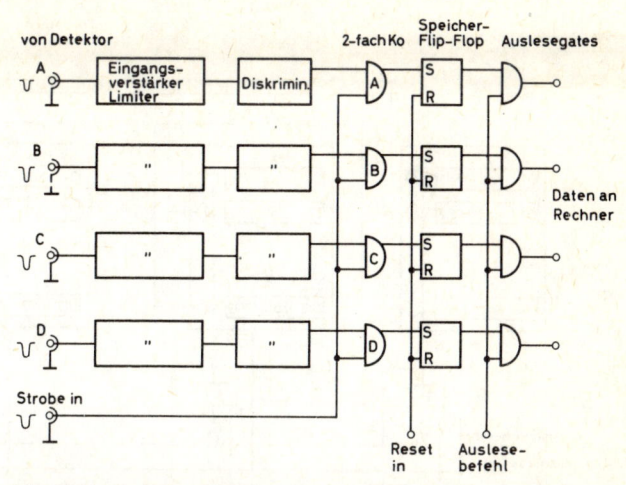

Bild 5.8   Blockbild einer Pattern-Unit für 4 Kanäle

5.2.2 Pattern-Unit

Bild 5.8 zeigt das Blockbild einer Pattern-Unit genannten Koinzidenzeinheit für vier gestrobte Zweifachkoinzidenzen. Die Eingangsverstärker und Limiter sind meist für Zählraten bis zu 200 Megapulsen pro s entwickelt, die Diskriminatorschwellen liegen zwischen –100 und –500 mV, so daß übliche Szintillationszähler direkt anschließbar sind. Der Strobeeingang nimmt ein logisches NIM-Signal von der Masterkoinzidenz an und verteilt es auf die vier Zweifachkoinzidenzen, die Auflösungszeiten bis herunter zu 1 ns erreichen.

Wird während des Strobepulses ein Detektorsignal zur Koinzidenz gebracht, wird dieses in dem nachgeschalteten Flip-Flop gespeichert. Die Masterkoinzidenz, die das Ereignis generell festgestellt hat, gibt diese Mitteilung auch dem Rechner, der daraufhin den Auslesebefehl schickt und die Gates freigibt, die den Inhalt der Flip-Flops in den Rechner schicken.

Sollen mehr Koinzidenzen zusammengefaßt werden, kann man sie der Wortbreite des benutzten Rechners anpassen. Werden z.B. Rechner vom Typ PDP-8 eingesetzt, die eine Wortbreite von 12 Bit haben, erscheint es vernünftig, 12 Koinzidenzstufen in ein Gerät zu bauen. Bild 5.9 zeigt einen einfachen Aufbau zum Auslesen mehrerer Pattern-Units in den 12-Bit-Rechner. Jede Unit enthält 12 Ausgangsleitungen, die so verbunden werden, daß Bit 1 von Unit 1 mit Bit 1 von Unit 2 usw. bis Bit 1 von Unit N geodert werden. Das gleiche erfolgt mit Bit 2 bis Bit 12. Mit dem ersten Schiebetakt werden die Bits 1 bis 12 der Unit 1 aufgerufen, mit dem zweiten Takt die Bits 1 bis 12 der Unit 2 usw. Ist die letzte Unit N aufgerufen, gibt sie ein Endesignal an den Rechner. Die Abwicklung der Übertragung pro Unit dauert etwa 1,5 μs, so daß z.B. für 20 Units je 12 Zweifachkoinzidenzen, d.h. für 240 Zweifachkoinzidenzen, etwa 30 μs Auslesezeit benötigt werden. Danach kann ein neues Ereignis, d.h. ein neues Strobesignal, angenommen werden.

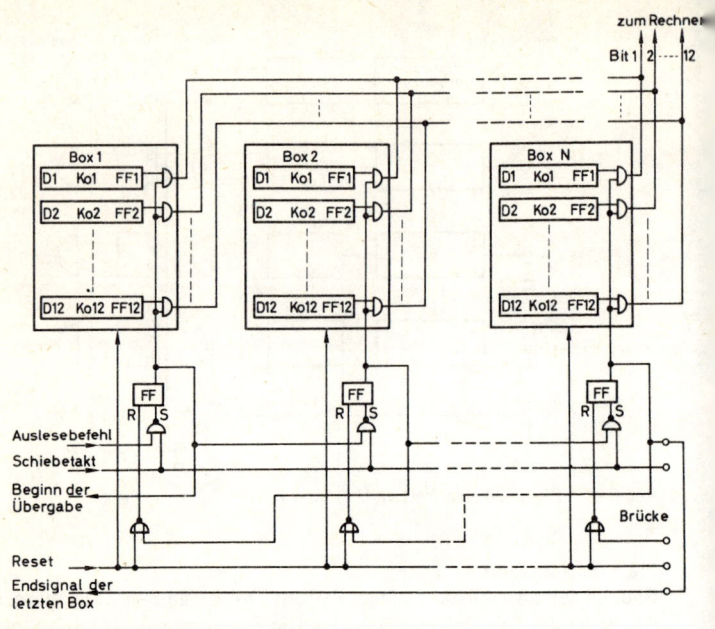

Bild 5.9 Einfache Patternauslese mit geoderten Ausgängen

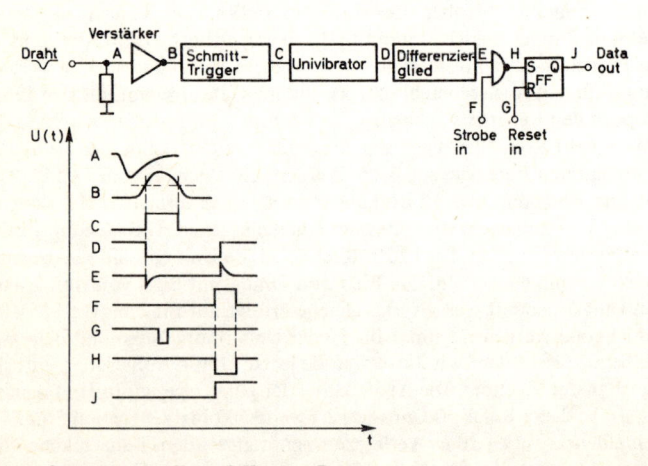

Bild 5.10 Aufsammlung der Charpak-Kammer-Daten

5.2.3 Charpak-Kammer-Auslese

Nach einem ähnlichen Schema wird auch die Datenaufsammlung in den Proportional(Charpak)kammern organisiert. Diese Drahtkammern arbeiten im Proportionalbereich der Gasverstärkung. An jedem Draht, der ein Teilchen bei seinem Durchgang registriert, entsteht ein negatives Signal von etwa 0,2 bis 20 mV Amplitude mit einer Anstiegszeit von ca. 20 ns sowie einer Abfallzeit, die durch den Arbeitswiderstand des Drahtes gegeben ist, meist etwa 100 ns. Diese Signale müssen verstärkt und diskriminiert werden, ehe sie einen Univibrator als Pulsformer und Verzögerer durchlaufen. Danach gelangen sie über eine Zweifachkoinzidenz mit Strobeeingang (vgl. Bild 5.10) in einen Flip-Flop als Zwischenspeicher, von wo sie dann in eine Ausleseeinheit gegeben werden.

Da meist nur wenige (etwa 1 %) Proportionaldrähte angesprochen haben, wäre es aber nicht sinnvoll, den gesamten Inhalt der Flip-Flops zu übertragen, d.h. etwa 99 % Nullen und 1 % Einsen. Vernünftiger ist es, nur festzustellen, wo sich die Einsen befinden, und ihre Adresse anzugeben, z.B. mit einem System von Multiplexern (MPX). Dies ist für $2^{12} = 4096$ Drähte in Bild 5.11 dargestellt, wo 64 MPX mit je 64 Eingängen durchgetaktet werden. Zum Aufsuchen der Einsen werden also 64 Takte parallel in den 64 Gruppen benötigt. Wird eine 1 gefunden, fragen 16 Takte die MPX der dritten Ebene ab, weitere 4 Takte den MPX der vierten Ebene. Werden die ersten 64 Takte mit 5 MHz, die weiteren 16 + 4 Takte mit 10 MHz gezählt, wird für die Ermittlung der Adresse einer 1 die Zeit

$$64 \text{ Takte je } 0,2 \ \mu s = 12,8 \ \mu s$$
$$16 \text{ Takte je } 0,1 \ \mu s = \ 1,6 \ \mu s$$
$$4 \text{ Takte je } 0,1 \ \mu s = \ 0,4 \ \mu s$$

benötigt.

Sollen innerhalb der Auslese eines Events z.B. 20 Einsen ausgelesen werden, ergibt sich die Auslesezeit zu:

$$\begin{array}{r} 64 \text{ Takte je } 0,2 \ \mu s = 12,8 \ \mu s \\ 20 \text{ mal } 16 \text{ Takte je } 0,1 \ \mu s = 32,0 \ \mu s \\ 20 \text{ mal } \ \ 4 \text{ Takte je } 0,1 \ \mu s = \underline{\ 8,0 \ \mu s} \\ 52,8 \ \mu s \end{array}$$

Diese Zeit vergeht, falls alle 4096 Drähte abgefragt werden müssen. Normalerweise ist das nicht der Fall, denn die Einsen können auch am Anfang oder in der Mitte der Adressen verteilt sein. Daher sollte man die Ausgänge der MPX der ersten und der dritten Ebene odern, um festzustellen, ob überhaupt noch Einsen in den MPX enthalten sind, wenn nicht, kann der Suchvorgang beendet werden.

Der gesamte Suchablauf in den 4096 Datenquellen kann an Hand des Bildes 5.12 verfolgt werden.

Vor Beginn der Auslese sind alle Flip-Flops (FF) auf RESET. Das START-Signal aus der schnellen Experimentlogik setzt FF1, der das Oszillatorgate AND 1 öffnet. FF3 und FF4 stehen so, daß nur AND 2 und AND 3 den Oszillatortakt über einen 2fach Teiler (FF6) an den 6-Bit-Zähler schaltet, d.h. in die 64 parallel geschalteten Gruppen mit je 64 Drähten (Datenquellen). In diesen wirken die vier 16fach- und der eine 4fach-MPX wie ein 64fach-MPX. Daher sind sie zusammengezeichnet. Findet einer oder mehrere der 64fach-MPX in verschiedenen Gruppen während des

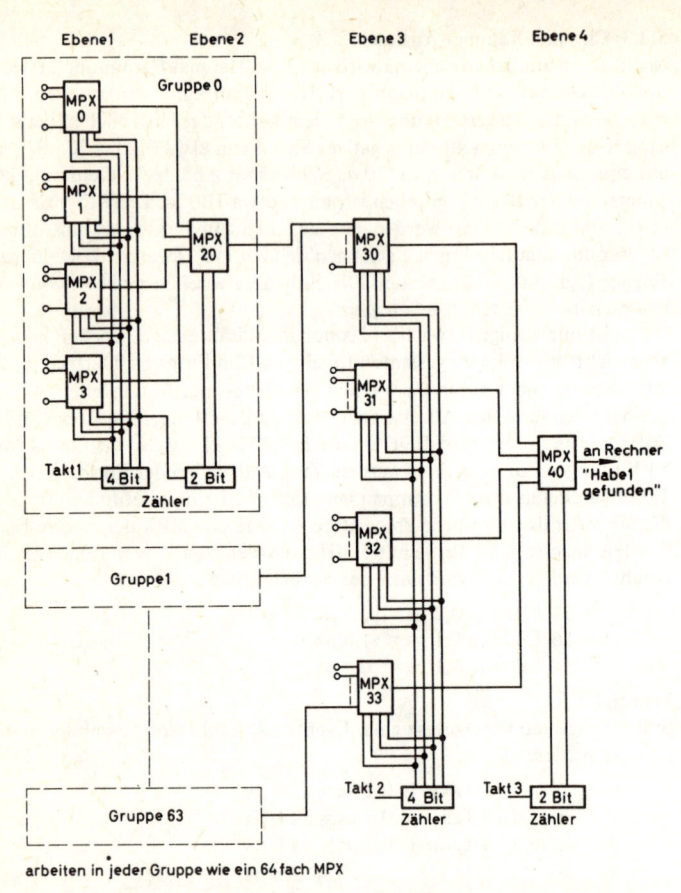

Bild 5.11 Ausleseprinzip für Charpak-Kammern mit 2^{12} Drähten

gleichen Taktes eine 1, wird über das 64fach-ODER-Gate OR1 der Flip-Flop FF3 gesetzt und damit AND 2 geschlossen, AND 4 geöffnet und der volle 10-MHz-Takt in den 4-Bit-Zähler geschickt. Nun werden die vier 16fach-MPX durchgesucht, bis die 1 gefunden wird. Dann schaltet das 4fach-OR 2 den FF4 um und öffnet AND 5, schließt AND 3, der Takt läuft in den 2-Bit-Zähler des Ausgangs-MPX (4 fach) und sucht dort die Position, in der die 1 steht.
Ist sie gefunden, wird FF1 zurückgestellt und damit die Clock unterbrochen. Gleichzeitig geht ein Signal ADRESSE GEFUNDEN aus dem Ausgangs-MPX an den Rechner, der daraufhin den Zählerstand der drei gestoppten Zähler (6 Bit, 4 Bit, 2 Bit) als paralleles 12-Bit-Wort übernimmt. Der Rechner quittiert mit dem Signal ADRESSE ANGENOMMEN, dadurch wird FF1 wieder gesetzt und der Clockgenerator zählt weitere Takte in den 2-Bit-Zähler, um festzustellen, ob in der gleichen

5.2 Hochenergiephysik

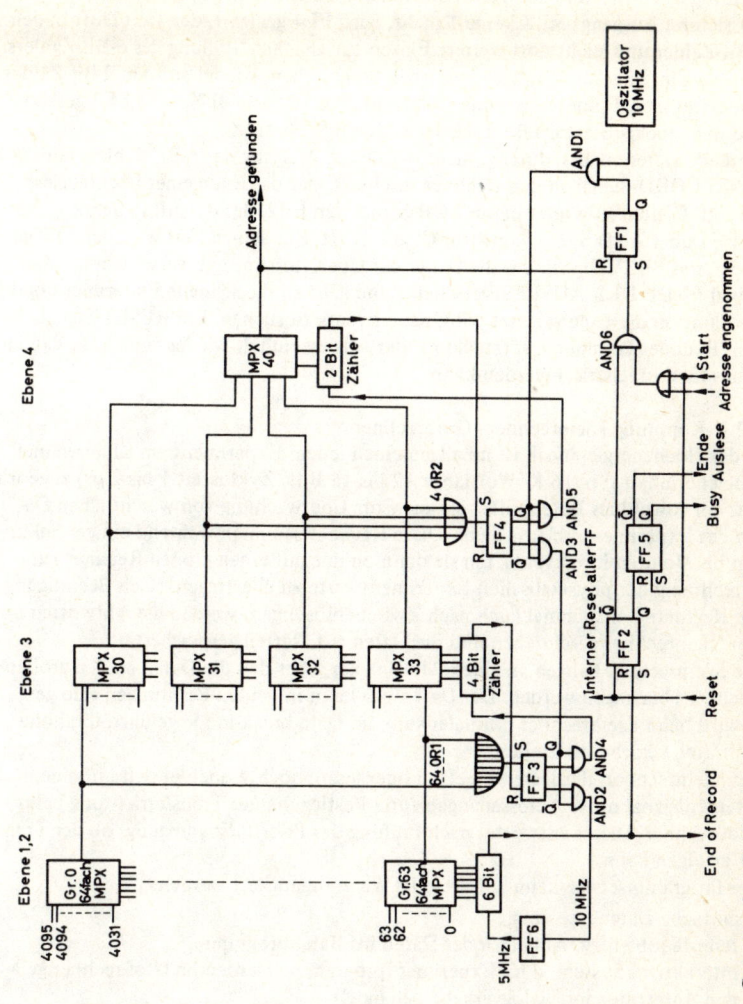

Bild 5.12 Gesamtauslese für Charpak-Kammern mit 2^{12} Drähten

Stellung des 6-Bit- und des 4-Bit-Zählers noch andere Einsen vorhanden sind. Findet sich im Ausgangs-MPX keine 1 mehr, wird FF4 gecleart, der Takt läuft in den 4-Bit-Zähler und sucht dort weitere Einsen zur gleichen Stellung des 6-Bit-Zählers. Werden Einsen gefunden, wird, wie oben beschrieben, wieder auf den 2-Bit-Zähler geschaltet usw. Findet sich keine 1 mehr in dem 16-fach-MPX, wird FF3 gesetzt und der Clockgenerator taktet wieder in den 64fach-MPX.

Sind alle Datenquellen durchsucht, wird vom Ausgang des 6-Bit-Zählers ein END-OF-RECORD-Signal an den Rechner geschickt, der das Ende einer Eventauslese anzeigt. Gleichzeitig setzt dieses EOR-Signal den FF2, der daraufhin den Zugang zu FF1 über AND 6 und damit zur Clock sperrt. Zur selben Zeit wird der FF5 gecleart, das BUSY-Signal, das die Dauer der Operation anzeigt, verschwindet, das Signal ENDE DER AUSLESE erscheint und geht an die schnelle Experimentlogik, die damit in die Lage versetzt wird, neue Events zu suchen. Ein RESET-Signal, vom Rechner kommend, setzt alle FF der Ausleseeinheit wieder zurück, so daß ein neues Event registriert werden kann.

5.2.4 Kopplung Kleinrechner–Großrechner

In der Hochenergiephysik ist im allgemeinen jedem Experiment ein Kleinrechner (Speicherinhalt typ. 16 K, Wortlänge 12 bis 16 Bits, Zykluszeit 1 bis 2 μs) zugeordnet, der sowohl als Datenpuffer als auch zur Überwachung von wesentlichen Daten des Experimentsablaufs dient. Diese Rechner sammeln während einiger Sekunden bis Minuten ihre Events, um sie dann on-line auf einen großen Rechner zur Berechnung der physikalischen Experimentwerte zu übertragen. Nach Beendigung der Rechnung, manchmal auch nach Zwischenlösungen, werden die Antworten an den Kleinrechner geschrieben und die Daten auf Platten gespeichert.

Die Kleinrechner hängen an einem Multiplexer, über den die Daten an den großen Rechner übertragen werden. Der Datenfluß kann in beiden Richtungen erfolgen, er wird beim Kleinrechner normalerweise im Data-break-mode geführt, um hohe Zählraten verarbeiten zu können.

Ein Kleinrechner, der Daten absetzen oder lesen möchte, meldet sich mit einem Interruptsignal unter Adressenangabe und Festlegung der Transferrichtung beim Großrechner. Dieser antwortet nach Prüfung der Prioritätsbedingung, ob der Transfer erfolgen kann.

Der Programmservice kann auf dreierlei Weise organisiert werden:
– einfache Datenerfassung,
– remote job entry, Abliefern der Daten ins Batchprogramm,
– interaktives System, d.h., Experimentprogramme werden im Großrechner geladen, Interrupts im Dialogverkehr behandelt.

Sind viele Kleinrechner angeschlossen, wird meist der dritte Service benutzt. Jedem Kleinrechner wird ein Programmname zugeordnet, der in einer Liste enthalten ist, die ein Überwachungsprogramm (Supervisor) kontrolliert. Auf einen Anruf eines Kleinrechners kann sein Programm, das im allgemeinen auf einer Platte steht, in den Kernspeicher des Großrechners geladen werden. Die On-line-Programme sind meist aus Speicherplatzbeschränkung transient, d.h., nach dem Laden in den Kernspeicher verbleiben sie dort nur so lange, bis ein anderes On-line-Programm, d.h. ein anderer Experimentrechner, den Platz benötigt.

5.3 Standardisierte Datenwege (CAMAC)

Das Ausschreiben der berechneten Daten geschieht meist off-line, da die erwähnten Supervisorprogramme fast ständig im Rechner und nur selten beendet sind.

5.3 Standardisierte Datenwege (CAMAC)

Zur sinnvollen Durchführung komplexer nuklearer Experimente ist ein Einsatz von experimentgebundenen Rechnern im On-line-Betrieb erforderlich, denn nur durch sofortige Datenreduktion und Speicherung der einkommenden Events erkennt man, ob die Messung erfolgreich war.

Aber auch für Regelaufgaben im Experiment sind Rechner grundsätzlich ebenso verwendbar wie zur Steuerung experimenteller Abläufe, die den Experimentator wesentlich entlasten können. Allerdings wird die Steuerung von Experimenten, die nur Stunden oder wenige Tage dauern, nur interessant, wenn auch die zugehörigen Programme in wenigen Stunden geschrieben werden können, was eine relativ einfache Prozeßsprache voraussetzt. Die Experimentsteuerung durch Rechner hat das Ziel, die Zuverlässigkeit der Ergebnisse zu erhöhen. Das kann z.B. dadurch geschehen, daß Einstellroutinen automatisch werden. Einer generellen Rechnersteuerung von Experimenten steht entgegen, daß hierfür ein Programm nur geschrieben werden kann, wenn der Ablauf komplett bekannt ist, was oftmals nicht der Fall ist.

Durch modularen Aufbau der Experimentelektronik mit definierter Nahtstelle zum Interface (Koppelelektronik zum Rechner) kann eine allgemein gültige Struktur der Datenorganisation erreicht werden, so daß eine unterschiedliche Anordnung verschiedener Experimentgeräte (auch von verschiedenen Firmen) systemkompatibel und rechnerunabhängig sein kann. Möglicherweise sollten auch modulare Programmsysteme geschrieben werden, dadurch könnten die bei vielen Experimenten ähnlichen Ablaufphasen der Meß-, Auswerte-, Eich- und Testroutinen relativ einfach angepaßt werden.

Diesem Gedanken folgend, wurde durch internationale Zusammenarbeit im ESONE-Kreis (European System of Nuclear Electronics) ein universelles Zweiginterface zur Anwendung bei nuklearen Experimenten geschaffen, das den Namen CAMAC (Computer Application to Measurement and Control) trägt. Das System enthält

— Einschübe, deren mechanische und elektrische Größen standardisiert sind und die Verbindungen zu einem genormten Datenweg enthalten, der in dem ganzen Überrahmen (Crate) verdrahtet ist,
— in dem Überrahmen mit bis zu 25 Einschüben eine Zeilensteuerung (Crate-Controller), die den gesamten Datenfluß von und nach den Einschüben durchführt (horizontaler Datenweg),
— einen System-Controller, der den Datenverkehr zwischen dem Rechner und bis zu 7 Überrahmen mit je 1 Crate-Controller wiederum auf einem normierten Datenweg (vertikaler Datenweg) abwickelt.

5.3.1 Horizontaler Datenweg (Data Highway)

Während der Operation auf dem horizontalen Datenweg erzeugt der Crate-Controller ein Befehlswort, das aus der Stationsnummer N_i ($1 \leqslant i \leqslant 22$) eines oder mehrerer zu adressierender Einschübe, aus einer Subadresse, mit der innerhalb der Einschübe bestimmte Untereinheiten aufgerufen werden, und einem Funktionsteil besteht, der die auszuführende Operation beschreibt. Das Befehlswort wird von einem Busysignal begleitet, das zu allen Stationen (Einschüben) geführt wird und anzeigt, daß auf dem Datenweg eine Operation abläuft.

Während jede der 22 Stationen über eine Adreßstichleitung aufgerufen wird, erscheinen die Subadressen auf einem 4-Bit-Bus (16 Subadressen), die 32 Funktionscodes auf einem 5-Bit-Funktionsbus.

Der Datenweg enthält 24 Schreibleitungen, über die der Crate-Controller die Schreibdaten an den adressierten Einschub überträgt; weitere 24 Leseleitungen bringen die Informationen von den Einschüben an den Crate-Controller. Beide Leitungssysteme sind als Bus ausgebildet.

Zur Durchführung der Befehle, mit denen Daten zum Lesen oder Schreiben transportiert werden oder mit denen der Inhalt von Registern verändert wird, ist ein genaues Timing erforderlich. Hierzu dienen zwei Clocksignale, die den Ablauf regeln. Das erste, S 1 (Strobe 1), wird verwendet, wenn Operationen ablaufen, die die Signale nicht verändern; das zweite, S 2, für solche Operationen, die z.B. Register löschen. Die Signale werden während jeder Datenwegoperation erzeugt. Ihre Zeitdauer und ihr Abstand sind so bemessen, daß jede Operation etwa 1 μs benötigt.

Drei Signale auf je einer Datenwegleitung beschreiben den Status von Stationen, ein Alarmsignal L (LAM = Look-at-me), ein Besetztsignal B (Busy) und ein Antwortsignal X. Die L-Anforderung geschieht, wenn ein Einschub eine bestimmte Operation wünscht, das B-Signal ist, wie schon erwähnt, während der Dauer einer Operation existent, während das X-Signal die Bereitschaft eines aufgerufenen Einschubs anzeigt, die gewünschte Operation durchzuführen.

Zusätzlich gibt es noch drei allen Einschüben gemeinsame Steuersignale, die den Grundzustand herstellen (Z = Initialise), Löschen (C = Clear) und Sperren (I = Inhibit).

Die Funktionscodes führen Lesebefehle aus, bei denen neben den N-, A-, F-, B-, X-, S1- und S2-Leitungen die 24 R(Read)-Leitungen benutzt werden, Schreibbefehle, bei denen außer den eben angeführten die 24 W(Write)-Leitungen eingesetzt werden, sowie Steuerbefehle, in denen die W- und R-Leitungen frei bleiben. Die Steuerbefehle bedeuten das Prüfen bzw. Löschen einer Anforderung, das Löschen von Registern, das Inkrementieren vorgewählter Register, das Prüfen des Status sowie das Ein- bzw. Abschalten bestimmter Funktionen. Zusätzlich sind noch reservierte bzw. nichtstandardisierte Codes vorhanden. Detaillierte Angaben über die Codes sind in den EURATOM-Berichten enthalten, die im Literaturverzeichnis folgen.

5.3.2 Vertikaler Datenweg (Branch Highway)

Besteht ein CAMAC-System aus mehreren Überrahmen, muß zwischen den Rahmen und dem System-Controller ein weiteres Übertragungssystem aufgebaut werden, das vertikaler Datenweg genannt wird. Hierdurch können bis zu 7 Überrahmen verbunden und gesteuert werden, die jeweils einen Crate-Controller besitzen, der den dortigen horizontalen Datenweg kontrolliert. Bild 5.13 zeigt das Blockdiagramm dieser Anordnung. Zwischen den aufeinanderfolgenden Crate-Controllern wird der Branch durch ein 66paariges Twisted-pair-Kabelsystem (verdrillte

5.3 Standardisierte Datenwege (CAMAC)

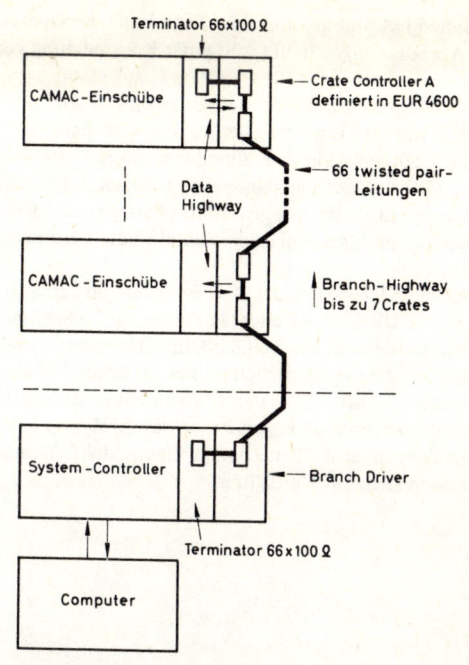

Bild 5.13 Aufbau des CAMAC-Branches für mehrere Crates

Leitungen) geführt, jeder Crate-Controller hat auf seiner Frontplatte 2 Vielfachsteckverbindungen, je eine für die ein- bzw. ausgehenden Signale. Die Twistedpair-Kabel werden auf beiden Seiten abgeschlossen, auf der einen durch einen Abschlußeinschub im letzten Überrahmen, auf der anderen in einer Zentralsteuereinheit (Branch driver), die die Steuerung des gesamten Datenflusses zwischen der Experimentelektronik in den Überrahmen und dem System-Controller, eventuell auch dem Rechner direkt abwickelt.

Die Betriebsarten auf dem vertikalen Datenweg sind der Befehlsmode sowie der Alarmmode. Genau wie im horizontalen Datenweg besteht das Befehlswort aus der Adresse, der Subadresse, dem Funktionscode sowie Angaben über den zeitlichen Ablauf. Die Adresse enthält aber zunächst die Überrahmen(Crate)-Adresse, die als Stichleitungen zu allen Rahmen geführt ist, damit auch Multiadreßbefehle möglich sind; dann die Stationsadresse, die im Branch auf 5 Leitungen binär codiert ist und die im aufgerufenen Crate-Controller decodiert wird.

Der zeitliche Ablauf, das Timing, geschieht nicht mit synchron getakteten Strobesignalen, sondern wegen der unterschiedlichen Entfernungen zwischen den im Experiment stehenden Überrahmen und der Zentralsteuerung im Hand-shake-Verfahren, einem Dialogverkehr. Die Zentralsteuerung beginnt den Verkehr mit einem Signal (BTA genannt), das beinhaltet, daß ein Befehl zur Ausführung vorliegt. Der angesprochene Crate-Controller antwortet, mit einem zweiten Signal (BTB), daß er den Befehl angenommen hat und ihn ausführt. Nach Ende der Operation in der Steuereinheit wird BTA wieder abgeschaltet, mit einer Rückmeldung vom Crate-Controller auch BTB.

Im Gegensatz zu den 2 mal 24 Leitungen für Schreiben und Lesen im horizontalen Datenweg sind im Branch nur 24 bidirektionale Leitungen vorhanden.

Wird im Branch ein Alarm ausgelöst, in dem ein oder mehrere Crate-Controller auf einer geoderten Leitung (BD = Branch demand) eine 1 setzen, fordert die Zentralsteuerung über eine Leitung (BG = Branch give Alarm-Pattern) von den Crate-Controllern das Gesamtmuster aller Alarme über die Schreib-Lese-Leitungen an (Alarmmode) und identifiziert sie.

Genaue Vorschriften für die Abwicklung des Datenverkehrs im vertikalen Datenweg sind in den erwähnten EURATOM-Berichten ebenso zu finden wie eine Bauvorschrift für das wichtigste Element der Standardeinheiten, den Crate-Controller. In Abschnitt 3.4 wurde über die mechanischen und elektrischen Normen der ns-Technik berichtet, d.h. der Technik, die in den Experimentgeräten enthalten ist. Das CAMAC-System ist diesen Normen angepaßt, so daß NIM- und CAMAC-Geräte in gleichen Überrahmen verwendet werden können. Damit steht erstmals ein geschlossenes Experimentiersystem zur Verfügung.

6 Statistik bei nuklearen Messungen

6.1 Poisson-Verteilung, statistische Fehler

Der radioaktive Zerfall richtet sich nach rein statistischen Gesetzen. Sind zur Zeit t noch N radioaktive Kerne eines bestimmten Isotops vorhanden, dann zerfallen -dN während der Zeit dt. Es gilt

$$-dN = \lambda N dt,$$

wo $\lambda = 1/\tau$ die Zerfallskonstante, τ die mittlere Lebensdauer ist. Sind zur Zeit t = 0 insgesamt N_0 vorhanden gewesen, sind es zur Zeit t noch

$$N = N_0 e^{-t/\tau} = N_0 e^{-\lambda t}.$$

Die Zeit, die vergeht, bis die Zahl der ursprünglichen Atome auf die Hälfte zerfallen ist, nennt man die Halbwertszeit:

$$T_{1/2} = \tau \ln 2 = \frac{\ln 2}{\lambda}.$$

Wir wollen nun die Wahrscheinlichkeiten für das Messen der Zerfälle angeben. Wir nennen p die Wahrscheinlichkeit des Zerfalls eines Kerns während des Meßintervalls, dann ist 1–p die Wahrscheinlichkeit dafür, daß dieser Kern nicht in dieser Zeit zerfällt. p selbst ist eigentlich das Produkt aus der Wahrscheinlichkeit, daß der Kern überhaupt zerfällt, und derjenigen, daß die Zerfallsprodukte auch im Detektor gemessen werden.

Wir definieren nun P_n als die Wahrscheinlichkeit dafür, daß von den vorhandenen N Atomkernen n Zerfälle während des Zählratenintervalls gemessen werden und fragen nach der Abhängigkeit dieser Wahrscheinlichkeit von n, N und p.

Wir benötigen zunächst n verschiedene Möglichkeiten, um die Wahrscheinlichkeit p des Zerfalls darzustellen und (N – n) Möglichkeiten, die keinen Zerfall ergeben. Das bedeutet, daß P_n das Produkt der Faktoren $p^n(1-p)^{N-n}$ enthalten muß. Zusätzlich müssen wir aus den Zahlen 1 bis N, die ja die Anzahl der vorhandenen Atomkerne darstellt, die möglichen verschiedenen Folgen der n verschiedenen Zahlen bilden. Diese Folgen müssen mindestens eine ihrer Zahlen unterschiedlich haben, gleiche Zahlen, nur in verschiedener Reihenfolge, sollen keine verschiedenen Folgen sein.

Die erste Zahl ist aus jeder der N vorhandenen frei wählbar, wir haben also N Möglichkeiten, für die zweite Zahl noch (N–1) Möglichkeiten usw. Insgesamt ergeben sich $N(N-1)(N-2) ... (N-n+1) = N!/(N-n)!$ Möglichkeiten.

Dieser Wert enthält jedoch alle n! möglichen Anordnungen der Reihenfolge der Zahlen. Da wir dies, wie oben besprochen, ausschließen, müssen wir noch durch n! dividieren, um die Wahrscheinlichkeit für das Messen von n verschiedenen

Kernen aus der vorhandenen Zahl N zu erhalten. Wir schreiben also für P_n den Ausdruck

$$P_n = p^n(1-p)^{N-n} \frac{N!}{n!(N-n)!} \ .$$

Ist also r die mittlere Zählrate pro Zeiteinheit, ist die in einem beliebigen Zeitintervall t gemessene Pulszahl n nicht genau gleich r · t, denn r · t wäre der wahre Wert, den man nach unendlich langer Meßdauer registrieren würde. n wird also von diesem Wert etwas abweichen, da die Meßzeit endlich ist. Da nach der Definition $\sum_0^N P_n \equiv 1$ ist, ist der mittlere Erwartungswert $\bar{n} = \sum_0^N nP_n$. Für die Abweichung vom mittleren Wert kann man das mittlere Fehlerquadrat bestimmen. Dieses wird als σ^2 bezeichnet,

$$\sigma^2 = \sum_0^N (n-\bar{n})^2 \ P_n = \bar{n}(1-p).$$

Die Wurzel aus dem mittleren Fehlerquadrat ist die Standardabweichung σ, sie ist $\sigma = \sqrt{n(1-p)}$. Da nun praktisch $p \ll 1$ ist, außerdem sicher $N \gg 1$, ebenso $n \ll N$, können wir folgende Substitutionen machen:

$$N(N-1)(N-2) \dots (N-n+1) \approx N^n,$$

$$(1-p)^{N-n} \approx e^{-p(N-n)} \approx e^{-\bar{n}} \ ;$$

$p^n N^n = \bar{n}^n$. Dieses eingesetzt, ergibt die Poisson-Verteilung:

$$P_n = \frac{\bar{n}^n \ e^{-\bar{n}}}{n!} \ .$$

Wegen $p \ll 1$ gilt auch $\sigma^2 = \bar{n}$, $\sigma = \sqrt{n}$,
Die Poisson-Verteilung als Funktion von $\bar{n}$ sowie von n ist in den Bildern 6.1 und 6.2 aufgetragen. Im ersten Bild ist n der Parameter, im zweiten $\bar{n}$. Man erkennt, daß die P_n nicht symmetrisch in n bzw. $\bar{n}$ sind. Sie werden jedoch um so symmetrischer, je größer $\bar{n}$ und n werden und je mehr $|\bar{n}-n| \ll \bar{n}$ bzw. n gilt. Aufgetragen sind hier die Kurven für $\bar{n}$ bzw. n = 0, 1, 2, 4, 8 und 16.

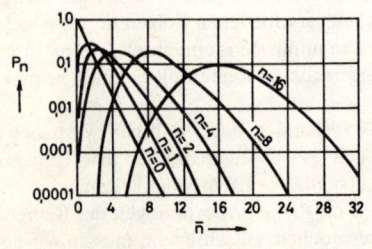

Bild 6.1   Poissonverteilung $P_n = f(\bar{n})$, Parameter n

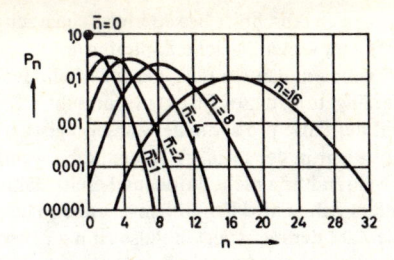

Bild 6.2   Poissonverteilung $P_n = f(n)$, Parameter $\bar{n}$

Je größer n wird, z.B. n > 100, desto mehr nähert sich die Poissonverteilung der Gauß-Verteilung, die in der Form

$$P_n = \frac{1}{\sqrt{2\pi\sigma^2}}\, e^{-\frac{(n-\bar{n})^2}{2\sigma^2}}$$

geschrieben werden kann. Bei dieser Verteilung errechnet sich das mittlere Fehlerquadrat zu

$$\sigma^2 = n,\ \sigma = \sqrt{n}.$$

Die Gauß-Verteilung ist symmetrisch um den Wert $\bar{n}$. Sie hat ein flaches Maximum bei $\bar{n}$ und fällt zu beiden Seiten steil ab.

6.2 Zählverluste, statistische Totzeit

Jedes Gerät, mit dem Teilchen detektiert und gemessen werden, hat eine endliche Auflösungszeit, so daß Teilchen, die zeitlich zu schnell aufeinanderfolgen, keine getrennten Signale erzeugen. Die unempfindliche Periode ist sowohl durch den Mechanismus des Detektors als auch der elektronischen Meßapparatur bestimmt, sie wird Totzeit genannt. Die Zählverluste, die durch sie entstehen, müssen berechnet werden können, um die gemessenen Zählraten zu korrigieren. Die Totzeit in den Detektoren beträgt je nach Typ zwischen 10 ns und etwa 1 ms, wobei die langen Zeiten von den Gaszählern herrühren. In diesem Abschnitt soll die Totzeit der elektronischen Registriergeräte behandelt werden.

Die Totzeit entsteht durch nichtlineare Ladungseffekte. Nach Eintreffen eines Signals oberhalb einer Schwelle müssen entweder gespeicherte Ladungen abgebaut werden oder, in Schaltungen mit Rückkopplungsverhalten, nach Ablauf eines Zyklus die elektrischen Anfangsbedingungen wieder hergestellt werden. Das bedeutet Lade- bzw. Entladezeiten von Kondensatoren; während dieser Zeiten kann durch ein von außen kommendes Signal kein weiterer Triggervorgang ausgelöst werden, die Schaltung ist unempfindlich. Erst wenn die Gleichspannungsbedingungen restauriert sind, ist die Totzeit abgelaufen, ein neues Signal kann registriert werden.

Da die Eingangssignale, wie im vorigen Abschnitt beschrieben, einer zeitlichen Statistik unterliegen, ist es wichtig zu wissen, welche Zählratenverluste durch die Totzeit eintreten. Wir wollen annehmen, daß ein Puls, der innerhalb der Totzeit ankommt, keine zusätzliche Verlängerung dieses Effekts verursacht.
Setzen wir voraus, n sei die Zahl der Pulse pro s, die der Zähler registriert hat. Dann war der Zähler n-mal pro s nicht in der Lage, zu zählen, d.h., wenn τ die Totzeit des Zählers ist, war dieser während $n\tau$ s nicht aufnahmebereit. Dann war also die Anzahl der pro Sekunde in den Zähler wirklich hineingehenden Pulse N = n/(1 – nτ). Daraus kann man die Zahl der registrierten Pulse zu n = (1/τ) [(N–n)/n] bestimmen. (N–n)/n gibt den relativen Verlust an, die Zahl der gemessenen Pulse ist proportional zum Verlust. Soll z.B. eine Zählrate von 10^4 Pulsen pro s mit nur 1 % Verlust registriert werden, so ist dazu eine Totzeit von weniger als 10^{-6} s erforderlich.
Sind nur geringe Zählverluste zulässig, kann man als Näherung angeben: N/n = 1/(1–nτ) $\approx$ 1 + nτ oder, anders geschrieben,

$$N \approx n(1+n\tau).$$

Unter dieser Voraussetzung kann man mit einer relativ einfachen Messung die Zählverluste durch Vergleich mit der Strahlung von zwei etwa gleichen Quellen bestimmen. Es seien N_A und N_B die beiden wirklichen Zählraten der Quellen A und B, die den Detektor treffen, 0 sei der Nulleffekt, wenn kein Präparat zugegen ist. Dann macht man vier verschiedene Messungen nacheinander, und zwar mißt man den Nulleffekt, Präparat A allein, dann A und B gemeinsam und schließlich B allein.
Dann ist

$$N_A + 0 = n_A(1 + n_A\tau) \quad (1),$$

$$N_B + 0 = n_B(1 + n_B\tau) \quad (2),$$

$$N_A + N_B + 0 = n_S(1 + n_S\tau) \quad (3),$$

Durch Subtraktion von (3) von der Summe aus (1) und (2) und Auflösung nach τ ergibt sich

$$\tau = \frac{n_A + n_B - n_S - 0}{n_S^2 - n_A^2 - n_B^2}$$

Die Totzeit folgt also aus einer Gleichung, in der nur gemessene Zählraten enthalten sind. Voraussetzung für die Messung ist, daß $n\tau \ll 1$ ist. Außerdem sollen die beiden Präparate räumlich so angeordnet sein, daß durch gegenseitige Streuung bzw. Absorption keine Zählratenänderung zustandekommt. Ferner sollte die Summe der Einzelzählraten der Präparate A und B nicht wesentlich größer als die Summe der gemeinsamen Zählrate A + B sein. Der auftretende Meßfehler ergibt sich zu

$$\sigma \approx \frac{1}{n_A n_B}\sqrt{\frac{n_S}{2T}},$$

wo T die Meßzeit in Sekunden, n_A, n_B und n_S ebenfalls pro s gemeint ist.

6.3 Zeitintervallausgleich bei Untersetzern

Untersetzer zählen die Zählrate von gemessenen Ereignissen. Für sie ist charakteristisch, daß die mittlere Ausgangsrate um den Untersetzungsfaktor kleiner ist als die Eingangszählrate. Sie haben aber auch die Eigenschaft, die Ausgangszählfrequenz zu regularisieren. Wenn statistisch verteilte Pulse durch einen Untersetzer mit mehreren Flip-Flops geschickt werden, erscheinen die Ausgangspulse sehr gleichmäßig verteilt mit nur geringer Schwankung der Pulsabstände.

Nehmen wir an, der Untersetzungsfaktor sei m, die statistisch verteilte Eingangsrate sei $N \cdot m$ pro s, d.h. die Ausgangsrate N pro s. Ferner sei die Totzeit des Untersetzers so gering, daß die dadurch entstehenden Zählverluste vernachlässigbar seien. Gefragt ist nach der Wahrscheinlichkeit $q_m(x)$, daß der gemessene zeitliche Abstand zwischen den Ausgangspulsen zwischen x und (x + dx) liegt, wobei $x = n \cdot t$ das Zeitmaß in Einheiten des mittleren Abstands zweier Ausgangspulse ist. Außerdem interessiert die Wahrscheinlichkeit $Q_m(x)$ dafür, daß der nächste Puls nach $t = (x/N)$s eintrifft.

Zur Zeit $t = x/N$ gehen n Pulse in den Eingang des Untersetzers, wo $n = 1,2,3...\infty$ ist. Die Wahrscheinlichkeit für eine bestimmte Zahl n liefert die Poisson-Verteilung. Die mittlere Zahl der im Intervall $t = x/N$ eintreffenden Pulse ist $\bar{n} = Nmt = mx$. Die Wahrscheinlichkeit $Q_m(x)$, daß der nächste Ausgangspuls erscheint für $n \geq m$, ist

$$Q_m(x) = \sum_{m}^{\infty} P_n(mx)$$

mit

$$P_n(mx) = \frac{(mx)^n}{n!} e^{-mx}.$$

Die Wahrscheinlichkeit, daß der nächste Ausgangspuls zwischen x und (x + dx) eintrifft, ist nach der Definition: $q_m(x)dx$.

Wenn wir aber die Häufigkeitsverteilung der Pulsintervalle um einen mittleren Pulsabstand am Untersetzerausgang wissen wollen, müssen wir die Änderung von $Q_m(x)$ während des Zeitintervalls dx betrachten. Also setzen wir

$$q_m(x) = \frac{d}{dx} Q_m(x) = \sum_{m}^{\infty} [mP_{n-1}(mx) - mP_n(mx)].$$

Daraus folgt:

$$q_m(x)dx = mP_{m-1}(mx)dx = m \frac{(mx)^{m-1} e^{-mx}}{(m-1)!} dx.$$

Die Kurve $q_m(x)$ als Funktion von $x = Nt$ ist in Bild 6.3 aufgetragen. Sie gibt die Wahrscheinlichkeit dafür, daß nach m-facher Untersetzung der Zeitabstand zweier aufeinanderfolgender Pulse gerade gleich $x = Nt$ ist. $m = 1$ bedeutet keine Unter-

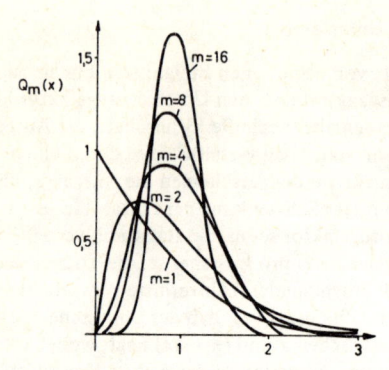

Bild 6.3   Regularisierungsfunktion der Untersetzer

setzung, für m = 2, 4, 8, 16 erkennt man, wie sich mit zunehmender Untersetzung die auftretenden Zeitintervalle um den Mittelwert Nt = 1 häufen. Hieraus kann man den Gewinn für die Auflösungszeit der nachfolgenden Geräte ablesen, den man bereits durch kleine Untersetzungsfaktoren erhält.

6.4 Wahre und zufällige Koinzidenzen

Treten zwei oder mehrere Pulse in verschiedenen Detektoren gleichzeitig auf, ergeben sich Koinzidenzsignale, die in einer elektronischen UND-Schaltung gemessen werden können. Von wahren Koinzidenzen spricht man, wenn z.B. bei einem einzelnen Kernprozeß meßtechnisch gleichzeitig (innerhalb der Auflösungszeit) mehrere Teilchen oder Quanten wegfliegen, die in den Detektoren registriert werden. Koinzidenzen können auch dadurch vorgetäuscht werden, daß jeder der Detektorpulse eine endliche Zeitdauer besitzt, so daß zwei Pulse, die durchaus unabhängig sind, aber noch innerhalb dieser Zeitdauer auftreten, als Zweifachkoinzidenz in Erscheinung treten, obwohl sie keine wahre Koinzidenz darstellen. Die Zahl solcher zufälligen Koinzidenzen hängt von der Zählrate, die die Detektoren registrieren, und von der Pulsdauer der Signale ab.

Messen wir z.B. im Detektor 1 Pulse der Zeitdauer T_1, im Detektor 2 Pulse der Dauer T_2, so wird ein Puls im Detektor 1, der frühestens T_1 Sekunden vor einem Puls im Detektor 2 oder spätestens am Ende von T_2 eintrifft, also während der Zeitdauer $T_1 + T_2$ einsetzt, eine zufällige Koinzidenz zwischen den beiden Detektoren erzeugen. Beträgt die Zählrate pro s der registrierten Pulse in den Detektoren r_1 bzw. r_2, treten die zufälligen Koinzidenzen mit der Häufigkeit

$$N_{zuf_{1,2}} = r_1 r_2 (T_1 + T_2)$$

auf. Da die Koinzidenzauflösungszeit 2τ praktisch immer durch die Pulsdauer T_1 und T_2 bestimmt ist, können wir $T_1 + T_2 = 2\tau$ setzen; die Zahl der zufälligen Koinzidenzen beträgt also:

$$N_{zuf_{1,2}} = 2r_1 r_2 \tau.$$

6.4 Wahre und zufällige Koinzidenzen

Allgemein gilt:

$$N_{zuf_{1,2,3}} = 3 r_1 r_2 r_3 \tau^2, \quad N_{zuf_{1,2..k}} = k r_1 r_2 \ldots r_k \tau^{k-1}.$$

Durch Messung der Zählrate der zufälligen Koinzidenzen (z.B. durch ein langes Kabel vor einem Koinzidenzeingang, außerhalb der Auflösungskurve der Koinzidenzschaltung) und durch Bestimmung der Einzelzählraten kann man die Auflösungszeit der Koinzidenz bestimmen.

Literatur

Kapitel 2

Neuert H.: Kernphysikalische Meßverfahren. G. Braun Verlag, Karlsruhe 1966
Kowalski E.: Nuclear Electronics. Springer-Verlag, Berlin 1970
Weinzierl P., M. Drosg: Lehrbuch der Nuklear-Elektronik. Springer-Verlag, Wien 1970
Gillespie A. B.: Signal, noise and resolution in nuclear counters amplifiers. New York 1953
Semiconductor nuclear-particle detectors and circuits. National Academy of Sciences, Washington 1969
Nuclear Science Series Report Number 44
Dearnaley G., D. C. Northrop: Semiconductor Counters for nuclear radiations. London 1964
Gruhle W.: Elektronische Hilfsmittel des Physikers. Berlin 1960
Rathje J.: Untersuchungen an Photomultipliern mit optischen Impulsen. DESY-Notiz A2. 99, Hamburg 1963
Bellettini G., C. Bemporad, C. Cerri, L. Foa: Determination of the optimum working conditions of photomultipliers. Nucl. Instr. 21, 106 (1963)
Bellettini G., C. Bemporad, C. Cerri, L. Foa: On the voltage distribution for Philips 56 and 58 AVP photomultipliers. Nucl. Instr. 27, 38 (1964)
McDonald W. J., D. A. Gedcke: Time resolution studies on large photomultipliers. Nucl. Instr. 55, 1 (1967)
Hyman L. G., R. M. Schwarcz, R. A. Schluter: Study of high speed photomultiplier systems. Rev. Sci. Instr. 35, 393 (1964)
Kane J. V.: High-voltage low-impedance divider for regulating photomultiplier tubes. Rev. Sci. Instr. 28, 582 (1957)
Barna A.: A transistorized photomultiplier dynode voltage regulator. Nucl. Instr. 24, 247 (1963)
Jung H., M. Brüllmann: Ein niederohmiger Spannungsteiler für Photomultiplier. Nucl. Instr. 65, 178 (1968)
Frank K. H.: Neue Multipliergeräte für 56 AVP. DESY F 21–71/1 (1971)
Gatti E., V. Svelto: Synthesis of an optimum filter for timing scintillation pulses. Nucl. Instr. 36, 309 (1966)
Langkau R., H. H. Rühl: Die Verwendung des Photovervielfachers XP 1021 in schnellen Szintillationszählern. Nucl. Instr. 43, 368 (1966)
Withnell R.: A high voltage supply for solid state particle detectors. Nucl. Instr. 62, 351 (1968)
Strauss L.: Wave generation and shaping. New York 1960
Johnson W. C.: Transmission lines and networks. New York 1950

Kirsten F.: Physical characteristics of coaxial cables. LRL Counting Note CC2-2A (1961)
Trevor J. B.: Artificial delay-line design. Electronics.18, 135 (June 1945)
Schwartz R. B., A. C. B. Richardson: Behaviour of coaxial cable connectors for pulses with nanosecond risetimes. Nucl. Instr. 29, 83 (1964)

Kapitel 3

Lewis J. A. D., F. H. Wells: Millimicrosecond pulse techniques. Pergamon Press, London 1959
Meiling W., F. Stary: Nanosecond pulse techniques. Akademie-Verlag, Berlin 1969
Meinke H. H., F. W. Gundlach: Taschenbuch der Hochfrequenztechnik. Springer-Verlag, Berlin 1962
Meinke H. H.: Einführung in die Elektrotechnik höherer Frequenzen, Band 1 Bauelemente und Stromkreise. Springer-Verlag, Berlin 1965
Barna A., E. L. Cisneros: Integrated circuit interfaces between nuclear instrument modules and emitter coupled logic levels. Nucl. Instr. 73, 347 (1969)
Gruhle W.: Elektronische Hilfsmittel des Physikers. Berlin 1960
Chow W. F.: Principles of tunnel diode circuits. London 1964
Gentile P. S.: Basis theory and application of tunnel diodes. New York 1962
Baldinger E.: Tunnel-diodes in fast circuits. Nucl. Instr. 20, 309 (1963)
Pandarese F., F. Villa: Tunnel diode fast discriminator circuits. Nucl. Instr. 20, 319 (1963)
Abbattista N., V. L. Plantamura, M. Coli: Fast timing circuit Performances with tunnel diodes. Nucl. Instr. 49, 155 (1967)
Abbattista N., M. Coli, V. L. Plantamura: Dynamic behavior of tunnel diode monostable circuits. Nucl. Instr. 44, 29 (1966)
Barna A., E. L. Cisneros: Integrated circuit discriminator with 10 nsec pulse pair resolution. Nucl. Instr. 75, 261 (1969)
Ondris L., S. V. Richvickij, J. N. Semenyushkin, P. Horvath, A. N. Khrenov: Fast timing circuit using charge storage diode. Nucl. Instr. 81, 121 (1970)
Risk W. S.: 300 megacycle logic with MECL III. Nucl. Instr. 97, 547 (1971)
Herbst L. J.: Fast amplitude discriminators for nuclear instrumentation. Nucl. Instr. 70, 189 (1969)
Brunner W.: Die natürliche Grenze der Kurzzeitmessung mit verzögerten Koinzidenzen. Nucl. Instr. 30, 109 (1964)
Vollrath K., G. Thomer: Kurzzeitphysik. Wien 1967
Post R. F., L. J. Schift: Statistical Limitations on the resolving time of a scintillation counter. Phys. Rev. 80, 1113 (1950)
Gatti E., V. Svelto: Theory of time resolution in scintillation counters. Nucl. Instr. 4, 189 (1959)
Sigfridsson B.: Theoretical analysis of time resolution in scintillation detectors. Nucl. Instr. 54, 13 (1967)
El-Wahab M. A., M. Sakka, M. A. El-Salam: Minimum time resolution in scintillation counters. Nucl. Instr. 59, 344 (1968)

Gatti E., V. Svelto: Review of theories and experiments of resolving time with scintillation counters. Nucl. Instr. 43, 248 (1966)

Garwin R. L.: A useful fast coincidence circuit. Rev. Sci. Instr. 21, 569 (1950)

Weinzierl P.: New timing method for scintillation events in fast coincidence experiments. Rev. Sci. Instr. 27, 226 (1956)

Gruhle W.: A new method of pulse timing applied to fast coincidence work, Nuclear Electronics. Wien 1959

Barna, A., B. Richter: Fast timing circuit for use with Cerenkov counters. Nucl. Instr. 59, 141 (1968)

Murn R.: A discriminator for fast scintillation counter pulses with minimal time jitter. Nucl. Instr. 63, 233 (1968)

Schwarzschild A.: A survey of the lates developments in delayed coincidence measurement. Nucl. Instr. 21, 1 (1963)

Ward C. B., C. M. York: A nanosecond pulse height discriminator. Nucl. Instr. 23, 213 (1963)

Verweij H.: A photomultiplier pulse shaper with minimal time slewing, incorporating a tunnel cascade trigger circuit. Nucl. Instr. 41, 181 (1966)

Bernaola O. A., A. Filevich, P. Thieberger: A tunnel diode zero crossing variable discriminator. Nucl. Instr. 50, 299 (1967)

Bjerke A. E., Q. A. Kerns, T. A. Nunamaker: Pulse shaping and standardization of photomultiplier signals for optimum timing information using tunnel diodes. Nucl. Instr. 15, 249 (1962)

Conrad R.: Ein Zeitdiskriminator für schnelle Fotovervielfacher-Impulse. Nucl. Instr. 48, 229 (1967)

Soucek B., R. L. Chase: Tunnel diode pulse shape discriminator. Nucl. Instr. 50, 71 (1967)

Langkau R.: Ein einfaches oszillographisches Verfahren zum Abgleich von Nulldurchgangstriggern. Nucl. Instr. 45, 351 (1966)

Gedcke D. A., W. J. McDonald: A fast zero-crossing discriminator for time pickoff with pulsed beams. Nucl. Instr. 56, 148 (1967)

El-Wahab M. A., M. A. El-Salam: Time resolution in leading-edge and cross over timing. Nucl. Instr. 78, 325 (1970)

Harms J.: A leading-edge tunnel-diode discriminator. Nucl. Instr. 83, 221 (1970)

Maier M. R., P. Sperr: On the construction of a fast constant fraction trigger with integrated circuits and application to various photomultiplier-tubes. Nucl. Instr. 87, 13 (1970)

Dittner A., G. Hartmann, J. W. Klein: A zero cross trigger with rise time corrections for timing of Ge(Li)-detector pulses. Nucl. Instr. 89, 73 (1970)

Looton A.: A fast limiter and trigger circuit with low slewing and no dead-time output. Nucl. Instr. 81, 325 (1970)

Karlsson L.: A compensated leading edge timing circuit. Nucl. Instr. 93, 563 (1971)

Cho Z. H., R. L. Chase: Comparative study of the timing techniques currently employed with Ge-detectors. Nucl. Instr. 98, 338 (1972)

Remigolsky B.: Use of a tunnel diode as an amplitude discriminator and zero crosser detector. Nucl. Instr. 67, 9 (1969)

McKee B. T. A.: Timing of semiconductor detectors with a constant-fraction discriminator. Nucl. Instr. 62, 333 (1968)

Michaelis W.: Timing unit for semiconductor spectrometers. Nucl. Instr. 61, 109 (1968)
Iones G., P. H. R. Orth: Time resolution and pulse shapes, in zero crossover timing. Nucl. Instr. 59, 302 (1968)
Gedcke D. A., W. J. McDonald: Design of a constant fraction of pulse height trigger for optimum time resolution. Nucl. Instr. 58, 253 (1968)
Gedcke D. A., W. J. McDonald: A constant fraction of pulse height trigger for optimum time resolution. Nucl. Instr. 55, 377 (1967)
Fullwood R. R.: Constant fraction timing adapter for a zero-crossover discriminator. Nucl. Instr. 93, 235 (1971)
Kinbara S., T. Kumahara: A leading-edge time pickoff circuit. Nucl. Instr. 67, 261 (1969)
Emmerich W. D., A. Hofmann, G. Philipp, K. Thomas, F. Vogler, A. Dittner, J. W. Klein: Timing with surface barrier detectors using charge and current pulses. Nucl. Instr. 93, 397 (1971)
Gorni S., G. Hochner, E. Nadav, H. Zmora: Timing circuit for Ge(Li)-detectors. Nucl. Instr. 53, 349 (1967)
Nadav E., M. Palmai, D. Salzmann: Alignment and calibration of fast multicoincidence systems. Nucl. Instr. 59, 173 (1968)
Baker C. A., C. J. Batty, L. E. Williams: Calibration of time to amplitude converters. Nucl. Instr. 59, 125 (1968)
Michaelis W.: Timing units for semiconductor spectrometers. Nucl. Instr. 61, 109 (1968)
Coincidence circuit resolution, part I and II, Nanonotes, 1, No. 10 (1966); No. 11, (1967), Edgerton, Germeshausen und Grier, Salem, Mass.
Bell R., R. Graham, H. Petch: Design and use of a coincidence circuit of short resolving time. Can. J. Phys. 30, 35 (1952)
Whetstone A., S. Kounosu: Nanosecond coincidence circuit using tunnel diodes. Rev. Sci. Instr. 33, 423 (1962)
Meiling W., J. Schintlmeister, F. Stary: A nanosecond time-to-pulse-height converter of high stability for mV-pulses. Nucl. Instr. 21, 275 (1963)
Ophir D.: Fast transistorized time to amplitude converter. Nucl. Instr. 28, 237 (1964)
Ogata A., S. J. Tao, J. H. Green: Recent developments in measurements of short time intervals by time to amplitude converters. Nucl. Instr. 60, 141 (1968)
Simms P. C.: A flexible coincidence system. Nucl. Instr. 70, 311 (1969)
du Chaffant F., P. Charmet, R. Traband: Etude d'un convertisseur temps-amplitude de grande résolution. Nucl. Instr. 65, 285 (1968)
Lotto de J., P. F. Manfredi, P. Maranesi, F. Vaghi, R. Vecchio: A fast pulse amplitude-to-time converter for an equivalent clock of some GHz. Nucl. Instr. 65, 228 (1968)
Manuzio G., L. Racca, F. Grianti: Fast electronics for a scintillation counter telescope. Nucl. Instr. 71, 77 (1969)
Cho Z. H., L. Gidefeldt, L. Eriksson: A simple method to calibrate a time-to-pulse-height converter. Nucl. Instr. 52, 273 (1967)
Balaux, N., R. Boulay: Convertisseur temps-amplitude de haute résolution. Nucl. Instr. 78, 109 (1970)

Pozar F.: The time-to-digital converter. Nucl. Instr. 74, 315 (1969)
Braunsfurth J., D. Rüter, H. Winkler: Zur Analyse der zufälligen Koinzidenzen bei Messungen mit Zeit-Impulshöhen-Konverter. Nucl. Instr. 67, 45 (1969)
Barton R. D., M. E. King: Two vernier time-interval digitizers. Nucl. Instr. 97, 359 (1971)

Kapitel 4

Gillespie A. B.: Signal noise and resolution in nuclear counter amplifiers. New York 1953
Chase R. L.: Nuclear pulse spectroscopy. New York 1961
Kowalski E.: Nuclear Electronics. Springer-Verlag, Berlin 1970
Gruhle W.: Elektronische Hilfsmittel des Physikers. Berlin 1960
Bode H. W.: Network analysis and feedback amplifier design. Princeton/N. J. 1945
Baldinger E., A. Simmen: Transistorgrundschaltungen für schnelle Breitbandverstärker. ZAMP Vol. 1, Fasc. 15, 71 (1964)
Fränz K.: The stabilisation of pulse amplitudes in amplifiers with negative feedback. Nucl. Instr. 47, 217 (1967)
Fairstein E.: Characteristics and requirements of pulse amplifiers for use with Ge(Li)-detectors. In: Semiconductor nuclear-particle detectors and circuits, p. 411. National Academy of Sciences. Washington 1969
Goulding F. S.: Preampliers. In: Semiconductor nuclear-particle detectors and circuits, p. 381. National Academy of Sciences, Washington 1969
Goldsworthy W.: Reducing charge-sensitive-amplifier sensitivity to detector capacitance variations. Nucl. Instr. 52, 343 (1967)
Goldsworthy W.: Time-constant reduction in charge-sensitive preamplifiers. Nucl. Instr. 54, 301 (1967)
Elad E., M. Nakamura: Germanium FET − a novel element for low-noise preamplifiers. Nucl. Instr. 54, 308 (1967)
Ryan R. D.: Cooled preamplifier with diode current leak. Nucl. Instr. 93, 241 (1971)
Ferrari A. M. R., E. Fairstein: Nuclear preamplifier and the pulse pile-up problem. Nucl. Instr. 63, 218 (1968)
East L. V.: Gated charge sensitive preamplifier. Nucl. Instr. 71, 328 (1969)
Fairstein E., J. Hahn: Nuclear pulse amplifiers, fundamentals and design practice. Nucleonics 23, 7, 56 (1965); 23, 9, 81 (1965); 23, 11, 50 (1965); 24, 1, 54 (1966); 24, 3, 68 (1966).
Bussolati C., S. Cova, J. de Lotto, E. Gatti: A method for high resolution amplitude measurements in presence of noise and pile-up fluctuations. Nucl. Instr. 62, 221 (1968)
Gracovetski S., J. F. Londe: Pile-up detection circuits. Nucl. Instr. 63, 349 (1968)
Satterfield M. M., G. R. Dyer, W. J. McClain: An overload cancellation circuit for a charge-sensitive preamplifier. Nucl. Instr. 75, 312 (1969)
Mc Gervey J. D., V. F. Walters: Detection of pulse pile-ups with tunnel diodes. Nucl. Instr. 25, 219 (1964)

Bertolaccine M., C. Bussolati, E. Gatti: Signal to noise ratio in nuclear pulse amplifiers with high repetion rates. Nucl. Instr. 42, 286 (1966)

Fuschini E., C. Maroni, P. Veronesi: A circuit for rejecting pile-up pulses. Nucl. Instr. 41, 153 (1966)

Schuster H. J.: Reduzierung der Verschiebung des Ruhepotentials bei kapazitiver Impulsübertragung. Nucl. Instr. 59, 347 (1968)

Sabbah B., J. Klein, A. Arbel: Pile-up-rejection by comparison of the shaped pulse with its second derivative. Nucl. Instr. 95, 163 (1971)

Benoit R., V. Mandl: On resolution measurements with Ge(Li)-detectors and RLC filter using pole-zero cancellation technique. Nucl. Instr. 60, 121 (1968)

Chaminade R., J. Pain, M. Cros: Short shaping of slowly rising pulses with integrated pole cancellation. Nucl. Instr. 73, 122 (1969)

Weise K.: Das Signal-Rausch-Verhältnis eines zeitabhängigen Filters zur Verbesserung des Energieauflösungsvermögens bei der Kernstrahlungs-Spektroskopie mit Halbleiterdetektoren. Nucl. Instr. 61, 241 (1968)

Goldsworthy W.: Time-sampling amplifier. Nucl. Instr. 62, 93 (1968)

Pinasco S. F.: Some conclusions about filters in nuclear pulse amplifiers. Nucl. Instr. 47, 71 (1967)

Douglass T. D., C. W. Williams, J. F. Pierce: The application of timevariant filters to time analysis. Nucl. Instr. 66, 181 (1968)

Schuster H. J.: Ein zeitabhängiges Filter als Impulsformer bei der Kernstrahlenspektroskopie. Nucl. Instr. 63, 342 (1968)

Remigolsky B., L. Tepper: A linear variable-gain pulse amplifier for stabilizing systems. Nucl. Instr. 53, 29 (1967)

Patzelt R.: Improved base-line stabilization for pulse amplifiers. Nucl. Instr. 59, 283 (1968)

Wille K.: Ein schneller DC-Verstärker mit Stabilisierung des Ruhepotentials. Nucl. Instr. 72, 314 (1969)

Lindsay J. B.: A fast linear gate. Nucl. Instr. 20, 345 (1963)

Coli M., S. Lupini: A new bilateral fast linear gate circuit. Nucl. Instr. 34, 235 (1965)

Elad E., S. Rozen: A transistorized linear gate. Nucl. Instr. 37, 58 (1965)

Guillon H.: Review of basic instruments and trends. Nucl. Instr. 43, 230 (1966)

White G.: A linear gate and integrator. Nucl. Instr. 45, 270 (1966)

Mills A. P.: A transistorized linear gate. Nucl. Instr. 50, 132 (1967)

Smith B.: A linear gate with high precision. Nucl. Instr. 55, 138 (1967)

Schuster H. J.: Eine lineare Torschaltung. Nucl. Instr. 58, 179 (1968)

Visentin R.: A gated linear chain. Nucl. Instr. 64, 21 (1968)

Conrad R.: Ein schnelles Linear-Gate. Nucl. Instr. 67, 153 (1969)

Battista A.: A simple high performance linear gate for nuclear physics applications. Nucl. Instr. 80, 172 (1970)

Karlsson L.: A fast linear gate. Nucl. Instr. 94, 525 (1971)

Avrahami Z., J. Grinberg, A. Seidman: A fast active linear gate. Nucl. Instr. 95, 61 (1971)

Nizan A. J., E. Elad: An analysis of hysteresis in transistorized Schmitt circuits. Nucl. Instr. 47, 210 (1967)

Nizan A. J., E. Elad: A proposal for the reduction of hysteresis in amplitude discriminators. Nucl. Instr. 51, 270 (1967)

Chapman E., R. Cognac: DC comparator operations utilizing monolithic J/C amplifiers. Appl. Note AN-405, Motorola, Phoenix, Arizona 1967

Ghelfan P.: High resolution single channel pulse amplitude selector. Nucl. Instr. 98, 365 (1972)

Hvam T., M. Smedsdal: A voltage-sensitive tunnel diode discriminator. Nucl. Instr. 24, 55 (1963)

Bernaola O. A., A. Filevich, P. Thieberger: A tunnel diode zero crossing variable discriminator. Nucl. Instr. 50, 299 (1967)

Grieder P. K. F.: Fast gated pulse height discriminator with small time slewing. Nucl. Instr. 56, 229 (1967)

Tove P. A., E. Petrusson, J. H. Cho: Low level pulse discriminators with back diodes and tunnel diodes. Nucl. Instr. 47, 249 (1967)

Meynadier C., J. C. Kamert: Discriminateur et porte linéaire à bas niveau. Nucl. Instr. 65, 183 (1968)

Conrad R.: Ein schneller Vorderflankendiskriminator. Nucl. Instr. 67, 148 (1969)

Sattler E.: Window discriminator with integrated circuits. Nucl. Instr. 64, 221 (1968)

Cole H. A.: The use of integrated circuit amplifier to provide variable bias in single-channel pulse height analysers. Nucl. Instr. 79, 356 (1970)

Brafman H.: A fast wide range single channel pulse height analyzer. Nucl. Instr. 31, 321 (1965)

Zurk R. van: Discriminateur d'amplitude rapide à mise en forme. Nucl. Instr. 53, 45 (1967)

Bernard P. J., Chambon, J. Mey, R. van Zurk: Sélecteur d'amplitude monocanal rapide-sélecteur d'empilements. Nucl. Instr. 60, 213 (1968)

Cole H. A.: A single-channel pulse-height analyser with 100 nanosecond resolution. Nucl. Instr. 84, 93 (1970)

Lauch J., H. U. Nachbar: Ein vielseitiger Differential-Diskriminator mit stabiler Zeitinformation. Nucl. Instr. 73, 292 (1969)

Porat D., K. Hense: Seven bit analog-to-digital converter for nanosecond pulses. Nucl. Instr. 67, 229 (1969)

Patzelt R.: Fast high precision analog-digital-converter for pulse spectroscopy. Nucl. Instr. 70, 61 (1969)

Robinson L. B., F. Gin, F. S. Goulding: A high speed 4096-channel analogue-digital converter for pulse height analysis. Nucl. Instr. 62, 237 (1968)

Lycklama H., T. J. Kennett: A linearity measurement technique for analogue-to-digital converters. Nucl. Instr. 59, 56 (1968)

Winyard R. A., J. E. Lutkin, G. W. McBeth: Pulse shape discrimination in inorganic and organic scintillators. Nucl. Instr. 95, 141 (1971)

McBeth G. W., J. E. Lutkin, R. A. Winyard: A simple zero-crossing pulse shape discrimination system. Nucl. Instr. 93, 99 (1971)

Brient C. E., C. E. Nelson, R. L. Young: Pulse shape analyzer for fast neutron-gamma ray discrimination. Nucl. Instr. 98, 329 (1972)

Harris T. J., E. Mathieson: Pulse shape discrimination in proportional counters. Nucl. Instr. 96, 397 (1971)

Isozumi Y., S. Isozumi: A pulse shape discriminator for an X-ray proportional counter and its application to a coincidence experiment. Nucl. Instr. 96, 317 (1971)

Kapitel 5

Chase R. L.: Nuclear pulse spectrometry. McGraw Hill, New York 1961
Soucek B.: State of art in multichannel pulse data analysis. IEEE Trans. on Nucl. Sci., NS-16, No. 5, 36 (1969)
Soucek B., R. J. Spinrad: Megachannel Analyzers. IEEE Trans. on Nucl. Sci., NS-13, No. 1, 183 (1966)
Spinrad R. J.: Data Systems for multiparameter analysis. Ann. Rev. of Nucl. Sci. Vol. 14, (1964)
Chase R. L.: Proc. Conf. Utilization multiparameter analyzers. Nucl. Phys., Grossinger, N. Y. (1962) CU(PNPL)-227, 79.
Bonitz M.: Modern multi-channel time analysers in the nanosecond range. Nucl. Instr. 22, 238 (1963)
Deinert R. H., L. A Koerts: An automatic data-taking system. Nucl. Electronics II, 197 Internat. Atomic Energy Agency, Vienna (1962)
Kirsten F. A., D. A. Mack: Instrumentation of multi-channel counter experiments. Nucl. Electronics II, 127, Internat. Atomic Energy Agency, Vienna (1962)
Spinrad R. J., Computers or multichannel analysers? Nucleonics 21 (12) 46 (1963)
Kane J. V., R. J. Spinrad: A stored program computer as a multiparameter radiation analyser. Nucl. Instr. 25, 141 (1963)
Hooton J. N., G. C. Best: Mean rate analysis of multichannel nuclear data. Nucl. Instr. 56, 284 (1967)
Soucek B.: Stored program computer as an associative radiation analyser. Rev. Sci. Instr. 36, 750 (1965)
Hooton J. N.: Zone selection in multiparameter analysis. IEEE Trans. on Nucl. Sci., NS-13, No. 3, 553 (1966)
Colling F., W. Stuber: A conditioner with integrated circuits for neutron time-of-flight experiment data selection. Nucl. Instr. 64, 52 (1968)
Adam J. P.: Large multichannel analyser using disc memory. Nucl. Instr. 73, 89 (1969)
Soucek B.: New Trends in multichannel pulse data analyis. IEEE Trans. on Nucl. Sci., NS-17, No. 4, 20 (1970)
Stuckenberg H. J.: Grundzüge der nuklearen Elektronik, Band 6, Nanosekunden-Technik, DESY-F56-70/6, (1970)
Neff W., H. J. Stuckenberg: Untersuchungen über Verstärker für die Signale in Charpak-Kammern, DESY-F56-69/2 (1969)
Neff W., H. J. Stuckenberg: Neues universelles Verstärker-Logik-System für Charpak-Kammern. DESY-F56-70/8 (1970)
Stuckenberg H. J.: Auslesesystem für Proportionalkammern und Hodoskope. DESY-F56-70/10 (1970)
Tarlé J. C., H. Verweij: An amplifier, trigger and memory for signals from proportional wire chambers. Nucl. Instr. 78, 93 (1970)

Bemporad C., W. Bensch, A. C. Melissinos, E. Schuller, P. Astbury, J. G. Lee: Performance of a system of proportional wire chambers. Nucl. Instr. 80, 205 (1970)

Simanton J. R., K. R. Bourkland, R. F. Marquardt: A low cost amplifier/ discriminator/limiter for proportional mode wire chambers. Nucl. Instr. 81, 13 (1970)

Simanton J. R., K. R. Bourkland, R. F. Marquardt, J. Lales: A facility for computer evaluation of proportional wire chamber design. Nucl. Instr. 83, 165 (1970)

Kuhlmann P. E.: PDA-Manual, Anleitung zur Benutzung der On-line-Verbindung für Zähler-Experimente. DESY-R1-71/2 (1971)

CAMAC, A modular instrumentation system for data handling, Euratom-Report, EUR 4100 e, (1969) rev. 1972

CAMAC, Organisation of multi-crate systems, specification of the branch highway and CAMAC Crate Controller Type A, Euratom-Report EUR 4600 e (1971)

Bisby H.: An advanced modular system of nuclear electronics for on-line computer applications. Proc. Internat. Symposium on Nucl. Electronics, Paris, Band 2, Vortrag 108 (1968)

Ottes J., K. Tradowsky: Das CAMAC-System rechnergeführter Elektronik. KFK 1466, Kernforschungszentrum Karlsruhe (1971)

Frevert L.: Strukturanalyse von rechnergekoppelten Experimenten der Niederenergiekern- und Strahlenphysik zur Entwicklung standardisierter Programmsysteme, Forschungsbericht S1, Hahn-Meitner-Institut für Kernforschung Berlin (1969)

Lewis A.: Coupling CAMAC to Computers. U. K. A. E. A. Research Group, Report AERE-R 6407, Harwell (1970)

Ottes J. G.: CAMAC – Ein System rechnergeführter Elektronik, KFK 1402, Kernforschungszentrum Karlsruhe (1971)

Costrell L.: CAMAC Instrumentation System-Introduction and general description. IEEE Nucl. Sci. Symposium, New York (1970), in: IEEE Trans. Nucl. Sci., NS-18, No. 2, 3 (1971)

Dhawan S.: CAMAC Crate Controller Type A. IEEE Nucl. Sci. Symposium, New York (1970), in: IEEE Trans. Nucl. Sci., NS-18, No. 2, 33 (1971)

Pozar F.: Computer Controller multicounter experiment. Nucl. Instr. 91, 253 (1971)

Iselin F. u.a.: Introduction to CAMAC, CERN-NP CAMAC Note No. 25-00, Genève (1971)

Stuckenberg H. J.: CAMAC, ein System für die Programmsteuerung von Experimenten. DESY-F56-70/7 (1970)

Kapitel 6

Rainwater J., C. S. Wu: Application of probability theory to nuclear particle detection. Nucleonics 1, 60 (1947)

Elmore W. C.: Statistics of counting. Nucleonics 6, 26 (1950)

Weber J.: Zählverluste in elektronischer Logik durch Statistik und Totzeit. DESY-Notiz A2-102, Hamburg (1963)

Stichwortverzeichnis

A Abklingzeit von Szintillatoren 10, 137
Analog-Digital-Konverter 109, 129–135, 141
- differentielle Nichtlinearität 130
- Doppelrampenkonversion 132–133
- Kanalbreite 130
- Konversionszeit 132–134
- Parallelkonverter 129
- Pulsdehner 134–135
- Wilkinsontyp 130–133
Anstiegzeit 13
Auflösungszeit 50–58
Auslese von Charpak-Kammern 149–152
Auswertung von Amplitudenspektren 140–146
- Assoziativspeicherung 142–143
- Descriptor 142
- Event (kernphysikalisches Ereignis) 1, 49–50, 78, 139, 141–143, 145–146, 149
- Fenstervorselektion 143
- Interruptprogramm 141
- Mehrparameteranalyse 142–146
- mit Plattenspeichern 143–145
- Listenverarbeitung 143
- Transfer über direkten Speicherzugriff (DMA) 141
- Wechselpufferbetrieb 145

B Bandbreite 13, 79–80
Baselinerestorer 107
Baselineshift 102

C CAMAC 35, 153–156
Clipping-stub-Technik 55–57

Constant Fraction of Pulse Height Trigger (CFPHT) 57

D Delaybox 73–75
Diskriminator 33–35, 36–37, 39, 44, 54–58, 115–128
- Differential 123–128
- Gedächtnisschaltung 127–128
- Integral 115–123
- Kanalbreite 124–125
- Kanallage 124
- mit Tunneldiode 33–35
- Nulldurchgang 44, 54–58
- Prinzip 36–37
- Totzeitlos 44
Duty cycle 42

E ECL-Schaltkreise 28–30
Emitterfolger 92–93
ESONE 35, 153

F Fanoutschaltungen für Nanosekundenpulse 76–77
Fast-Crossover-Timing 54–55
Ferrittransformatoren 24
Fraction of Pulse Height 51

G Gain-Bandwidth-Product 96

H Halbwertszeit 157
HF-Kondensatoren 22
HF-Widerstände 21
Hochpaß 11, 79

K Koinzidenz 20, 49–64, 146, 162–163
- Auflösungszeit einer 50–58
- Dioden- 58–59
- Einsatz von 20
- Fast-slow-Verfahren 53
- FWHM (Full Width Half Mean) 51
- Hierarchie von 146
- Mehrfach- 60
- Pikosekunden- 62–64
- Pulsformer für 52–58
- Theorie der Zeitauflösung einer 52
- Transistoren- 60–61
- Tunneldioden- 62
- wahre 50, 162–163
- Zählrate 51
- Zeitkonstante einer 59
- Zeitmessung mit 49
zufällige 50, 162–163
Komparatoren mit Operationsverstärkern 120–121

L Ladungsempfindlicher Verstärker 98–101
- Eingangsrauschen 100
- Gegenkopplung für 99
Limiter 39–40
Lineare Gates 110–115
- Brückengate mit 4 oder 6 Dioden 115
- Gatedurchgriff (Pedestal) 111
- Parallelgate mit Operationsverstärkern 112–113
- Prinzip eines 110–111
- Seriengate mit FET 113–114
- Signaldurchgriff (Feedthrough) 111
Linearverstärker 78–92
- Arbeitspunkte der Transistoren in 83–86
- Ausgangswiderstand 82, 89
- Differenzverstärker 85

- Eingangswiderstand 82, 88
- Gegenkopplung 87, 89–92
- Linearitätsforderung 78
- Spannungsverstärkung 82
- Stromverstärkung 82
- Übertragungseigenschaften 79–82
- Verzerrungen 88

N Nanosekunden-Logikpegel 35–36
NIM 35

O Operationsverstärker 94–98
- Frequenz- und Phasenverlauf 95–97
- Offsetspannungen und -ströme 95
- Spannungsfolger mit 98

P Passive Pulsformung 15–19, 24–27, 78–79, 103–109
- mit Kabeln 16–19, 24–27, 108–109
- mit RC-Gliedern 15, 103–109
Pattern-Unit 147
Pile-up-Effekt 102–103
Poissonverteilung 158

Pole-Zero-Kompensation 106
Prompte und verzögerte Signale 67
Pulseshape-Diskriminierung 137
- Nulldurchgangsmethode 54–58, 137
Pulshöhenanalysatoren 135–137, 139–141
- Computeranschluß 139–141
- Multichannel scaling 135–136
- Prinzip 135–136
- Rechenoperationen 137
- Spectrum stripping 137

R Radioaktiver Zerfall 157
Regularisierungsfunktion von Untersetzern 161–162

S Sammelzeiten von Ladungsträgern 10–11
Scaler 70–73
- mit ECL-Flip-Flops 71–72
- mit Tunneldioden 71
Schmitt-Trigger 109, 116–120
- Hysterese von 118–119
Schottky-TTL-Schaltkreise 30–31
Skineffekt 23

Spannungsversorgung 2–9
- für Gaszähler 2
- für Szintillationszähler 2–8
Spread of Transittime 10
Standardspannungen für Netzteile (NIM, CAMAC) 35
Statistische Totzeit 160

T Tiefpaß 12, 79
Timejitter 37–39
Timeslewing 37–39
Transistor-Ersatzschaltung im linearen Bereich 81–82
Tunneldioden-Diskriminator 33–35
Tunneldioden-Univibrator 31–33

U Unterschwinger von Pulsen 102–106

Z Zählverluste 160
Zeitkonstante des Detektors 9–11, 108–109
Zeitpulshöhenwandler 64–70
- mit Pulsüberlappung 66–67
- mit Start-Stop-Prinzip 68